Green Supply Chains

친환경 공급사슬

-기본전략과 실행방안-

Stuart Emmett | Vivek Sood

김경섭 | 정석재 | 정병도 옮김

WILEY

SukJung 도서출판 석정

Green Supply Chains

- An Action Manifesto -

Stuart Emmett
Vivek Sood

들어가는 말

친환경 공급사슬을 실행할 시간이 오고 있다. 일간지 헤드라인에 식량 부족이나 에너지 고갈과 같은 심각한 기후변화에 대한 기사가 보고되고 있다. 현재의 예측에 따르면, 2050년까지 인간은 90억 가까이 증가할 것으로 내다보고 있다. 1인당 소비가 날로 증가 되고 있다. 믿을 수 없는 변화가 우리 앞에 놓여 있다. 현재 방식대로 생필품을 생산, 추출, 소비한다면 생태학적으로 인류는 지속가능할 수 없게 될 것이다. 하지만, 이는 자원이 한정된 세계에서 의식주나 연료에 대한 글로벌 수요를 충족해야 함을 의미하는 것은 아니다. 글로벌 기업들이 자제를 획득하는 데에도 영향을 미친다. 예를 들이, 생물 디양성이 훼손되고 불법적인 벌목으로 산림을 황폐하게 하고 물고기의 4/3 가량이 이미 사라졌다.

효율적인 정부 규제는 이러한 변화 영향을 관리하는 기준을 제공하고 있지만, 규제에 참여하는 생산자들을 보상하고자 하는 시장변화나 소비자들이 자원의 무분별한 사용이나 추출과 관련된 공급사슬의 위험성을 관리하고자 하는 자발적인 참여가 더욱 중요한 실정이다.

산림관리협의회(Forest Stewardship Council : FSC)는 해상 물

고기, 농업, 양식, 광업 등 전 범위에 걸쳐 본보기가 되고 있는 자발적인 참여의 다양한 형태 중 중요한 예가 되고 있다.

FSC는 주요 글로벌 기업, 비정부 단체, 각국 정부로부터 후원을 받고 있는 임업 생산을 위한 인증 기관이다. 아직 우리의 경험에 비추어 볼 때, 인증기관 만으로는 충분하지 않다. 기업들은 공급사슬이 산림보호를 이행하기 위한 포괄적인 방법론, 툴킷들이 필요하다고 생각했다. 10년 전 WWF(세계자연보호기금)과 글로벌 산림 및 무역 네트워크(GFTN)가 설립되었다. 시간이 흘러감에 따라 GFTN은 공급자와 소비자들의 친환경 운영과 이를 연결하는 공급사슬을 필요로 하는 단계에 대한 지원을 제공하고 있다.

현재 GFTN은 페루, 말레이시아, 스웨덴 등에 있는 임업 제재소 및 미국, 중국 및 유럽 등과 같이 글로벌 시장에서의 가구생산업자, 건축회사 및 대형마트 등과 연결되어 전 세계에 걸쳐 350여 개국과 함께 일하고 있다.

다가오는 시대에 자원은 가장 전략적인 기업 이슈가 될 것이다. WWF는 다른 생필품에 대한 유사한 이니셔티브에 대한 작업을 수행하기 위해 GFTN으로부터 얻은 경험을 사용하고 있다.

우리는 공급사슬이 깨끗해지고, 친환경적인 기업들이 진정한 승리자라고 확신한다.

Duncan Pollard
Director, Conservation Practice & Policy
WWF International

역자서문

끊임없는 과학기술 혁신으로 공업화와 도시화를 추구하는 인류는 풍요와 편익을 누리고 있지만, 심각한 공해발생과 자원 낭비를 야기하고 있다. 그 결과 자원의 고갈과 환경파괴가 누적되면서 지구는 자정능력을 상실하고 있으며, 기후이상, 대기오염, 수질오염 등 심각한 환경 변화가 발생하여 인류에 무서운 재앙을 초래할 것이라는 예측이 나오고 있다.

이러한 환경 변화에 대응하기 위해 국제적으로 환경규제가 점차 강화되고 있으며 국가 산업경쟁력이 가격에서 환경요소로 점차 확대되고 있고, 친환경 기술이 국가 경쟁력의 새로운 변수로 대두되고 있는 실정이다.

이에 세계 각국은 자연 순환의 원리를 적용하여 환경 및 자원의 훼손을 억제함으로써 환경부하를 저감시키는 방향으로 운영되는 것을 권고하고 있으며, 지속가능한 발전을 위해 기존 에너지의 효율을 높이고 새로운 친환경 에너지를 개발하거나 에너지를 재생하는 등 다양한 친환경 활동을 추구하고 있다. 또한, 기존의 대량생산, 대량소비 및 대량폐기 체계를 억제하고 환경부하를 저감하고자 하는 의식전환을 고취하고 있으며, 이를 위한 사회적인 합의를 요구하고 있는 실정이다.

기업의 공급사슬 운영에 있어서도 기존의 공급사슬관리에서 친환경적인 요소를 추가하고 전체 공급사슬의 프로세스, 조직, 시스템을 재구축하는 혁신활동으로의 전환을 시도하고 있으며, 친환경 공급사슬관리 구축을 통해 기업은 경쟁력을 강화하고 각종 환경규제에 대해 능동적으로 대처하며, 고객 및 환경단체의 압력에 대해 효율적으로 대응하고자 한다.

본 교재가 가지는 특징은 기존 공급사슬 개념에서 친환경 공급사슬 운영을 위해 필요한 다양한 의사결정 요인 및 추진요소들을 매우 구체적으로 설명하고 있으며, 다양한 친환경 활동 사례를 통해 친환경 공급사슬의 개념을 어떻게 적용, 실행하는 지에 대해 이해하기 쉽게 설명하고 있다. 아마도 독자들이 본 책을 접하면 친환경 공급사슬의 이점 및 추진해야 할 당위성을 명확히 이해할 수 있으며, 이를 실행하는 데 적절한 도움을 얻을 수 있을 것이다.

본 책의 사용범위는 학교 교재로 활용될 경우, 경영학과 및 산업공학과의 공급사슬 관련 강의로 활용될 수 있을 것이며, 일반 기업의 경우, 프로세스 개선 및 혁신 부서, 로지스틱스 관련 부서 등에 종사하는 대부분의 사원 및 SCM 전략 수립 및 시행을 담당하는 컨설턴트들에게 매우 유용한 참고 도서가 될 것으로 기대된다.

본 번역서를 출판함에 있어 특히 연세대학교 정보산업공학과 물류시뮬레이션 연구실, 광운대학교 경영대학 지속가능 공급사슬 연구실의 대학원생들이 초기 원고에서부터 마지막 검토까지 많은 기여를 했으며, 이 책을 내기까지 변함없는 격려를 아끼지 않으신 도서출판 석정의 황 의민 사장님께도 깊은 감사를 표한다. 아무쪼록 역자들은 본 책이 친환경 공급사슬을 실행하고자 하는 많은 이들에게 조금이나마 도움이 되기를 진심으로 바란다.

2012년 1월
역자 일동

차 례 CONTENTS

제1부 소개

제01장 친환경 공급사슬을 시작하면서

제02장 친환경 공급사슬 환경이 기업의 순익에 미치는 영향

제 2 부 친환경 공급사슬계획

제03장 친환경 공급사슬계획

제 3 부 친환경 조달과 소싱

제04장 친환경 조달

제 4 부 친환경 공급사슬 실행

제05장 친환경 생산

제 5 부 탄소 관리

제10장 공급사슬에서의 탄소배출 최소화

제 6 부 적용 전략

제11장 친환경 공급사슬 적용 전략

제 7 부 지속적인 개선과 수행평가

제12장 친환경 공급사슬의 지속적인 개선

제13장 친환경 공급사슬 수행평가

제 8 부 부록 : 사례연구

제 1 부

소 개

CHAPTER 01

친환경 공급사슬을 시작하면서
(Introduction to Green Supply Chains)

1970년대 후반 이후, 공급사슬관리에 대한 인식이 점차 확대된 이래로, 친환경 공급사슬이라는 최근 개념만큼이나 공공기관, 기업 경영, 정책결정자들에게 강한 인상을 남긴 적은 드물 것이다. 왜냐하면 친환경 공급사슬의 개념은 이를 적용하고자 하는 다양한 분야에서 적용가능하기 때문이다. 친환경 공급사슬은 기업들이 그들의 비즈니스를 수행함에 있어서 환경적으로 지속가능한 성장을 하기 위한 방안을 찾고자 하는 데서 출발하였다. 친환경 공급사슬 관리(Green Supply Chain Management: GSCM)의 개념은 전통적인 공급사슬관리의 의사결정 항목 내에 환경적 요소를 포함하고자 하는 데 기인한다.

현시점에서 친환경 공급사슬관리는 난시 이상론자들이나 막연히 좋게 되기를 바라는 사람들의 이야기꺼리가 아니라, 기업 운영에 있어서 핵심적인 이슈로 부각되고 있다. 예를 들면, 기업의 사회적 책임(Corporate Social Responsibility: CSR) 개념은 현재 기업이 사회와 환경에 미치는 영향에 대해 법적이고 도덕적으로 책임의식을 행하는 방식으로 사업을 운영하라는 것을 의미한다. 즉, 사회는 기업뿐만 아니라, 그들의 공급업체, 종업원들, 분배업체들, 고객들 조차도 그들의 행동에 대한 직간접적인 파급효과에 대한 책임 있는 행동을 기대하고 있는 것이다. 특히, 친환경 공급사슬관리는 기업 최고경영자나 이사회, 임원진들에게 그들의 CSR 의무와 수익성 목표를 충족하기 위해 그들의 전체적인 비즈니스를 지혜롭게 운영하는 체계적인 방법들을 제공해 주고 있다.

인구 통계, 정보 폭발 그리고 과거의 환경 폐해들은 기업들에게 친환경 상품이나 서비스를 위한 기업 운영 및 마케팅 기회 창출을 요구하고 있다. 소비자들의 행동이 점차 정책결정자들이나 기업들로 하여금 지속가능한 성장을 수용하도록 요구하고 있는 실정이다. 기업 내에 핵심적인 의사결정자들은 그들의 현활동이 보다 사회적이고 환경적으로 영향력을 행사할 수 있기를 고대하고 있다. 실제, 공급사슬 내의 환경에 기반한 CSR 활동들은 전략적으로 운영함으로써 기업들은 보다 많은 이윤을 창출하고 있기 때문이다. 환경을 배려하는 활동들은 의사결정에 있어서 쓸모없는 군더더기 활동들이 아니라, 의사결정 과정에서의 가장 중점적인 요소가 되고 있다.

친환경 공급사슬계획 모형은 이윤창출 극대화를 위해 의사결정 과정에 환경이라는 새로운 변수를 고려하는 새로운 게임에서 승리하기 위한 체계적인 방법들을 소개하고 있다. 따라서 친환경 공급사슬관리는 전통적인 공급사슬관리에 환경요소를 통합하는 것이며, 이는 제품설계, 구매, 외주 및 공급자 선정, 제조 및 생산 프로세스, 물류와 배송, 나아가 제품의 전주기 과정(Life Cycle Analysis: LCA)을 포함하는 공급사슬의 모든 영역을 다룬다. 그러므로 본 교재는 친환경 요소를 고려한 통합 공급사슬을 다룰 것이다(예를 들어, 8장를 참고하라. 사례연구 1은 하나의 기업을 통해 통합 공급사슬이 다루어지는 과정을 소개하고 있다).

친환경 공급사슬은 상류, 하류, 조직 내 그리고 조직 간 연결을 위한 물류 프로세스를 포함하는 공급사슬의 4가지 상호영역들을 다룬다.

- 제조업체를 중심으로 상류 활동은 친환경 설계, 친환경 구매, 공급자의 친환경 평가방법들을 포함한다.
- 하류 활동은 일반적으로 제품이 완전히 소비될 때까지의 제품 사용과 관련된 활동들을 다루는데, 이는 제품 활용 후의 재사용 및 재활용, 매립 및 과도한 재고 판매 등의 활동을 포함한다.
- 조직 내의 활동은 친환경 설계, 친환경 포장 및 친환경 생산 활동을 포함한다.
- 물류에서 있어서는 JIT, 주문이행, 배치생산 활동 및 품질 활동들은 환경적인 기준을 통해 접촉점을 가진다.

소비자들이 점차 기후변화 등과 같은 환경적인 이슈에 관심을 가지게 되면서, 구매하고자 하는 제품에 대해 많은 질문을 하기 시작했다. 예를 들어, 기업들은 그들의 생산과정이나 공급사슬이 어떻게 친환경적인지, 탄소배출 발자국을 어떻게 추적하는지, 포장재를 어떻게 처리하며, 또한 재사용하는지에 대한 많은 질문들을 받곤 한다.

어떤 기업들은 친환경 이슈들에 대한 사회적 관심을 회사의 이윤 창출로 전환하고 있다. 기업 내 수많은 프로젝트들을 통해 환경적인 성과와 재무 성과 사이에 명확한 상관관계가 있다는 것을 보여주고 있다. 자기에 맞는 공급사슬을 찾는 기업들은 조직 및 환경개선이 이윤을 창출할 수 있다는 점을 발견하고 있다.

예를 들어, GM사는 공급업체들과 함께 재사용가능한 컨테이너 프로그램을 수립함으로써 1,200백만 달러의 매립비용을 줄였다고 보고하고 있다. 원래 이 프로젝트의 동기는 비용절감이었지만, GM사는 공공기관이나 정책결정자들에게 주목할만한 결과를 얻게 해 주었다.

이와 유사한 수많은 프로젝트들도 유사한 성과를 창출하기를 고대하고 있지만, 기업 내에서 묻혀 버리곤 한다. 따라서 체계적인 접근이 요구된다.

유사한 방식으로, 비용 절감은 기업 운영에 있어서 환경적인 파급효과를 줄이는 결과를 얻고 있다. 전체적인 공급사슬을 통틀어 구매, 계획, 물자흐름관리를 통해 공급사슬을 재평가하여 친환경 정책을 이행함으로써 추가적으로 비용절감효과를 얻고 있다.

환경에 대한 공공의 초점에도 불구하고, 조직의 환경적 영향을 줄임으로써 얻는 이익이 많은 공급사슬 운영자들의 마음 중심에는 자리잡지 못하고 있다. 많은 운영자들은 여전히 폐기물 처리비용이나 자재비용을 낮추는 등의 환경개선 성과를 이해하지 못하고 있다. 이런 이유는 친환경 공급사슬이 회사의 CEO나 임원 및 조직의 상급자에서 비롯된다.

1.1 친환경 공급사슬의 이점

기업은 그들의 공급사슬을 친환경화함으로써 여러 형태의 이점을 얻을 수 있다. 다음은 핵심적인 몇 가지 이점을 소개하고 있다.

1.1.1 재무성과에 긍정적인 영향

친환경 공급사슬 효과에 대한 충분한 증거가 있음에도 불구하고, 친환경화를 추진하는데 주저하게 하는 것은 추가적인 비용 발생을 유발할 수 있다는 생각 때문이다. 이런 생각을 하게 하는 몇 가지 요인은 관성, 시스템적인 접근의 부족 그리고 친환경 공급사슬을 창조하고자 하는 변화된 의지가 약하기 때문이다. 그러나 친환경 공급사슬의 가장 근본적인 이점은 조직의 재무적인 성과에 대해 장기간에 걸친 긍정적인 영향이다. 이것은 분석과 실증적 증거에서 모두 증명되고 있다.

1.1.2 자원의 지속성

친환경 공급사슬은 기업 내의 가용한 생산설비들의 효율적인 활용을 지원한다. 기업의 전사적인 비즈니스 의사결정과정에서 친환경 공급사슬의 생각을 통합함으로써, 기업들은 그들이 기대하는 친환경 제품을 생산할 수 있는 친환경 생산 프로세스를 투입할 친환경 자재를 구매할 수 있을 것이다.

1.1.3 비용 절감 및 효율성 증대

친환경 공급사슬의 핵심에는 효율성 증대에 따른 폐기물 저감의 원리가 숨어 있다. 공급업체의 효율적인 친환경 활동은 생산비용 절감, 재활용 및 자재의 재사용을 증대할 수 있다. 또한 환경규제를 불이행하여 야기되는 오염물질의 배출을 줄임으로써 기업을 보호할 수 있다. 결국, 자원의 효과적인 운영이 확대됨에 따라 관련된 모든 운영비용이 절감되는 효과가 나타난다.

1.1.4 생산 차별화 및 경쟁에서의 우위

친환경 공급사슬은 기업으로 하여금 고객의 입장에서 친환경 제품을 생산한다는 인식을 심어 줄 수 있다. 그 이외에도 이익을 제공해 주는 고객을 매혹시킴으로써 시장에서 경쟁 우위를 확보할 수 있다. 이는 또한 기업의 브랜드 이미지와 시장에서의 평판을 좋게 한다.

1.1.5 규제 대응 및 위험 요소 감소

친환경 공급사슬을 채택하는 기업들은 비환경적이고 비윤리적인 활동을 감시하여 위험 요소들을 줄일 수 있다. 자원, 활동, 측정, 관리 프로토콜의 지속적인 감시를 통해 효과적인 친환경 공급사슬을 창출하고자 하는 노력은 많은 관심을 얻게 될 것이다.

1.1.6 품질 및 제품 성능 향상

친환경 제품을 생산하는 기업들은 고객들로부터 브랜드 이미지와 평판을 좋게 받을 것이다. 다음에서 언급하는 여섯 가지 이점 이외에도 친환경 공급사슬을 통해 많은 이점을 기대할 수 있다.

표 1.1 **친환경 공급사슬의 이점**

	이점
Environmental (환경적 측면)	공급사슬 프로세스에 환경요소를 통합적으로 고려하는 것은 온실가스 배출을 감축할 수 있다. 폐기물, 오염물질, 환경저해 요인들의 감축
Technological (기술적 측면)	환경을 저해하는 요인들을 감축함하고 이익을 극대화할 수 있는 영역을 명확히 함으로써 향후 기술진화를 위한 플랫폼을 구축할 수 있다.
Economical (경제적 측면)	친환경 공급사슬 프로젝트의 긍정적인 재무성과로 인한 조직의 이익을 극대화할 수 있다. 보다 효율적인 에너지 및 자재 활용으로 자재획득 비용을 줄일 수 있다. 인체에 해로운 자재의 사용이나 폐기물 발생을 감소시킴으로써 처리비용을 줄일 수 있다. 고객과 관련된 환경 친화적인 사업을 수행할 수 있다. 공급사슬 최적화와 환경관리 효과를 통합함으로써 이익을 극대화할 수 있다.
Regulatory (규제 측면)	혁신, 조직 학습, 변화를 빠르게 진행하고 규제에 유연하게 대응할 수 있도록 조직을 운영할 수 있다.
Social (사회적 측면)	긍정적인 구전효과, 확산 마케팅 기회, 리더의 확고한 인식 친환경 사회 기여를 통한 매출 증대 안전성 높은 작업장 및 친환경 작업 환경개선 건강 보험료 절감

- 효과적인 공급업체 관리
- 공급사슬 파트너들과 함께 기술 및 선진 기법, 자본, 지식 보급
- 공급사슬의 투명성 확보
- 공급사슬 내에서 파트너들과 함께 투자 및 위험요소 공유
- 제품 안전성 및 품질 관리 개선
- 매출 증대
- 폐기물의 효과적 활용

친환경 공급사슬의 이점은 표 1.1에서 잘 묘사되어 있다.

1.2 전통적인 공급사슬과 친환경 공급사슬

전통적인 공급사슬에서 자재 및 정보는 선형적인 흐름을 가진다. 이는 제한된 협력 및 가시성을 가지게 된다. 각 공급사슬 파트너들은 탄소 발자국과 다른 참여자의 온실가스 저감활동 등에 대해 제한된 정보만을 가지게 된다. 따라서, 각 참여자들은 공급사슬의 상류와 하류에 대한 영향은 무시한 채 자신의 탄소 배출에만 신경을 쓰게 되고, 이를 감소하기 위해 노력하게 된다. 공급사슬 전체의 비용에 초점을 맞추더라도 제한된 정보 공유로 인해 모든 경우에 대한 최적화와는 거리가 멀게 된다.

그림 1.1는 이를 단적으로 보여주는 예이다.

반대로, 친환경 공급사슬은 원자재의 추출에서 제품의 최종 처리까지 공급사슬 전체 프로세스의 환경적인 영향을 고려한다. 그

그림 1.1 전통적인 공급사슬

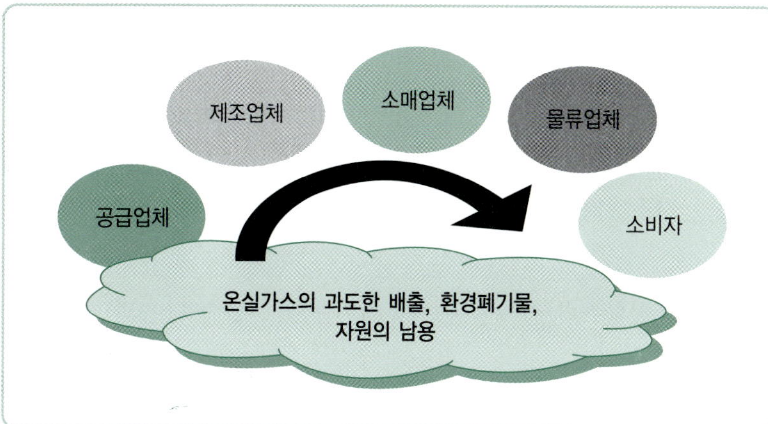

그림 1.2 친환경 공급사슬

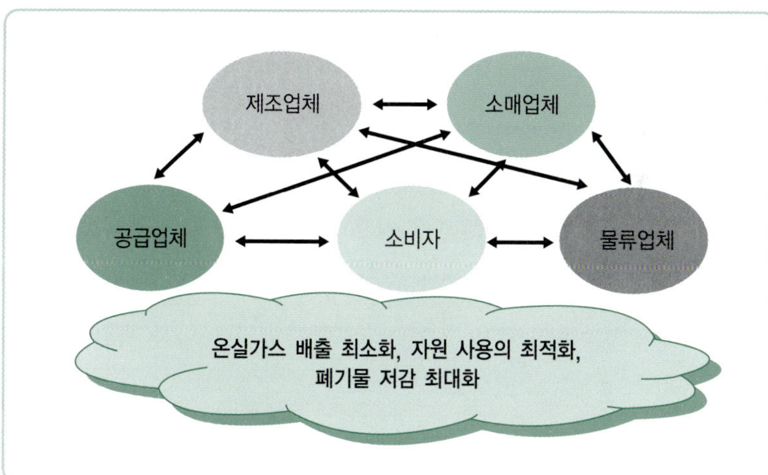

림 1.2의 친환경 공급사슬에서와 같이 각 참여자들은 다른 공급사슬 참여자들이 더욱더 친환경화할 수 있도록 동기부여하게 되고, 이를 위해 공급업체의 개발프로그램 및 고객 지원과 같은 필요한

정보, 지원, 안내를 제공하게 된다. 따라서 환경적인 목표와 실행 척도는 공급사슬의 재무 및 운영 목표와 통합하게 된다.

환경 및 재무, 운영성과의 통합을 통해 친환경 공급사슬은 어느 하나의 회사 및 조직의 성과만을 추구하는 것이 아니라, 고객 만족 및 건강상의 이점을 최대화하는 동시에 폐기물 및 환경 영향을 최소화하는 성과를 추구하게 된다.

친환경 공급사슬은 전통적인 공급사슬과 다음과 같은 차이점이 존재한다.

- 지속적 환경개선 문화와 친환경 공급사슬 쪽으로 가고자 하는 최고경영자의 확고한 의지
- 모든 공급사슬 파트너들이 친환경 제품을 설계하는 데 있어 필요한 명세서, 기능 옵션, 검증 역할을 하는 것에 대한 합의
- 필요한 데이터, 시나리오 수립, 정보 공유 및 의사결정을 하는 데 있어 기술의 효과적 사용
- 정보 확산, 수집, 분석에 있어 까다로운 매개변수를 생성해야 한다는 심리적 요소를 제거
- 지속적인 비용 요소 발굴 및 기업의 사회적 책임 이슈 부각

1.3 친환경 공급사슬과 기업의 사회적 책임

기업의 사회적 책임들의 다양한 정의 중 하나인 Archbishop Desmond Tutu의 *The Benchmark Foundation*에서는 다음과 같이

언급하고 있다.

"기업의 사회적 책임(CSR)은 국제적인 인권, 노동 및 환경 표준, 기업 활동과정에서의 법적 규제 준수, 기업 활동 과정에서의 환경 및 지역과의 관계 등 모든 기업 활동에 있어 의사결정 및 실행 프로세스를 의미한다. CSR은 경제, 환경, 사회적 영역에서 기업 정책 및 성과를 보고하고 기업 활동에 영향을 미치는 이해관계자들의 계약이나 실질적 참여에 있어 경제, 환경 및 사회적 지속성을 중시하게 된다."

기업의 사회적 책임과 친환경 공급사슬 사이에는 밀접한 관계가 있다. 기업 세계를 친환경으로 변환하는 데 있어 가장 효과적인 도구 중 하나가 바로 친환경 공급사슬이다. 이는 공급사슬을 통해 환경 및 사회적 인식을 고취시키는 지속가능한 설계에 초점을 맞추고 있기 때문이다. 지속가능한 설계는 환경에 아무런 손상 없이 현재와 미래에 고객의 요구사항을 충족시키기 위해 재설계 과정을 포함하게 된다.

지속가능성의 기본적인 목표는 다음을 통해 재생가능하지 않는 자원의 소비를 막고, 폐기물을 최소화하며, 인체에 유익하고, 환경을 보호하는 것이다.

- 자재사용의 최소화
- 유독성 물질의 회피 및 재생 가능하거나 재활용가능한 물질 선택
- 분해를 통한 재설계

- 에너지 사용의 최소화, 재생에너지 사용으로의 이동 및 폐기물로부터 사용가능한 에너지 추출
- 최적의 제품수명주기를 위해 제품이나 이를 구성하고 있는 부품 및 자재상태 유지 및 추출이나 생산단계에서 사용 후 제품처리단계까지의 흐름 지연

겹치는 부분이 명확함에도 불구하고, 친환경 공급사슬은 기업의 사회적 책임의 한 부분은 아니다. 기업의 사회적 책임이 차별화된 기업의 직접적인 규제에 초점을 맞추어져 있다면, 친환경 공급사슬 사고는 기업이 영향을 미치는 영역과 이를 넘어서는 공급사슬 전체를 대상으로 한다. 그러므로 친환경 공급사슬은 지속가능하고 번영하는 미래를 보장하기 위해 친환경 공급사슬의 전체에 걸쳐 협력하는 모든 파트너들이 그 대상이 된다.

1.4 친환경 공급사슬의 원동력

그림 1.3에서와 같이 기업 내에서 친환경 기업을 추구하고자 하는 환경 이해관계자 그룹들의 5가지 형태가 있다.

1. 환경 규제를 지정하거나 표준을 제정한 정부를 설득할 수 있는 능력이 있는 환경 규제 기관
2. 차별화된 제품을 살 때, 비용과 편의 측면과 더불어 감성적인 성향을 추구하는 고객
3. 조직에게 직접적인 재무적 영향을 미칠 수 있거나 간접적으

그림 1.3 친환경 공급사슬의 동기

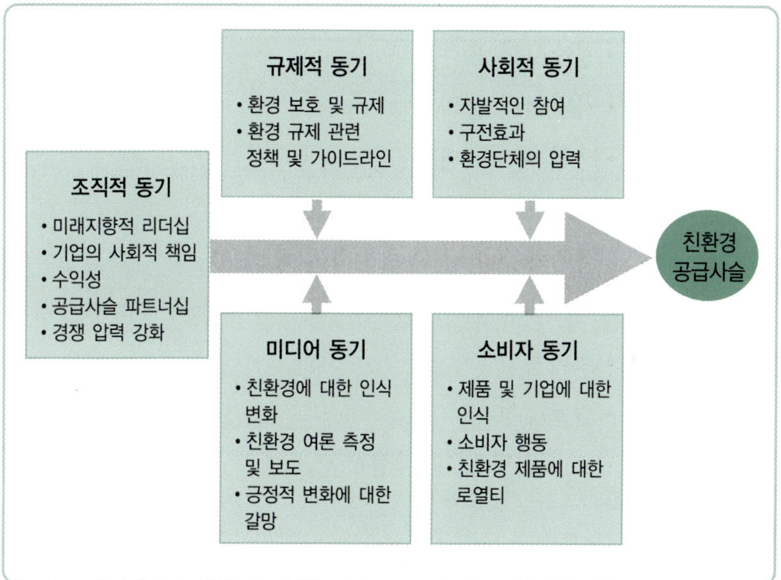

로 관련되어진 운영상의 이해관계자들

4. 기업의 환경 정책에 대해 공통의 의견을 개진할 수 있는 환경 단체와 같은 커뮤니티 그룹
5. 공공 여론에 영향을 미칠 수 있는 언론 매체

공급사슬 참여자들의 역할에 비추어볼 때 친환경 공급사슬로의 이동에 따른 많은 동기요인이 존재하는 데 이를 간략히 정리하면 다음과 같다.

- 친환경 설계 및 제조를 지향할 수 있도록 제조업체들을 움직이게 하는 요인들;

- 법률 제정
- 기업의 고객 요구사항
- 경쟁사의 표준
- 자발적인 합의
- 제품 이익극대화

■ 공급업체들을 움직이게 하는 요인들;
- 제조업체들의 요구사항
- 소비자
- 법률제정
- 소비자 단체 및 비정부 단체들

■ 물류는 정부 규제와 고객 기대 및 합의에 의해 친환경 활동을 수행하고 있다.

1.5 친환경 공급사슬 프레임워크

본 절에서는 친환경 공급사슬 쪽으로 지향할 수 있도록 우리의 친환경 활동을 수립하는 프레임워크에 대해 소개할 것이며, 이는 이 책의 전체에 걸쳐 활용될 것이다.

이 프레임워크는 다음의 7가지 영역으로 친환경 공급사슬로의 움직임을 구분하고 있다.

- 친환경 공급사슬 설계

- 친환경 조달 및 구매
- 친환경 공급사슬 실행
- 탄소 관리
- 친환경 공급사슬 협상 전략
- 친환경 공급사슬 지속적 개선
- 친환경 공급사슬 성과 평가

이 책은 다음과 같이 구성되어 있다.

- 친환경 공급사슬 설계: 3장
- 친환경 조달 및 소싱: 4장
- 친환경 공급사슬 실행: 5장에서 9장까지
- 탄소 관리: 10장
- 친환경 공급사슬 협상 전략: 11장
- 친환경 공급사슬 지속적 개선: 12장
- 친환경 공급사슬 성과 평가: 13장

그림 1.4의 프레임워크는 친환경 공급사슬의 매개변수들과 프로세스를 설명하는 세부적인 프레임워크에 기초하고 있다.

세부적인 프레임워크는 친환경 공급사슬의 다양한 프로세스를 요약하고 있으며, 협상 전략과 지속적인 개선의 개요를 설명하고 있다. 이는 그림 1.5에서 보는 바와 같이 친환경 공급사슬 로드맵으로 제공될 수 있다.

그림 1.4 친환경 공급사슬 프레임워크

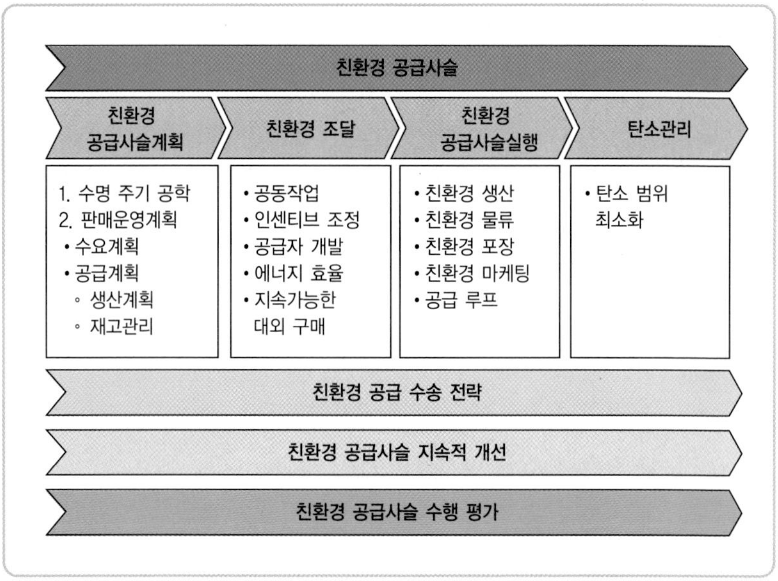

그림 1.5 친환경 공급사슬 로드맵

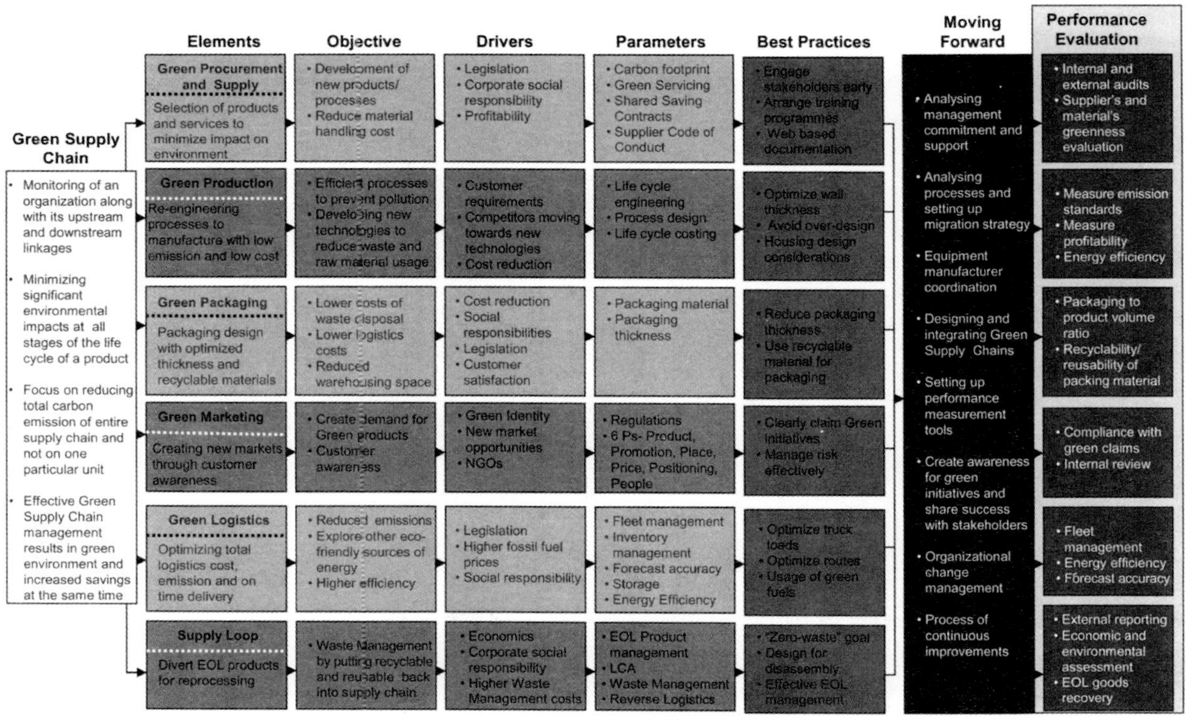

CHAPTER 02

친환경 공급사슬 환경이 기업의 순익에 미치는 영향

(Impact on Bottom Line through Green Supply Chains)

대부분의 기업들은 친환경적인 일을 하는 것이 순이익에 부정적인 영향을 미친다는 공통된 생각을 가지고 있다. 포럼이나 워크숍, 각종 회의 등에서 "기업이 친환경 정책을 추진하면서 발생하는 추가적인 비용을 고객에게 요구해야 하는가?"라는 공통적인 질문을 받곤 한다. 그러나 기존에 수행한 분석들을 살펴보면, 친환경 활동을 효율적이고 효과적으로 수행하는 것은 기업 이익에 있어 매우 긍정적인 영향을 미친다는 것을 알 수 있다. 이는 기업의 규모나 지역에 관계없이 대부분의 조직이나 산업에 적용된다 (이러한 분석에 사용된 방법론에 대해서 좀 더 알고 싶다면, 이번 장의 마지막에 있는 부록을 참조하길 바란다).

많은 사람들이 친환경 활동을 통하여 이익 증대의 가능성을 생각해 본다는 것에 놀라곤 한다. 하지만, 이 책의 여러 사례를 통하여 많은 조직이 수익성을 확보하는 방안을 찾는데 성공했다는 것을 확인할 수 있을 것이다. 또한 이러한 사실은 우리와 같이 일했던 많은 조직들의 친환경 공급사슬 구축과정을 통해 드러난 바 있다. 국가와 산업의 넓은 단면을 포괄하는 우리의 구축 방법은 전반적으로 순이익에 긍적적인 영향을 미친다는 일관된 예측치를 제공한다(그림 2.1 참조).

2.1 친환경 공급사슬의 수익성에 기여하는 요인들

산업별 수익성 평가는 친환경을 추구할 때 어떠한 요소들이 이익의 증가에 기여하는가에 대한 보다 명확한 그림을 보여준다.

원료의 조달에서부터 폐기물의 재활용까지를 포함하는 여러 요소들의 수익성을 바탕으로 다양한 산업들이 분석되었다. 기업의 순익에 기여하는 다양한 변수들은 그림 2.2와 표 2.1에 나타나 있다.

이러한 산업들에서 검증된 친환경 공급사슬관리를 통해서 이익을 얻기 위하여 어떤 것들을 할 수 있는지 간략하게 살펴보자.

그림 2.1 친환경 공급사슬에 의한 국가별 평균수익률 분석

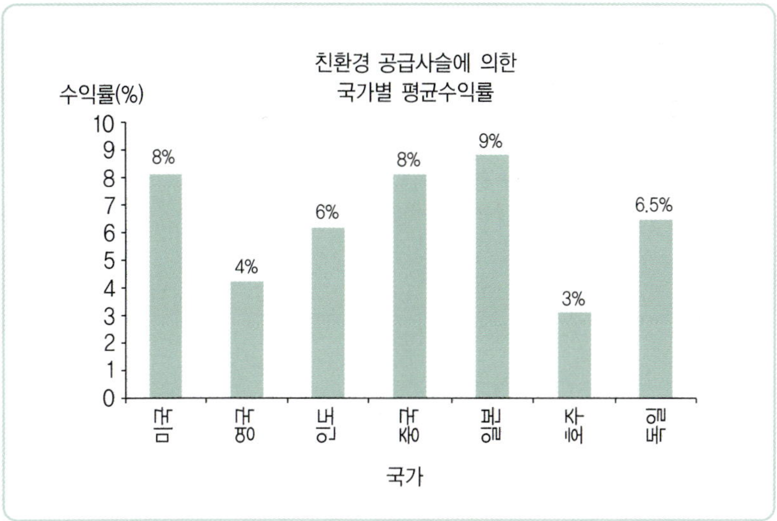

그림 2.2 친환경 공급사슬에 의한 산업별 평균수익률

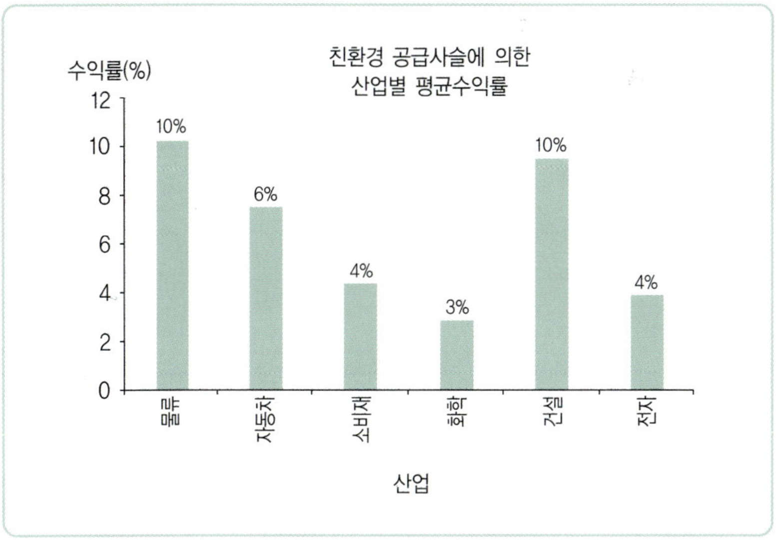

표 2.1 **친환경 공급사슬 수익성에 대한 핵심요인**

	● 비용 ○ 이익	물류	자동차	소비재	화학	건설	전자
친환경 조달	위험물 대체			●	●	●	●
	원자재 사용 최소화		●	●	●	●	
	공급업체 발전		●	●	●	●	●
	자재 소비 감소	○	○	○	○	○	○
	원자재 품질 향상		○	○	○	○	○
친환경 생산	프로세스 디자인		●	●	●		
	제품 디자인		●		●		●
	고효율	○	○	○	○	○	○
	직원 만족도	○	○	○	○	○	○
친환경 물류	대체 연료	●	●				
	물류 최적화	●		●		●	
	차량 유지	●	●			●	
	화물 적재량 최적화	○				○	
	운송 경로 최소화	○				○	
	차량 수명 연장	○	○				
친환경 포장	포장재	●		●			●
	포장 견고성	●		●			●
	포장재 사용량 절감	○	○	○			○
친환경 마케팅	시장 예측	●	●	●	●	●	●
	시장점유율 향상	○	○	○	○	○	○
	기업 이미지	○	○	○	○	○	○
공급 루프	폐기물 수거	●	●	●	●	●	●
	폐기물 재처리	●	●	●	●	●	●
	폐기물 처리 비용절감	○	○	○	○	○	○
탄소 관리	탄소 배출권	○	○	○	○	○	○

2.2 건설 업계

건설업계만큼 친환경화의 비용 편익 비율(cost-benefit ratio)이 실질적으로 저평가되어 있는 산업은 드물다. 전 세계의 건설업계는 언젠가부터 친환경 건물이라는 개념에 초점을 맞추고 있다. 최근 발표된 추정치에 따르면, 모든 건물에서 배출되는 온실가스의 양은 세계 전체 온실가스 배출량의 40%를 차지하고 있다고 한다(World Business Council for Sustainable Development Report, 2007). 또한 건설업계의 주요 기업들을 대상으로 설문조사를 실시한 결과 평균배출량 추정치가 19%에 달했다.

친환경 건물로부터 얻을 수 있는 실제 온실가스 절감효과를 건설 전문가들이 반드시 인식하고 있을거라 기대하지는 않지만, 그들 중 대다수는 친환경 건물에서 발생할 수 있는 추가비용들에 대해서는 잘 이해하고 있다고 생각되어진다. 하지만, 그들이 추정하고 있는 추가비용에 대한 수치는 17%로써 실제 추가발생 비용인 5% 가량의 3배 이상이였다.

반면에, 친환경 건축설계를 통한 에너지 절약과 에너지 효율 증가로 인한 난방 비용 절약은 일반 건물에 비해 최대 80%까지 비용을 줄일 수 있다.

건설업계가 친환경 공급사슬과 관련된 원칙들을 도입한다면, 수익성을 10%까지 증가시킬 수 있는 것으로 추정된다. 자재의 대체, 친환경 프로세스 그리고 친환경 설계로부터 발생되는 추가적인 비용들은 친환경 조달과 에너지 효율을 통해 발생하는 비용절감과 추가적인 이익으로 인해 충분히 상쇄될 것이다.

2.3 물류산업

물류산업에 친환경을 도입하는 것은 전통적인 공급사슬의 시스템과 비교하여 약 10% 정도의 수익을 가져다 줄 수 있다. 온실가스 배출량을 줄일 수 있는 주요 물류 활동들은 다음과 같다.

- 연료 효율성이 높은 신규 차량들로 수명이 다한 차량들을 대체
- 화물 적재량 최적화
- 차량 운용 관리
- 경로 최적화
- 폐기물 수거와 역방향 물류
- 폐기물 처리
- 변화 관리와 지속적 개선

이를 위해서 많은 기업들은 신규 차량 구입, 폐기물 수거, 변화 관리 등과 같은 신규 또는 추가적인 투자가 필요할 것이다. 하지만 새로운 투자는 차량 운행횟수를 단축시키거나, 재활용을 강화하는 방식들을 통해 상쇄시킬 수 있다. 유사한 형태로, 화물 적재를 최적화하고 대체연료 사용을 위해 연구개발 활동에 투자하는 것도 차량의 운행횟수를 줄임으로써 상쇄시킬 수 있을 것이다. 폐기물 수거를 위해 이루어지는 추가적 차량 운행 또한 재활용 증가와 원자재 조달 감소를 통해 상쇄가 된다.

2.4 자동차 산업

친환경 공급사슬이 자동차 산업에 적용되면, 약 6% 정도의 수익성을 증가시킬 수 있다. 이익 증가에 기여하는 주요 요소는 다음과 같다.

- 분해를 용이하게 하는 디자인
- 조달비용절감과 자재의 재활용 증가
- 유해물질 사용 제한 또는 최소화를 통해, 재활용이 불가능한 폐기물의 폐기비용절감
- 유지비가 적게 발생하는 차량의 효과적인 관리

자동차 산업에서의 친환경 체계을 구축하기 위한 활동들은 연료 효율성 강화를 위한 투자와 해체를 용이하게 하는 디자인 개발 그리고 재활용 증가와 유지비용 감소를 통해 비용 상쇄가 이루어진다. 또한 연료 효율성 증가로 높은 가격에 더 많은 차량을 판매할 수 있을 것이다.

2.5 FMCG(Fast Moving Consumer Goods) 산업

낮은 가격에 높은 구매빈도를 보이는 소비재(FMCG) 산업에 친환경 공급사슬을 적용하면, 수익성이 4%까지 증가한다. 이러한 변화는 낮은 마진과 과도한 경쟁이 존재하는 산업 환경에서 중요한 요소가 될 수 있다. FMGC 산업에서 친환경화가 진행되는 동

안 소요되는 주요 추가 투자항목들은 다음과 같다.

- 공장 개편, 상품 포장 재료의 변경
- 유해 물질에 대한 보완
- 분석과 변화 관리

소비자들이 다양해지면서 친환경 제품을 구매하기 위해 기꺼이 돈을 지불하는 소비자층이 생겨났다. 친환경 소비재를 이러한 소비자층에 공략함으로써 추가적으로 발생하는 비용을 상쇄시킬 수 있다. 게다가, 효과적인 포장 방식은 포장 비용을 줄일 수 있고 이를 통해 소요되는 전체 비용의 감소에 기여할 수 있다. 재활용 증가와 폐기물 최소화는 비용을 더 많이 감소시키고 이익을 증대시킬 것이다.

2.6 화학 산업

화학 산업에서는 친환경 활동을 통하여 3% 정도의 수익성 증대를 가져올 수 있을 것으로 기대된다. 전통 공급사슬과 비교하여 비용이 추가적으로 발생되는 핵심적인 사항들은 아래와 같다.

- 효과적인 제품 처리를 위한 위험 관리
- 위험 물질의 대체
- 위험 폐기물의 취급
- 공장 개편과 새로운 제조 기법

생산량 증가, 공장 가동시간의 증가, 유독성 물질 처리비용의 절감 그리고 안전사고의 감소 등은 위에 언급된 요소들에 의해 발생하는 비용을 상쇄시킨다. 추가적으로, 청결하고 안전한 노동환경은 생산성과 직원들의 만족을 증대시킨다.

2.7 전자 산업

전자 산업에 친환경 공급사슬을 도입한다면, 수익성이 4% 정도 증가할 것으로 보인다. 불필요한 포장 절감, 해체가 용이한 디자인, 재활용, 그로 인한 원자재 조달 감소는 제품의 생산에 필요한 비용을 절감하는 친환경 공급사슬 계획의 핵심적인 요소들이다. 비록 단기적으로는 이러한 추가비용이 발생하겠지만, 친환경화는 재무적인 이익을 뛰어넘는 상충효과를 발생시킬 것이다.

2.8 결론

앞에서 본 사례들은 다양한 산업에서 비용 편익 분석을 통해 끌어 낼 수 있는 수많은 이점 중 일부분에 불과하다. 또한, 이 책의 후반부에서는 이러한 점들을 증명하는 실제 사례들을 설명할 것이다. 본 장에서 설명한 예비적인 분석은 산업이나 국가 단위의 거시적인 관점에서 이루어졌다. 왜냐하면, 여러 산업에서 이익이 증가되었다는 실제 사례와 친환경 정책을 추진하기 위해서는 추가적인 비용이 발생한다는 믿음이 모두 맞다는 것을 설명하기 위해서이다. 이 책에서 소개하는 모델은 친환경화를 위한 추가비용이 발생하는 하나의 사례에 국한된 것이 아니라, 7개 국가와 여섯 종류의 산업을 넘어 일반적으로 적용될 수 있다는 것을 보여준다. 또한, 친환경화의 장애물은 대부분 사람들의 뇌리 속에 존재하거나 특정 이익단체의 편협한 사리사욕에 의해 형성된다는 것을 보여준다.

중국과 인도 등지에서 일어나는 급속한 산업화와 도시화는 서양에서 한 세기 전에 이뤄졌던 오래된 개발 방식과 경로를 답습하는 경향을 보이고 있다. 그러나 새로운 기술과 방법론 그리고 새로운 사고들을 통해 획기적으로 도약할 수 있는 기회도 있다. 이러한 기회는 환경적으로 지속가능성을 보장하는 동시에 서민의 생활수준을 높여 줄 것이다. 이들 국가들에서의 정치적이고 산업적인 리더십은 서양의 구식 방법을 맹목적으로 답습한 구식 산업이나 공급사슬 모델에 그들 자신을 가두지 않고, 그들의 국민들에게 위해를 가하지 않게 할 수도 있다.

그러나 애석하게도 여러 산업에서 이익, 무관심 그리고 타성을 과소평가하고 있다는 것을 알게 되었다. 일부 고위간부들은 친환경으로의 변화에 대한 필요성을 인정하기 시작했을지 모르지만, 대부분의 사람들은 여전히 기존 공급사슬 비즈니스 모델을 충실히 추구하고 있다. 이는 아마도 명백한 방법론이나 추진력이 없기 때문일 것이라 생각된다. 반면, 선진국의 비즈니스 리더들은 미래의 환경을 보호하기 위해서 그리고 지속적인 경제 성장을 보장하기 위하여 새로운 방식과 혁신의 방법을 보여주고 있다.

도시화와 산업화라는 변화를 겪고 있는 개발도상국에서는 주로 서구의 산업화된 국가의 개발 모델을 맹목적으로 받아들이면서 엄청난 글로벌 이슈를 초래해 왔다. 서구의 모든 정치, 산업, 지식의 선도자들은 더 늦기 전에 더욱더 지속적인 발전 모델을 인식하고, 이해하며 활동들을 수행해야 할 의무가 있는 것이다.

새로운 사고 방식은 분명 현대의 사람들에게 요구되고 있는 것일까?

새로운 사고에 대한 아이디어를 발전시키면서 이 책을 집필하였을 때, 글로벌 경제위기는 크게 휘몰아친 뒤였고, 2009년 5월에 어느 한 개인 블로그(작성자: Stuart Emmett)에 다음과 같은 글이 작성되었다.

【현재 영국의 경제 불황과 경영상의 문제】

많은 사람들은 현재 우리의 문제는 "행동을 취해야 하는 사건"과 같은 것이라고 생각하고 있으나, 지금까지 대부분의 기업들은 "몸을 웅크리고 껍질 속에 숨어 있는 것"과 같아 보인다.

우리가 일하고 있는 방식에 의해 야기된 매우 큰 충격에도 놀라지 않고 있다.

"지금 즐기고 나중에 지불해"는 1960년대의 주문과도 같은 것이었다; 40년이 지난 지금이 "값을 치룰 시기"인 것 같다.

그러나 만약 우리가 너무 오랫동안 이러한 은눈을 지속한다면, 우리가 빠르게 움직여 나갈 곳은 아무데도 없을 것이다.

그러므로 우리를 현재의 상황으로 이끌고 온 사고방식의 변화를 시도해 봐야 한다. 우리가 변화함에 따라 더 좋은 기회를 얻을 수도 있을 것이다.

예를 들어, 당신이 갚을 수 없는 돈을 빌려 사용하는 것이 옳다고 생각하게 만드는 것은 무엇인가?

국가적이고 조직적인 관점에서 이러한 문제를 제기하고 있는가?

그리고 개인적인 차원에서도 질문받고 있는가?

지금은 분명히 우리 모두가 현실을 인식해야 할 시점이며, 우리 중 많은 사람은 개인적으로 책임을 져야 할 시점이기도 하다.

우리는 과거 방식의 사고와 그 결과로 생긴 행동 그리고 그러한 행동을 하기 위한 방법들에 대해 반드시 이의를 제기해야 한다.

또한 이러한 것을 행함에 있어서 "무릎 반사"와 같이 빠르고 즉각적인 해결책을 찾는 것을 그만두자. 예를 들어, 이는 "만약 우리가 무엇을 행한다면, 우리는 어떠한 것을 얻을 것이다", 그리고 "모든 것이 끝날 것이고, 더 좋은 내일이 찾아올 것이다"라는 믿음을 의미하는 것이다.

역사는 늘 임시방편을 선택하는 것이 잠재적인 위험을 유발한다는 것에 대해 너무나도 명확한 교훈을 주어 왔다.

예를 들어, 1980년대 말과 1990년대 초에 나타난 영국 기업들의 TQM 계획 실패가 이를 입증한다(Unipart사와 같이 몇 안 되는 성공사례는 제외하자).

단지 피상적으로 TQM 툴을 사용하고자 했을 때, 많은 기업들은 이것이 그들이 원했던 대로 작동하지 않는 다는 사실을 종종 발견했다. 그리고 그들은 "TQM은 효과가 없어"라고 말했다.

이는 분명히 완전한 잘못된 생각이었다. 많은 사람들은 TQM이 경영과 조직에 혁명을 일으키고 활력을 불어넣는 수많은 아이디어의 보고라는 사실을 무시하고 빠르게 바꾸기 위한 목적으로 도입하여 왔다. 그러나 TQM을 수행하기 위해서는 우선적으로 사고와 믿음의 근본적이고 기초적인 변화가 선행되었어야 했다.

우리가 당면한 현재의 문제들은 단순하고 잘못된 생각에 기인한다. 예를 들어, 쉽게 갚을 수 없는 돈을 빌리고 쓰는 것이 옳았다는 생각이 바로 그렇다.

최근 소비자의 구매 행위가 변하고 있다는 아주 명백한 증거가 몇 가지 있다. 비싼 브랜드를 구매하기보다는 돈의 가치를 따지는 소비를 하고 있는 것이다. 이와 같이 사고의 변화는 행동의 변화를 이끌고 있다.

소비자의 이러한 생각의 변화는 계속될 것이며, 기업, 지도자 그리고 정부를 통해 지속적이고 올바른 방향으로 나아갈 것이라는 희망을 가지자.

부록

분석 방법론과 친환경 공급사슬 관점에서 비용편익분석의 구체적인 내용

■ 목적

1. 친환경 공급사슬로 인한 추가비용에 대해 제대로 된 측정을 한다.
2. 친환경 공급사슬로 인한 추가비용을 실질적인 경제적 혜택과 비교한다.
3. 친환경 공급사슬이 비용이 든다는 일반적인 생각이 맞는지 검증한다.

연구범위

주요 7개국의 6개 핵심 산업 분야의 순수 경제적 영향이 각각 계산된 후, 통합되어 보고되었다.

■ 방법론

전통적인 공급사슬 비용은 공통적으로 사용되는 공급사슬 기준을 바탕으로 각 산업과 국가별로 모델링되었다. 이후, 이러한 측정의 현신성을 점검하기 위하여 가용한 기업의 자료를 활용하였다.

친환경 공급사슬 비용은 전통적인 공습사슬이 친환경 공급사슬로 전환되기 위해 필요한 각 핵심 변화이 순수한 영향으로 평가하였다. 친환경화를 위해 추가적으로 발생한 비용은 친환경화로 얻은 비용절감을 바탕으로 상쇄하였다.

변화되는 요소의 대부분은 현존하는 기술을 고려하여 모델링되었고, 아직까지는 검증되지 않은 신기술은 고려의 대상에서 제외하였다.

신기술의 영향을 포함한다면 추가적인 비용절감이 가능한 분야가 있을 수도 있겠지만 기술곡선(예를 들어, 컴퓨터의 Moore의 법칙)이 잘 정립된 산업이 아니라면 이는 매우 어려울 것이다. 이러한 것들은 대부분 산업에 있어 우리의 기술적 이해의 범위를 넘어서기 때문에 고려되지 않았다.

■ 결론

결과는 앞서 요약한 바와 같다. 좀 더 구체적인 내용을 원하면 저자와 직접 연락을 하기 바란다.

제 2 부

친환경 공급사슬 계획

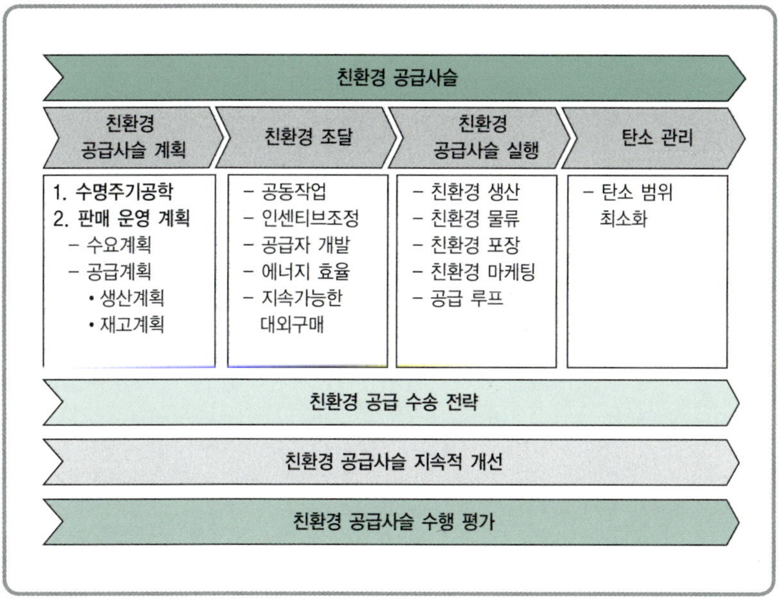

CHAPTER 03

친환경 공급사슬계획
(Green Supply Chain Planning)

친환경 공급사슬계획은 기존의 공급사슬계획에 획기적인 새로운 방향을 제시한다. 공급사슬 전반에 걸쳐 발생하는 모든 활동들은 기존의 공급사슬계획과 동일한 성과를 거둠과 동시에 환경에 미치는 영향을 최소화하는 방향으로 계획된다. 그림 3.1을 통하여 친환경 공급사슬계획의 절차와 구성요소들을 살펴보고, 어떻게 동시에 두 가지 성과를 달성할 수 있는지 생각해 보자.

3.1 수명주기관리

수명주기관리(Life Cycle Management: LCM)는 지속적인 소비와 생산을 위하여 제품과 서비스의 전체 수명주기를 관리하는

그림 3.1 친환경 공급사슬계획 절차

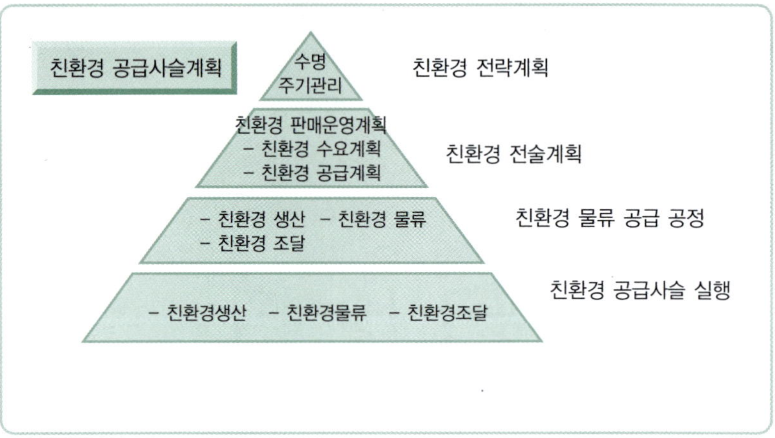

통합적인 접근방식이다. 수명주기관리는 수명주기공학(Life Cycle Engineering: LCE)의 개념을 보다 넓게 확장하여, 특정 제품뿐만 아니라 공급사슬에서 실제로 제품을 생산 또는 서비스하는 모든 파트너들의 활동에 초점을 맞춘다.

수명주기관리를 수행하는 기업은 환경적으로 도움을 주지만, 이를 수행하는 것이 많은 비용을 동반하거나 복잡하지는 않다. 또한, 수명주기관리는 더 좋은 제품 설계, 비용절감, 높은 경쟁력 확보, 우수한 전략적 의사결정, 새로운 비즈니스 기회와 시장인식, 이해관계자들과의 관계 개선, 전체 공급사슬에 내재되어 있는 리스크를 줄이는데 도움을 준다.

다음에서 이러한 측면들을 고찰해 보자.

3.2 수명주기관리의 이점

■ 경쟁우위

모든 의사결정자들은 개선된 거시적인 정보를 활용할 수 있으며, 이를 바탕으로 기업들은 수입을 증대시키고, 시장에서의 지위를 강화하며, 주주들의 이윤을 높일 수 있을 것이다.

■ 비용절감

수명주기관리는 에너지와 원자재의 소비, 폐기물과 배기가스 배출을 줄일 수 있는 획기적인 방법을 제시한다. 수명주기관리는 공급사슬 파트너들이 제품/서비스 수명주기의 초기 단계부터 참여하게 함으로써 전체의 공급사슬 파트너들의 의사소통 및 협업이 더 원활히 이루어지게 하고, 그 결과 조달, 설계, 제조, 분배, 판매, 사용, 처리 등 공급사슬상에서의 전반적 비용 효율이 가능하게 된다.

산업폐기물과 배기가스 배출에 따른 유독성 물질의 감소는 기업의 이미지 제고에 도움이 될 뿐만 아니라 기업이 환경 규제에 따른 벌금 및 처벌로부터도 자유로워지게 한다.

■ 우수한 전략적 의사결정

기업은 수명주기관리를 통해 자본투자, 운영비용, 미래 부채의 영향을 초기 단계에 모두 함께 측정할 수 있으며, 전체 조직뿐만 아니라 공급사슬에 걸쳐 우수한 의사결정을 이끌어 낼 수 있다. 또한, 이제는 보다 확실한 재무평가가 이루어질 수 있기 때문에 더 많은 투자옵션들이 이용가능하게 될 것이다.

■ 개선된 제품/서비스 설계와 가치

수명주기관리는 혁신적인 제품과 서비스를 설계할 수 있는 계기가 되어, 고객에게 더 가치 있고 개선된 제품을 만들어 낼 수 있다.

제품 설계는 에너지와 물, 자원의 사용을 줄이고 적은 폐기물을 배출하는 친환경적인 제품과 서비스를 이끌어 낸다.

그러므로 수명주기관리는 설계자와 공급자들의 창의적 사고를 장려하여, 환경 그리고 경제적 이익을 동시에 이룰 수 있는 새로운 개선기회 발견과 실행방식의 도출을 가능케 한다.

■ 새로운 비즈니스 기회와 시장

이러한 제품과 서비스의 개선은 환경적인 영향을 줄임과 동시에 동일한 기능적 가치를 갖고 있는 제품과 서비스를 공급할 수 있는 새로운 방향을 이끌어 낼 수 있다.

기업들은 환경적인 영향을 줄인 기존의 제품과 서비스를 새로운 시장에 제공함으로써 시장 확대와 차별화가 가능하다. 이는 기존의 제품과 서비스를 이용한 새로운 비즈니스 기회와 시장개척을 의미한다.

또한 수명주기관리는 환경적 영향을 없애거나 감소시킬 수 있는 서비스, 기술, 방법을 새롭게 개발하거나 개선시키는데 도움이 된다.

실제로 일부시장에서 수명주기 정보가 사업을 하기 위한 필수사항이 되어 가고 있다.

■ 개선된 직장 문화

수명주기관리는 기업이 미래 세대들에게 더 나은 환경을 물려

주기 위해 사회적, 환경적으로 책임을 지는 진보적 조직이라는 의미를 부여함으로써 우수한 노동자들을 유지하거나 새로이 끌어들이는 역할을 한다. 이에 기업들은 갈수록 경쟁이 심화되는 노동시장에서 역량 있는 직원들을 확보할 수 있고 채용, 교육, 해고에 따른 비용 또한 줄일 수 있다.

■ 보다 나은 위기관리

수명주기관리는 제품의 생산, 소비, 유지 보수 및 폐기와 관련하여 발생할 수 있는 환경, 안전, 건강상의 문제를 최소화시켜, 향후 기업들에게 발생가능한 법적 책임에 대한 위험을 감소시키는데 도움이 된다. 더불어, 이는 미래에 발생가능한 다양한 시나리오를 분석하고, 위기를 사전에 관리하고 대응하는데 도움이 되며, 현재 기업이 갖고 있는 기회를 활용할 수 있도록 돕는다.

3.3 수명주기관리의 목표

지속적인 개발을 이끄는 수명주기관리의 주요 목표는 다음과 같다.

- 유독성 폐기물 최소화
- 제품을 생산하거나 서비스를 제공하는데 소요되는 자재 사용 최소화
- 재활용과 재사용 증진
- 프로세스 효율성 향상

- 에너지 사용 최소화
- 재사용 가능한 자원 사용 확대
- 제품의 내구성과 수명 향상
- 노후화 감소

수명주기공학(Life Cycle Engineer: LCE))은 제품과 직접적으로 연관이 되어 있는 반면, 수명주기관리는 특정 제품에 초점이 맞춰져 있는 것이 아니라 공급사슬상에 있는 모든 파트너들의 활동과 연관이 되어 있다. 이제 수명주기공학 방식을 활용하여 이러한 목표들을 구체적으로 살펴보도록 하자.

3.3.1 수명주기공학

기술의 발전과 풍부한 원자재는 제품과 서비스의 소비를 증가시켜 왔고, 이는 생산의 증가와 더불어 폐기물의 증가로 이어져 왔다. 이로 인해 우리는 환경에 큰 피해를 주고 있다. 현재 기업과 소비자들은 과거 어느 때보다도 더 많이 생산하고, 더 많이 소비하고 있다. 세계의 인구 수는 늘어나고 있기 때문에, 만일 우리가 이를 점검하지 않는다면 결과적으로 우리의 환경은 더 많은 폐기물들로 덮일 것이다. 그럼에도 불구하고, 기업과 소비자들은 실제적인 경제학적 · 생태학적 폐기비용을 과소평가해 왔고 폐기물과 더불어, 과도한 소비는 에너지, 물, 기계의 이용을 증가시켜 결국 지구온난화를 촉진시킨다.

지속가능 생산의 개념은 가까운 미래의 심각한 환경, 경제, 사회 위기에 대응하기 위하여 생겨났다. 그러므로 수명주기공학적 접근

방식은 재사용을 통해 낭비를 줄이는 것을 목표로 하며, 지속가능 발전을 증진시키는 데 도움이 된다.

수명주기공학은 시스템적인 사고를 장려하며 사전에 조치를 수행해야 하기 때문에 마케팅, 공학, 생산 등과 같은 다양한 그룹 간의 협력과 통합을 가능하게 한다. 이는 기업들이 최신 정보를 얻도록 하며, 차후로 미루거나 뒤쳐질 수 있는 활동들을 동시에 실행하도록 도와준다.

하지만 조직에 속한 리더 및 관리자들이 수명주기공학을 수행하기 위해서는 그들의 고정된 사고방식을 변화시킬 필요가 있다. 예를 들어, 현재 포장개발은 제품생산에 필수적인 부분으로 고려되지 않고 오히려 제3의 공급자들이 수행하는 부수적인 활동으로 여겨지고 있다. 또한 이는 일반적인 생산 작업으로 인식되어 개발단계가 끝나고 생산단계가 될 때까지는 시작조차 하지 않는다.

그러나 수명주기공학에서의 포장 개발은 생산기술개발의 필수적인 부분으로 고려된다. 수명주기공학은 제품개발단계에서 포장을 외부 업체로부터 구매할 것인지, 재사용, 재활용할 것인지에 대한 의사결정을 하도록 한다. 결과적으로, 의사결정을 할 수 있는 기간 및 공급자들에 대한 협상력을 제공하며, 제품개발부터 출시까지의 시간을 단축할 수 있도록 도와준다.

이는 기업이 현재 일하는 방식을 다음의 세 단계에 맞춰 변화시킬 필요가 있다는 것을 의미하기도 한다.

- *전략*: 통합된 제품개발정책 정의
- *전술*: 전체 수명주기를 제품개발계획 절차에 통합

- 운영: 생산, 물류, 조달에 걸쳐 전체 수명주기에 대한 사고의 통합

공급사슬계획이 비즈니스 전략과 맞춰지는 전통적인 공급사슬 전략 계획(supply chain strategic planning) 단계와는 달리, 수명주기공학은 친환경 공급사슬계획의 근간을 형성한다. 수명주기공학을 활용하면, 제품, 서비스, 가공처리 방법이 전체 수명주기 동안 경제적, 환경적, 기술적인 측면에서 미치는 잠재적인 영향을 개념정립과 설계의 단계에서 분석하게 된다. 그러므로 수명주기공학은 기업들이 다음과 같은 업무를 추진할 수 있게 한다.

- 수명주기의 각 단계에서는 재사용과 재활용을 통해 비용을 줄이고, 다른 단계에 부담을 전가시키는 것을 피할 수 있다.
- 환경 문제와 연관된 잠재적인 비용을 줄일 수 있다.
- 환경오염을 줄이고 불필요한 제품을 생산을 하지 않는데 초점을 둘 수 있다.
- 제품수명주기의 각 단계에서 시스템적 사고를 가지고 생태학적으로 좀 더 책임감을 가질 수 있다.
- 총체적인 관점에서 의사결정을 할 수 있다.
- 내부적으로는 직원들에게, 외부적으로는 관련자들의 관심을 증대시킬 수 있다.
- 공급사슬상에서 협업과 협력이 더 잘 이뤄지며, 공급사슬 파트너들의 관심을 증대시킬 수 있다.

이와 같이 수행할 때, 기업들은 보다 친환경적이고 지속가능한

제품을 생산할 수 있을 것이며, 혁신적이고 개선된 그리고 경쟁력을 갖춘 성장의 기반이 되는 방법들을 사용할 수 있을 것이다.

그림 3.2은 재사용 감소 그리고 재활용이 지속가능한 제품개발에 매우 중요한 요소들임을 보여준다.

- *재사용*: 소비자에 의해 버려진 후 재활용 업자, 유통업자, 생산자 등에 의하여 회수된 상품이나 부품의 기능과 가치가 계속해서 사용가능하도록 하는 과정.
- *감소*: 자재, 에너지, 천연자원의 소비를 줄이고 제품 생산 또는 사용 시 발생하는 오염물질 방출을 감소시키는 것.
- *재활용*: 수명이 다한 상품으로부터 에너지나 자원을 재활용하는 것.

그림 3.2 수명주기공학

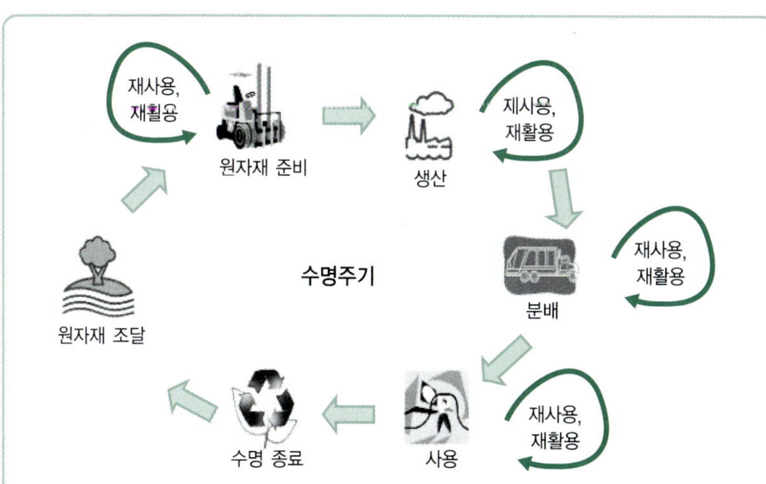

■ 수명주기공학과 조달

기존의 조달과는 달리, 수명주기공학에서 조달은 회사 내외부에서 발생하는 자재의 재사용과 재활용에 초점을 맞춘다. 재사용 또는 재활용되는 자재는 같은 공정에서 발생하기도 하고, 다른 공정으로부터 이동되어 오기도 한다. 수명주기공학 조달은 다른 환경하에서는 폐기처리될 수도 있었던 재료들로부터 원자재의 상당 부분을 조달하는 것을 목표로 한다. 그러므로 수명주기공학 기반의 조달관리자는 전체를 바라보는 시스템적 사고를 갖고 항상 다음의 세 가지 항목에 대하여 질문을 던져야 한다.

1. 내가 지금 구매하고자 하는 자재가 어떠한 공정에서 부산물이나 폐기물로서 만들어지고 있지는 않은가?
2. 부산물을 목적에 맞고 재사용가능한 자재로 변환하기 위하여 내부 공정을 어떻게 변경하여야 하는가?
3. 내부구성원이 받아들이도록 환경비용 절감 효과를 어떻게 강조할 것인가?

■ 수명주기공학과 자재 준비

수명주기공학적인 자재 준비는 조달과 생산에 동등하게 관여되는 중요한 단계이다. 생산과정 중 다른 공정에서 발생된 부산물 또는 폐기물이 지금 사용하고 있는 원자재의 대체물로 바로 사용 가능한 경우는 거의 없기 때문에 수명주기공학적인 자재 준비를 위해서는 추가적인 작업공정이나, 심지어는 설비 투자가 요구될 수 있다. 이는 재사용과 재활용을 통해 얻을 수 있는 잠재적인 비용절감에 부분적으로 악영향을 미칠 수도 있지만 , 대부분의 사례를 살펴보면 환경적인 측면과 비용절감의 측면에서 크게 긍정적으로 나타났다.

■ 수명주기공학과 생산

수명주기공학적인 생산은 제조공정에서 사용할 수 있도록 다양한 방식의 준비단계를 거쳐 만들어진 자재를 재활용하고 재사용하는 생산 방식을 의미한다. 그러나 이러한 자재들은 자재준비 과정을 거쳐 만들어졌음에도 불구하고, 다음의 두 가지 이유로 인하여 추가적인 제조공정변형이 종종 필요하다.

- 대체의 결과로 자재를 사용해야 한다.
- 생산과정에서의 모든 부산물과 폐기물을 획득하고, 기업 내 외부에서 이를 적절히 재활용, 재사용할 수 있어야 한다.

위의 두 가지 항목 중 어느 것 하나 중요하지 않은 것이 없다. 첫 번째 항목은 공학적인 요소와 작업과정의 변화가 필요로 하기 때문에 중요하다. 더불어, 이러한 변화의 관리는 매우 중요하다. 두 번째 항목은 경제적 안정을 보장하며 순수한 환경적 영향을 최소화하기 위하여 자원의 획득, 재활용 그리고 재사용이라는 강화된 선순환 고리의 확립이 필요하기 때문이다.

지금까지 수십 년 동안 많은 산업에서 이러한 작업을 임기응변식으로 진행하여 왔다는 점은 주목할 필요가 있다. 지금껏 기업들은 자신들의 부산물들이 다른 산업에서 어떻게 재사용되어야 하는지 알 수 없었다. 하지만 모든 생산과정에 모든 부산물과 폐기물을 파악하고, 재사용 및 재활용하기 위해 체계적인 수명주기공학 접근법을 도입하면 비용 및 환경적 측면에서 상당한 효과를 거둘 수 있다.

■ 수명주기공학과 분배

수명주기공학과 분배는 전체 수명주기관리의 시스템적 사고에 있어서 필수 구성요소이다. 재사용 또는 재활용을 하기 위해서는 부산물과 폐기물들이 효율적이며, 효과적인 방법으로 이동, 분배되어야 한다. 이러한 분배과정은 모든 친환경 공급사슬상에 있는 다른 구성요소들과 같이 환경적으로 타당해야만 한다. 이는 6장에서 더욱 자세히 살펴보기로 하자.

■ 수명주기공학과 사용

수명주기공학의 전반을 고려하는 시스템적 사고방식은 산업 소비자와 최종 고객을 포함하는 모든 사용자들에게 지켜야 할 의무를 부여한다. 포장된 제품이나 자재의 소비과정에서는 부산물과 폐기물이 발생된다. 그러므로 사용자들도 수명주기공학의 다른 참여자들과 마찬가지로 모든 부산물과 폐기물들을 수집하고 적절히 재사용, 재활용해야 하는 의무가 있음을 인식해야 한다.

제조업자, 지방자치단체, 정부 그리고 산업의 핵심단체들은 최종 소비자가 자신의 역할을 효과적으로 수행할 수 있도록 재사용과 재활용에 필요한 정보와 장비들을 제공할 의무가 있다.

■ 수명주기공학과 제품의 단종

제품의 단종 시기에 고객에게 제공된 제품의 가치가 다 소진되고 있다면, 이를 다음 제품으로 재활용할 수 있는지 확인하는 것은 매우 중요하다. 제품의 단종 단계가 전체 제품수명주기 계획단계부터 완전히 고려되었는가의 문제는 다른 무엇보다도 중요하다. 일반적으로 대부분의 제조업자들은 이 문제를 정부규제하에 영향을 받을 때에만 생각해 보려 한다고 알려져 있지만, 단종품을 재활용 비율을 높이고 전체 제품수명을 계획하려는 인식과 행동은 점점 더 증가하고 있는 추세이다.

3.3.2 수명주기비용

수명주기비용(Life Cycle Cost: LCC)은 지속가능한 생산과 조달 과정에서 중요한 역할을 한다. 이는 전체 수명에 걸친 상품, 장비 및 기계의 총소유비용(Total Cost of Ownership: TOC)을 의미한다. 이는 조달, 운영, 유지보수, 분해 또는 폐기비용과 같은 다양한 비용들을 포함한다. 발생가능성이 있는 모든 주요 비용은 미래비용으로 구분되며, 현재 가치와 같은 표준회계방식에 따라 오늘날의 가치로 환산되어진다.

검토 대상이 되는 비용은 다음과 같다.

1. 제품을 처음 취득하였을 때 발생한 조달 비용
2. 제품의 운영주기 동안 발생한 운영 비용
3. 물품의 이용가능 기간 동안 사용되는 유지보수 비용(또는 서비스 비용)
4. 수명이 완료된 제품의 재활용 비용 또는 폐기 비용

그러므로 수명주기비용은 경영진이 다양한 선택사항이 있을

때, 정보에 기반한 의사결정을 가능하게 한다.

3.4 친환경 판매운영계획

일반적으로 공급사슬관리 관점에서의 판매운영계획(Sales & Operations Planning: S&OP)의 목적은 기업 내 서로 다른 기능을 하는 부서 간의 계획을 조화시키는 것이다. 판매운영계획의 개념이 처음으로 도입되었을 때 그 기능은 기업의 전략계획과 운영계획을 동기화시키고, 분산되어 있는 운영계획 환경을 일치화하는 데 있었다. 그러나 최근에는 판매운영계획의 전략적 조정기능이 급감되어, 가치 전달을 위한 전반적인 판매운영계획과정까지 손상되었다.

오늘날 시행되고 있는 전통적인 방식의 판매운영계획은 마치 서로 다른 별에서 온 사람들이 의사소통을 하기 위해서 애쓰는 것처럼 보인다. 이성 간의 다툼을 다룬 John Gray의 우화는 해부학적으로 다르게 구성된 남녀 간의 뇌구조로 인하여, 남성과 여성의 의사소통에 자주 문제가 발생한다는 것을 보여준다. John Gray의 화성인과 금성인에 관한 이야기(Martians and Venusians)처럼 지금의 판매운영계획에서는 우월적인 위치의 두 집단이, 두 개의 다른 행성에서 온 사람들과 같은 사고방식으로 대화를 이끌어 가고 있다.

전통적인 판매운영계획(안건, 주요 단계, 회의를 위한 준비 그리고 회의에 필요한 문서를 포함)을 수행하는 많은 회사들은 무의식적으로 실패로 향하는 잘못된 방식을 따르고 있다. 어떻게 그럴 수 있을까? 우리는 수개월 동안 전 세계에서 전형적이고 전통적인 판매운영계획을 수행하는 수많은 조직들을 살펴보았다. 먼저 이러한 계획 방식에 대하여 논의해 보자.

영업부서, 생산부서, 물류부서 그리고 수요예측 분석가들이 한 자리에 모여 지난 달 무슨 일이 일어났는지에 대하여 살펴보면서 시작한다. 그리고 수요예측의 정확도를 검토하고 현재의 수요예측은 불충분하다는 것을 확인하게 되면서 문제를 해결하기보다는 남을 탓하려는 노력(blame game)이 시작된다. 제조부서와 물류부서는 수요예측이 잘못되었다고 다시 한번 영업부서를 탓한다. 영업부서는 책임소재를 고객, 날씨, 경제, 정부, 통계분석가 그리고 그들이 탓할 수 있는 모든 것들로 돌린다. 이때부터 이 미팅은 계속해서 더욱 깊은 늪으로 빠져든다. 모든 회의참석자들은 많은 경험이 있기 때문에 보통 이러한 정치적인 게임에 능할 뿐 아니라 상대를 이기기 위해 필요한 정보를 잘 준비해 왔다. 진심어린 협력은 애초부터 그들의 관심 밖이였던 것이다.

최종적으로, 다음 달에 어떠한 목표를 달성할지에 대해 모호한 결정이 이뤄지고, 희망적으로 몇 가지 활동들이 배정된다. 회의시간은 일나 남시 않고, 시간 부속으로 마지 못해 성급한 합의를 이루면서 팀워크나 번뜩이는 영감을 통한 의사결정은 찾아보기 힘들다. 이제 모든 참가자들은 다른 이들에 대해 불만을 품고 회의장을 떠난다. 더 불행한 사실은 이러한 주기는 다음 달에도 반복될 것이라는 것이다.

하지만, 이제 이러한 방식은 더 이상 필요가 없다. 내적인 협력을 증진시키고, 친환경 공급사슬계획을 지원하며, 의사소통을 실제로 향상시키고, 더욱더 긍정적이고 영향력 있는 결과물을 가져오는 판매운영계획을 만들고 운영할 수 있는 더 좋은 방식들이 있다. 아래의 표 3.1을 바탕으로 기존의 판매운영계획과 친환경 판매운영계획의 주요 차이점들을 살펴보자.

이를 통해 우리는 기존의 판매운영계획의 중요한 문제점들을 자세히 살펴볼 수 있다.

■ 태도

조직에 속한 많은 이들은 조직에 합류한 처음 몇 달 동안은 다른 사람들과 정보와 지식을 공유하지 않으려고 한다. 만일 그들이 감히 회사 전체와 공공의 이익을 생각한다면, 회사 생활을 잘못한다고 비난받을 것이다. 조직의 목표, 보상 체계 그리고 조직 구조는 이러한 태도를 더욱 잘못된 길로 인도할 것이다.

표 3.1 판매운영계획

속성	기존의 판매 운영 계획	친환경 판매 운영 계획
성공의 척도	각각의 부서는 판매 운영 계획의 결과를 측정하기 위한 각자의 성과척도를 갖고 있다.	모든 그룹은 공통된 성공의 척도를 갖는다. : 수익과 환경적 영향
태도	방어적 / 공격적	협력적
초점	타부서를 대치	팀워크
지향	사후대책	사전대책
의사소통	부자연스러움, 형식적	개방, 정직, 인도적 그리고 방식에 따른 관리
방식	엄격한 관리 차트와 체크리스트	역동적으로 균형잡힌 트레이드오프로의 접근
지도력	타그룹과 대치	실용적, 긍정적, 성과 중심적

시간이 경과함에 따라 이러한 생각과 행동은 일반적인 행동처럼 뿌리 깊게 자리 할 것이다. "우리가 여기서 일을 하는 방법"은 자기 자신의 포지션을 지키고 다른 이의 포지션을 공격하면서 점수를 획득하는 게임과 같다고 생각할 것이다.

하지만, 본질적으로 판매운영계획은 협력적이어야 하며, 서로를 공격하고 방어하는 분위기 속에서는 발전을 이룰 수 없다. 성공을 위해서는 반드시 열린 마음이 필요하다. 모든 구성원들은 하나의 공동 목표를 갖고 있으며 팀 전체의 성공을 위해서 모든 사람들이 최선을 다하고 있다는 믿음을 가져야만 한다. 그래야만 사람들은 그들의 일 또한 최선을 다해야 할 것이다. 우리가 무엇을 믿는지에 따라 결국 우리의 일이 이루어진다. Heny Ford의 말을 인용하자면, "당신이 할 수 있다 또는 할 수 없다와 같이 어떻게 생각하던 간에 당신은 옳다."

하지만 대부분의 판매운영계획 미팅은 정반대의 분위기를 조성하면서 시작된다. 지난 달에 달성하기 어려운 결과를 이뤄 냈거나 성공사례를 나누는 등의 긍정적인 이야기는 거의 없다. 오히려, 대부분의 미팅은 지난 달에 실패한 이야기로 시작된다. 과거의 실패로부터 얻는 교훈은 종종 가장 유용한 자료가 되고, 일을 처리하는 시기와 방법이 엄청나게 발전될 수 있음에도 불구하고, 이성적인 토론은 곧 개인의 목적을 달성하기 위한 회의가 되어 버린다.

■ 초점

기존의 판매운영계획은 불만족스러운 결과에 대하여 서로에게 책임을 묻고, 약간의 우연한 성과물에 대해서는 공을 차지하는 것에 초점을 맞춘다. 이러한 관점에서는 조직과 공급사슬 전체를 곤경에 처하게 만드는 문제들을 해결하기 위해 창의적이고 간접적인 해법을 찾고, 새로운 사고를 하는 사람이 거의 없는 것은 당연하다.

영업운영계획은 높은 수준의 팀워크로 협력되어져야 한다. 대부분의 회사는 팀워크에 높은 점수를 주지만, 그들에게 있어 팀워크는 일반적으로 같은 업무를 하는 하나의 부서에 국한된다. 서로 다른 업무를 수행하는 부서들은 불명확인 안건, 숙련되지 못한 업무, 공통된 목표에 대한 이해부족 그리고 습관적으로 해 오던 서로에 대한 잘못된 행동 등으로 팀워크를 해치고 있다.

■ 방향성

대부분의 판매운영계획 미팅이 과거지향적이라는 사실은 매우 놀랍다. 계획이라는 개념은 미래를 위한 것이다. 과거를 참조하는 유일한 이유는 오직 미래를 위한 배움을 얻기 위해서이다. 하지만 대부분의 판매운영계획의 구성을 살펴보면, 심지어는 컨설턴트들이 인용하는 모범 사례들 조차도 대부분의 시간을 과거에 무슨일이 일어났는지 점검하고 재발방지를 확인하는 정도이다.

이제부터는 미래를 위한 계획을 세우는데 시간을 소비하여야 한다(물론 과거에 어떠한 일이 일어났는지는 참조해야 한다). 문제가 발생한 뒤 사후대책을 논의하는 것은 대부분의 판매운영계획에서 가장 눈에 띄는 취약점일 것이다.

■ 의사소통

협력적인 태도와 팀워크에 대한 관심이 없는 의사소통은 판매

운영계획 회의를 정형화시키고 진부한 형식에 치우치게 만들 것이다. 말하는 것 자체가 목적이 되어 사람들은 무엇인가를 말하는 것처럼 보이기 위해 말하게 된다. 문제를 함께 해결하려는 노력은 없고 가능한 빨리 따분한 회의를 끝내고자 한다. 가끔 회사 전체를 위협하는 아주 중대한 문제가 발생하면 해결책을 찾기 위해 열린 마음으로 솔직한 의사소통을 하기도 하지만, 각자의 부서로 복귀하였을 때는 그나마 가끔 발생하는 협력조차도 이미 기억에서 사라진다.

■ 방식

기존의 판매운영계획은 프로세스 컨설턴트들에 의해 만들어진 오래되고 정형화된 체크리스트와 공정도를 사용하는 방식으로 구성되어진다. 1970-80년대에는 아무런 도구들이 존재하지 않았으므로, 이는 엄청난 진보였으나 1990년 2000년대에 발전된 공급사슬을 활용하고 매달 중요한 의사결정을 해야 하는 현대의 글로벌 기업을 이끌기에는 부족한 부분이 많다.

지금도 새로운 협력 방식은 계속해서 생겨나고 있지만, 이미 잘 정립된 기존의 방식들은 이 새로운 방식을 제공할 동기나 역량을 갖추지 못하고 있다.

역동적, 개방적, 협력적, 균형잡힌 방식은 성공으로 가는 길이며 가까운 미래에 접할 수 있기를 기대한다. 하지만 기존의 판매운영계획 공급사슬의 공급자로부터는 아닐 것이다.

■ 리더십

기존에는 각 부서에서 가장 잘 싸울 수 있는 전사를 판매운영계획이라는 전쟁터에 내보내 경쟁부서와 대립하게 하고 이익을 최대화하여 명예와 자원을 얻음으로써 번영한다고 생각했다. 그리고 이를 즐겼다. 하지만 이러한 과정에서 기업의 공통된 목표는 빈번하게 잊혀졌다.

한편, 긍적적이고 실용적인 지도자들은 서로 다른 이들과 함께 앉아 각자의 아이디어를 수용함으로써 문제를 해결하기 위한 노력을 한다. 이는 협력적이고 미래지향적인 팀워크를 위해 반드시 필요한 요건이지만, 기존의 판매운영 계획방식에서는 빈번하게 간과되었다.

■ 성과지표

각 부서는 서로 다른 척도를 바탕으로 판매운영 계획과정의 성공 여부를 측정한다. 영업부서는 재고부족으로 물건을 팔 수 없는 경우가 생기지 않을 만큼의 많은 양의 제품을 생산부서에서 만들도록 설득한다면, 그들은 성공적인 결과를 이루었다고 믿을 것이다. 하지만 생산부서는 영업부서가 과거의 수요예측이 부정확했다는 것을 인정하도록 만든다면 그 회의는 성공적이었다고 믿을 것이다. 반면, 물류부서는 납품이나 재고에 대한 불만 없이 미팅을 끝낸다면 성공적이라고 믿을 것이다.

전체적인 사업 실적을 평가하기 위한 공통된 성과지표(예를 들면, 수익과 탄소배출)는 종종 팀 구성원에 의해서 피상적으로만 검토되어진다. 이러한 환경하에서 각 부서는 자체적인 성과 측정을 통해 자신들은 최선을 다하고 있다고 확신하고 있지만, 기업 전체의 수익은 최적화된 상태가 아닐 것이다.

이러한 방식들이 당신의 조직에서 이루어지고 있다면, 친환경 판매운영계획을 사용함으로써 더욱 개선된 결과를 이룰 수 있다.

■ 친환경 판매운영계획

도구, 수식, 체크리스트 등은 성공적인 친환경 판매운영계획의 일부분에 불과하다. 성공의 핵심적인 요소는 계획의 초기부터 요구되는 내외부적인 협력이다. 앞서 설명하였듯이, 지도자와 참여자들은 수평적 사고방식(새로운 방식으로 사고하여 문제 해결을 시도하는 것)을 바탕으로 공통된 문제를 함께 해결하기 위하여 긍정적이고 결과지향적인 태도를 훈련해야 한다. 특히, 이러한 목적을 위하여 설계된 방식과 도구를 활용하여 열린 마음으로 행하는 정직한 의사소통을 이끌어야 한다. 결국 프로세스에 있는 모든 구성원들을 위하여 공통된 성과지표를 사용해야 한다.

Intel사의 창립자인 Andy Grove는 "수요와 공급이 일치하게 되는 시점에 우리는 완벽한 조합을 갖게 될 것이다. 하지만 그 외 시간에는 과공급 또는 과수요로 인해 고군분투한다"라고 언급하였다.

앞서 인용된 내용을 이해하고 받아들이는 순간 아마도 친환경 판매운영계획은 시작되었다고 할 수 있을 것이다. 어떠한 수요예측도 완벽하지 못하며, 어떠한 공급시스템도 항상 완벽하게 모든 수요를 충족할 수 없다. 우리가 찾는 결과는 '수익성은 최대로 하며, 각 수요와 공급 조건이 발생하는 부분에서 환경적 영향을 최소로 하는 조직' 을 만들기 위하여 협력적으로 업무를 수행하는 것이다. 우리에게 발생할 수요와 공급 상황을 다 알지 못하더라도, 이는 그 자체로서 아주 높은 목표가 된다.

그러므로 우리가 친환경 판매운영계획과정에서 찾고 있는 목표는 수익성 최대화 및 환경적 영향 최소화이다. 친환경 판매운영계획은 더 큰 그림을 보기 위하여 서로 다르지만 필수적인 두 가지 메카니즘을 하나로 모은다.

수요 관리는 주어진 기간 동안 고객과 제품의 조합에서 수익을 극대화하기 위한 과정이다. 이를 위해서는 '어느 곳에 있는 어떤 고객에게 어떠한 제품을 얼마의 가격에 어떤 방식으로 청구하여 제공할 것인가?' 와 같은 주요 질문들에 대한 대답을 할 수 있어야 한다.

이러한 모든 질문은 영업부서의 영역에 해당한다. 특히, 통신업 및 항공업과 같이 몇몇 산업들은 '수익관리(yield management)' 라고 불리는 다양한 방식을 통하여 고객수요를 관리하고 수익 최대화를 성공적으로 수행하고 있다고 알려져 있다

반면, 공급관리는 공급시스템상의 모든 수요를 충족시키면서 전체 비용을 최소화하는 과정이다. 이를 위해서는 '고객만족을 위하여 어디서 얼마나 구매, 생산하고 저장할 것이며, 언제 어떻게 어디로 운반할 것인가?' 와 같은 질문에 대답할 수 있어야 한다.

위의 질문들은 생산, 조달 및 물류 부문영역에 해당한다. 환경적 영향을 최소화하는 동시에 고객에 대한 서비스를 최대화하고, 비용 최소화에 대한 초점을 두는 것은 친환경 판매운영계획 사고를 기반으로 하는 친환경 공급시스템의 기본이다.

이와 같이 명확한 목표를 갖고 친환경 판매운영계획을 시작한다면 협력적 프로세스를 만드는 일은 보다 쉬워질 것이다. 기술적으로, 모든 공급사슬 전문가들은 이익 최대화라는 목표가 재고 최소화, 비용 최소화, 수익 최대화 그리고 재고부족 최소화를 동시에 포함한다는 것을 알고 있다.

이러한 기술적인 문제를 운영 이론을 이용하여 정의하기는 비

교적 쉽지만, 실제로 조직의 DNA 속에 환경적인 영향을 최소화하고 동시에 협력적인 방식으로 목표를 달성할 수 있는 방법을 적용하기란 매우 어렵다. 이것이 바로 친환경 판매운영계획의 목표이다.

아이슈타인이 언급한 것처럼, 낡은 사고로는 어떠한 문제도 해결할 수 없다. 위에 언급된 근본적인 목표를 달성하기 위하여 사고의 수준을 높이는 것은 친환경 판매운영계획의 목표를 달성하는 데에 근본이 될 것이다(그림 3.3 참조).

■ 목표를 확립하고 시작하라

모든 사람들은 최종목표를 처음부터 끝까지 가장 중요한 것으로 인식해야 한다. 판매운영계획의 지도자는 최종 목표를 명확하게 확립하고, 배송이나 재고와 같은 하위 목표를 어떻게 최종 목

그림 3.3 친환경 판매운영계획 방향

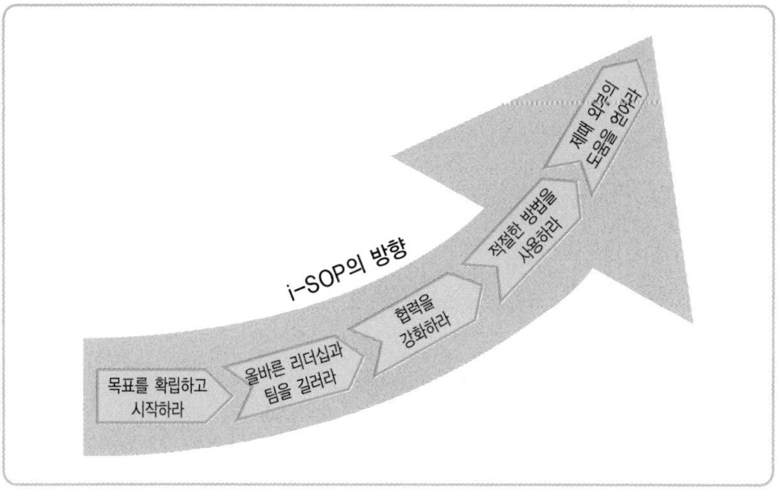

표에 부합하게 구성할 것인지 결정하는데 최우선순위를 두어야 한다. 이 단계에서의 성공은 최종적인 성공을 이끄는 밑바탕이 될 것이다.

■ 올바른 리더십과 팀을 길러라

다음으로 친환경 판매운영계획을 만드는 중요한 원칙은 올바른 리더십과 팀을 기르는 것이다. 이는 생각보다 그렇게 간단한 일은 아니다. 현재의 취업 시장을 살펴보면, 최고수준의 공급사슬 전문가에 대한 수요는 공급을 능가한다. 그래서 적합한 전문가를 찾는 것은 어렵고 현재 구성원들을 새롭게 훈련시키는 것은 더욱 어렵지만 두 가지 모두의 실현가능성을 믿는 것은 매우 중요할 뿐만 아니라 반드시 필요하다.

일반적으로 팀 내에 강한 영향력을 갖춘 유능한 몇몇 지도자들만 있다면, 개선된 문화를 만들고 이끌어 가기 위한 충분한 추진체가 준비되어 있다고 말할 수 있다.

개방적이고 적극적인 태도를 통하여 협력적인 팀워크를 키워라.

올바른 팀과 리더십으로, 협력적인 팀 환경을 만드는 것도 중요하다. 그러한 팀은 역동적인 의사결정을 바탕으로 수요와 공급의 균형을 이루는 동시에 수익극대화의 책임을 공유하여야 한다. 항상 최종 목표는 가장 우선시 되어야 한다. 그리고 협력적인 팀워크를 이뤄 낼 수 있는 방법은 많이 있을 것이다.

■ 적절한 도구를 사용하라

역동적, 개방적, 협력적, 균형적인 도구들은 앞서 언급한 사항들을 논의하기에 필요한 전제 조건이다.

은 참으로 아이러니한 상황이다. 고객이 왜 친환경 공급사슬의 중심이고 친환경 수요계획활동의 정점에 위치하고 있어야 하는지는 8장의 친환경 마케팅에서 설명할 것이다.

경영 의사결정이 조직의 다른 부분에도 영향을 미칠 수 있기 때문에 조직 내외부의 다양한 이해관계자들은 친환경 수요계획에 높은 관심을 가져야 할 필요가 있다. 다양한 관점들이 협력적으로 동시에 고려되기 위해서는 앞서 언급된 기본적인 질문들이 기업 내외부에 던져져야 한다. 다양한 관점을 통합하기 위한 프레임워크를 만드는 것은 신속한 의사결정의 핵심이다.

연구에 따르면 협력적인 의사결정으로 인한 효과는 다음과 같다.

- 협력은 공급사슬 개선에 40%의 상승효과를 가져올 수 있다.
- 협력적 스케줄링 만으로도 재고를 15%까지 감소시킬 수 있다.
- 수요예측의 정확도가 15% 정도 상승될 수 있다.
- 3~5%의 운송비 감소효과를 가져올 수 있다.

공정 촉진에 소요되는 시간은 20~30% 가량 줄어들 수 있을 것이다(대량의 작업 촉진이 있을 경우, 사전에 계획되거나 협의된 공급 리드타임과 신뢰성을 만들 수 없으며 이는 공급사슬의 실패를 가져올 것이다). 또한 협력적 의사결정은 공정 변화에 대한 책임감을 증가시키고, 중요한 지식을 부서 간에 전달할 수 있게 해 주며, 조직 내부에서 외부의 시각으로 목표를 바라볼 수 있게 해 준다. 그리고 협력적 의사결정은 의사전달과정에서 30% 정도의 정보손실을 막을 수 있다.

■ 친환경 프로세스에서 수요예측 효과

수요예측은 친환경 수요계획과 공급사슬에 대한 의사결정을 위한 필수 요소라고 할 수 있다. 대부분의 의사결정에서 수요예측을 사용하면, 공급사슬 관련자들 사이의 협력적 수요예측을 통하여 더욱 견고해질 것이다.

■ 친환경 조달

수요예측은 생산에 필요한 원자재의 양을 추정하는데 사용될 수 있다. 부정확한 수요예측은 부적절한 양의 원자재를 구매하게 만들 것이다. 과잉구매는 시간, 비용, 공간을 낭비하며, 과잉재고를 매각할 때 발생하는 잠재적인 손실을 가져온다. 반대로 너무 적게 구매한다면, 이월 주문, 취소 및 고객 불만족(경쟁사로 고객을 빼앗길지도 모르는)을 초래할 것이다. 따라서 정확한 수요예측은 친환경 목표를 달성하는데 다음과 같은 도움이 될 것이다.

- 원자재 재고 낭비 최소화
- 원자재 조달 요구 최소화

■ 친환경 생산

생산 관리자가 특정 기간 동안에 필요한 정확한 수요를 파악하고 있다면, 그들은 보다 효율적으로 주문을 계획할 수 있고, 생산라인에서 효율적이고 생산성 있게 작업을 할 수 있을 것이다.

이러한 작업 방식은 재고관리자가 재고 수준을 최적으로 관리할 수 있게 도와주며, 다음과 같은 방식을 통하여 더 친환경적인 공급사슬을 이룰 수 있을 것이다:

- 결함제품의 감소, 개선된 스케줄링에 따른 반제품의 최소화
- 적화된 재고비용과 폐기물의 최소화

친환경 마케팅

정확한 생산스케줄은 새로운 제품에 대한 친환경 마케팅캠페인을 기획하고 판매력을 최적으로 분배하는데 도움이 된다.

친환경 물류

정확한 수요예측은 제품이 부족한 상황이 발생하는 것을 방지함으로써 계획되지 않은 물류활동을 하지 않게 도와준다. 이렇게 계획되지 않은 수요를 충족시키기 위한 물류 활동은 종종 수요예측의 과정으로 고려되지 않는다. 그러나 공급사슬계획을 효과적으로 수행하기 위해서는 물류 활동은 수요예측 프로세스와 잘 통합되어야 한다.

친환경 수요계획 프로세스

협력적 수요예측은 공급사슬 전반에 걸친 정보들을 잘 수집하고 조화시키는 과정이다. 이를 통하여 하나의 통합된 수요계획을 만들 수 있다. 그림 3.4에서 설명하는 네 가지 주요 요소들을 살펴보자.

- 과거의 데이터를 토대로 적절한 정보를 생성하기 위한 통계적 접근과 관련된 알고리즘의 사용
- 시장으로부터 소비자 단계의 정보를 꾸준히 얻을 수 있는 프로세스와 시스템; 이러한 프로세스와 시스템은 경제, 시장,

경쟁사의 정보를 모으고 통합하는데 활용될 수 있다.

- 고객 수준에서 수집된 자료와 의사결정을 묶는 프로세스
- 생산에 초점을 맞춘 친환경 마케팅 자료와 고객에 초점을 맞춘 판매 관점이 통합되는 프로세스

친환경 수요계획 프로세스의 몇 가지 주요 사항은 아래와 같다.

■ 적절한 수준의 수요예측

수요 예측을 얼마나 정밀하게 할 것인지는 선택가능하다. 하지만 적절한 수준의 제대로 된 수요예측을 하는 것은 매우 어렵다. 판매 및 영업 담당자들은 제품 단위의 수요를 직관적으로 예측하

그림 3.4 친환경 수요계획 프로세스

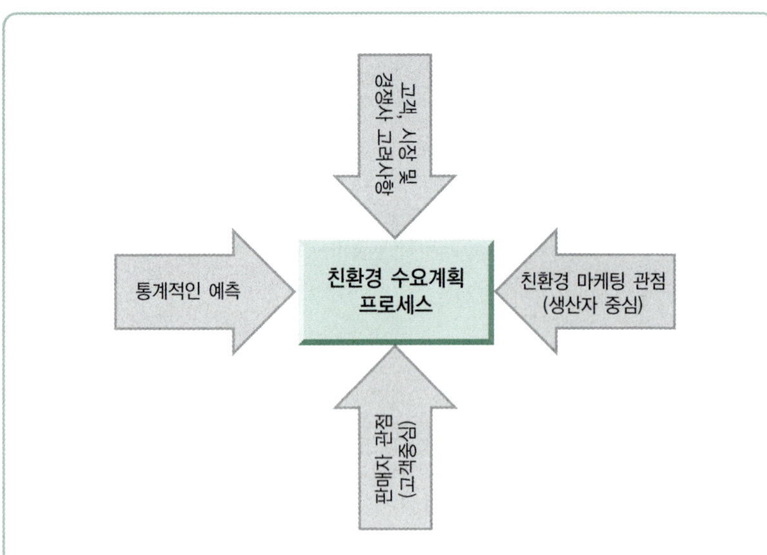

기도 하고, 제품군 단위의 수요예측을 하기도 한다. 하지만 그들의 이러한 수요예측은 대부분 정확하지 않고, 수요 계획을 세우는데 이용할 만큼 충분하지도 않다.

반면에, 대부분의 수치지향적인 담당자들은 단위재고(Stock Keeping Unit: SKU)와 같이 너무 세부적인 레벨에 초점을 맞추어 방향성을 잃는 경향이 있다. 이는 큰 그림을 그리지 못하고, 균형갖춘 시각을 갖는데 실패함을 의미한다.

■ 변동성 인식

좋은 수요 계획을 작성하기 위해서는 공급과 수요에서 전반적으로 발생하는 변동성의 원인과 이유를 파악하고 재고 계획의 변동성을 인식해야 한다. 그러나 많은 이들은 왜 이런 변동성이 발생하는지 제대로 고민하고 이해하지 못한다. 또한 조직에 피해를 가져올 수 있는 위험적인 요소들에 대하여 대처할 수 있는 귀중한 정보를 간과하기도 한다.

■ 이해관계자에 대한 고려

친환경 수요계획의 핵심요소 중 하나는 기업 내의 다양한 관점들을 한 곳으로 모을 수 있다는 점이다. 과거의 전통적 이해관계자가 아니였던 환경단체나 비정부기구(NGO)들 또한 고려해야 한다.

■ "만약 다른 방식으로 수행한다면 ?"

가장 기본적으로 수요계획은 불분명한 상황을 추정하는 것이다. 어떤 사람들은 과학적 방식에 기반한 프로세스가 절대적이라고 믿거나 혹은 통계적 법칙만을 운운하기도 한다.

그러나 현실에서는 예기치 못한 많은 사건들이 항상 발생하기 때문에 만일의 사태를 대비할 수 있는 계획, 시나리오 기반의 계획 그리고 시뮬레이션을 통하여 수요계획상에서 발생할 수 있는 다양한 가능성들을 찾고 이를 고려할 수 있어야 한다.

■ 적합한 오너십

프로세스에 대한 책임소재는 종종 명확하지 않을 뿐만 아니라 제대로 된 수준이 아닌 경우도 많다. 재고분석가들, 통계전문가들 그리고 초보 공급사슬계획자들은 다양한 이해관계자들의 관점을 정확히 조율하고 받아들일 충분한 경험을 갖추지 못했다.

■ 수요계획 이상의 수요관리

대부분의 조직들은 수요계획 수준에서 벗어나지 못하고 있다. 그와는 반대로 좀 더 진보적인 조직들은 이 단계를 넘어서 수요를 관리하는 단계로 나아간다. 가격 정책, 유통채널, 커뮤니케이션 수단, 번들링 등에 대한 관리방법들을 마음껏 활용하여 그들의 전반적인 비즈니스 모델에 수요를 맞출 수 있도록 관리하여야 한다.

3.4.2 친환경 공급계획

근본적으로 공급은 생산 또는 재고로부터 시작된다. 이러한 이유로 친환경 공급계획은 두 가지 주요 구성요소들을 포함하고 있다.

- 친환경 생산계획
- 친환경 재고계획

친환경 공급계획의 핵심적인 의사결정 사항들은 전략적 단계에서 수행되는 수명주기공학의 한 부분을 차지한다. 친환경 공급계획이 적절하게 수행되기 위하여 핵심 제품 속성, 생산 프로세스 배치, 사용되는 원자재 그리고 고객의 주문이 공급사슬에 깊게 반영될 수 있도록 하여야 한다. 또한, 생산의 어떤 단계에서 수익성과 친환경성의 최대화를 위해서 자재들을 저장할 것인지 결정하는 것 또한 매우 중요한 근본적인 문제이다.

그림 3.5는 수요 예측 기반과 고객 주문 기반의 여러 가지 생산 방식들을 보여준다.

이러한 생산 지연(production postponement) 전략은 낭비를 줄이고 재공정과 환경적 영향을 최소화하기 위하여 공급사슬 내의 적절한 시간과 장소로 생산을 지연시키는 것이다. 그림 3.5에서 볼 수 있듯이, 이러한 의사결정을 하기 위해서는 전략과 전술

그림 3.5 친환경 공급 계획 대안

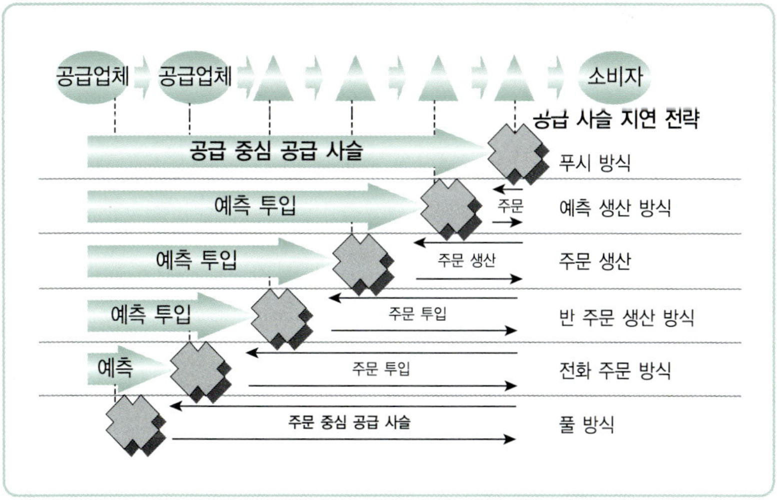

의 단계에서 생산계획과 재고계획을 동시에 고려해야 한다. 각 기업들은 적합한 모델을 도출하기 위해서 각각의 개별 특성을 고려하여야 한다. 즉, 기업과 기업, 산업과 산업, 장소와 시간에 맞는 다양한 모델들이 있다.

■ 친환경 생산계획

친환경 생산계획은 기존의 생산계획에 친환경적인 원칙을 추가한 것이다. 기존의 생산계획은 제품을 생산하는 것과 관련된 조직 내의 모든 활동들을 포함해 왔다. 전통적으로 변동비, 생산량 그리고 재고수준이라는 세 가지 지표들이 핵심적인 지표들로서 관리되어 왔다. 변동비 최소화, 생산량 최대화 그리고 재고 최소화가 기존의 생산계획 프로세스의 초점이었다.

친환경 생산계획은 의사결정을 하는데 탄소이력이나 폐기물과 같은 환경적 영향을 새로이 추가한다. 이 새로운 요소들을 줄여야 하는 것은 마땅하다.

대부분의 경우 이 두 가지 항목의 목표가 충돌이 되는 경우는 거의 없지만, 종종 친환경 생산계획담당자는 하나를 최적화하는 대신 두 가지 범주 모두가 최적의 범주 내에서 최적해에 근접해지도록 하는 일을 수행한다. 현실에서는 이러한 상충관계를 해결해야 할 임무가 모델에서 보다 더 자주 부여될 것이다. 왜냐하면 이 두 가지의 태생적 특성, 둘 사이의 관계 그리고 많은 제약조건들이 이 두 가지 목표의 해결방법에 항상 영향을 미치기 때문이다.

아래의 개념적 프레임워크와 같이(그림 3.6), 수익과 환경에 관련된 두 가지 고려사항 사이에서 인지된 상충관계를 해결할 수 있는 다양한 생산계획의 대안이 존재하는 최적화 영역이 있을 수 있

그림 3.6 **친환경 생산 계획–대안 및 최적화 영역**

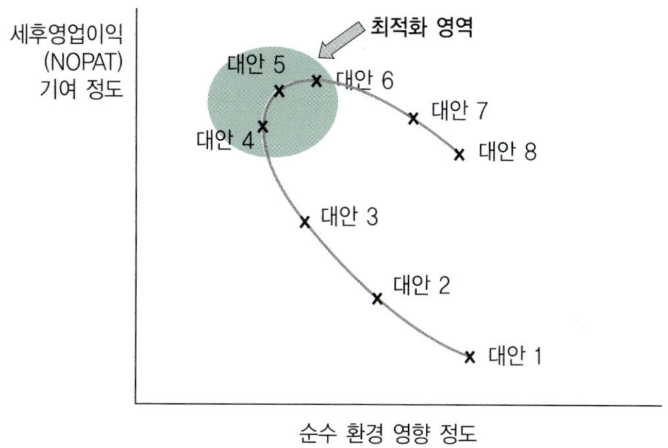

다. 가장 쉽게 발견할 수 있는 대안은 아마 6, 7 혹은 8이 될 것이다. 이들은 모두 높은 수익성을 추구한다. 하지만 그들과 가까운 곳에는 4나 5와 같은 다른 형태의 대안이 있다. 이러한 대안들은 환경적인 영향을 줄여 주면서 대안 6, 7, 8과 비슷한 수준의 수익성을 추구할 수 있다.

그러므로 친환경 생산계획담당자는 주어진 상황 속에서 여러 가지 대안들을 찾아 내고, 이들 간의 상충관계를 이해한 후, 올바른 대안이 무엇인지 파악하여야 한다. 친환경과 수익성이 상충되는 곳에서는 우리가 찾아 내지 못했거나 혹은 충분한 분석 없이 간과했던 다른 대안들이 있음을 인식할 수 있을 것이다.

■ 친환경 재고계획

이상적인 공급사슬은 어떤 지점에서도 수요를 충족시킬 수 있는 공급이 가능하다. 그러나 현실에서 이는 오로지 우리의 희망일 뿐이다. 대부분의 경우 우리는 수요의 변동성에 대처하기 위해 재고가 필요하다. 물론 이것은 공급 리드타임이 정확히 지켜질 수 있을 만큼 생산상황에서의 변동성이 모두 통제되고 있다는 가정하에 가능하지만, 대부분의 경우에 있어 현실은 그렇지 못하다. 이러한 내용은 Emmett and Granville가 쓴 '*Excellence in Inventory Management*(2007)'을 보면 잘 알 수 있다

그러나 지난 몇 십년간, 기업들은 많은 재고를 보유하는 것이 회사에 부정적인 영향을 미친다는 사실을 인식하고 재고를 최소화하려는 노력을 하고 있다.

재고에 의한 현금 유동성 감소 외에도 기업들이 인식하지 못하는 관련 비용들이 있다(부용 재고와 제품 노후화에 따른 비용, 재고의 도난, 저장 및 관리 비용 등).

그러나 이러한 재고 최소화에 대한 기대는 의도되지 않은 새로운 문제를 양산했다. 소량의 자재를 좀 더 빈번하게 조달하면서 이에 관련한 비용이 증가한 것이다. 또한, 재고의 절감을 최적화하기 위해 구성된 네트워크는 관련된 변수들에 의해서 계속 변화할 수밖에 없었다. 예를 들어, 수요가 변하거나 연료비, 노동비, 자재비 혹은 부동산 가격 등 비용과 관련된 변수들이 변하는 것 또한 무시할 수 없었다.

이러한 상황하에서, 환경에 관한 고려사항이 새롭게 등장함으로써 조직의 의사결정은 더 복잡해 보일 것이다.

이러한 어려움은 어느 정도 사실이며, 의사결정을 위한 종합적

인 공급사슬 접근방식의 해결책을 통해 이 문제를 풀 수 있을 것이다. 재고를 어디에 보관할 것이며, 어느 수준의 양을 보유고 얼마나 자주 보충할 것인가와 같은 몇 가지 질문들에 답하기 위해서는 전체 공급과 수요 상태를 고려해야 할 것이다.

기본적으로, 이는 앞서 논의된 그림 3.6의 개념적 프레임워크에서 살펴본 분석과 밀접하게 연관된다. 이러한 활동을 통해 조직은 수익성을 극대화시키고, 환경적 영향을 최소화할 수 있는 최적화 영역을 찾는데 초점을 두어야 한다. 하지만, 이제는 전체 공급사슬의 수요, 공급, 생산, 재고, 물류 (운송 및 저장) 그리고 조달에 관한 모든 면을 고려해야 한다. 재고계획을 세우는 것을 전체 프레임워크의 핵심요소로 만든다면 우리가 다루지 못할 것은 없으며, 의도치 않은 환경적 영향에 대한 결과들을 미연에 방지할 수 있을 것이다.

제 3 부

친환경 조달과 소싱

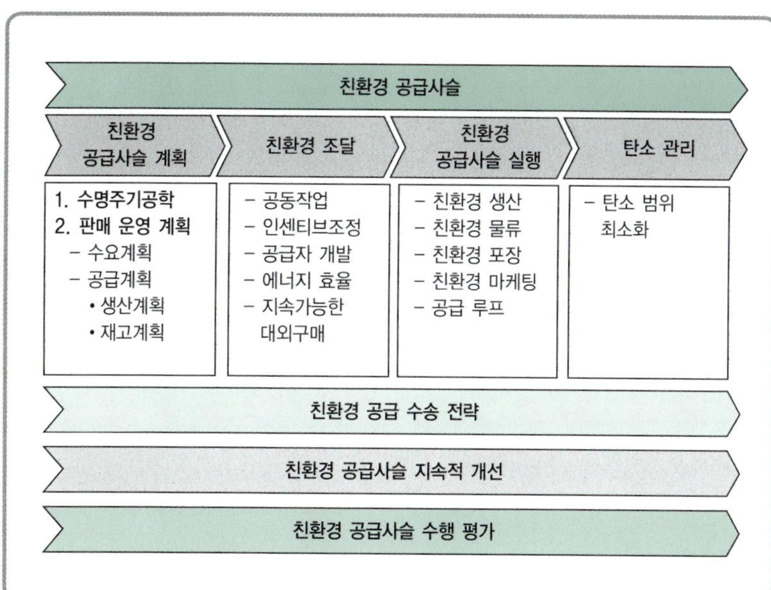

CHAPTER 04

친환경 조달

(Green Procurement)

4.1 조달의 정의, 목표, 범위

조달(procurement, 보통 buying, sourcing, purchasing으로도 통용됨)은 모든 제품, 자재, 노동 그리고 서비스 등이 아래에 제시되는 경제 부문으로부터 공급사슬로 투입되는 업무 영역을 의미한다.

■ 제1차 산업(primary sector)

제1차 산업은 각종 활동을 통해 원자재를 얻을 수 있는 산업을 말한다. 이러한 원자재는 농업 및 어업 활동을 통한 원자재(음식, 음료 그리고 목재), 광업을 통한 원자재(광물, 석탄, 금속), 시추업을 통한 원자재(석유, 가스, 물) 등 육지 및 해양에서 얻을 수 있는 물질들이다.

■ 제2차 산업(secondary sector)

제2차 산업은 제1차 산업에서 생산된 원자재를 통해 재화를 생산하는 산업을 포함한다. 예를 들어, 유류, 화학 제품 및 기타 제품으로 밀링, 제련, 추출, 정제하는 것 그리고 부품, 건축물, 가구/전자제품/식료품/제지/금속/화학제품, 플라스틱 제품으로 기계작업(machining), 제작(fabricating), 성형(moulding), 조립(assembly), 혼합(mixing), 가공(processing), 제조(constructing)하는 것 등을 말한다. 이와 같은 제2차 산업은 제조와 생산, 부품의 조립 과정을 포함한다.

■ 서비스 및 제3차 산업(service or tertiary sector)

제3차 산업은 직거래, 도소매 방식 등의 유통경로를 통해 공급자부터 소비자까지 이어지는 기업 서비스, 개인 서비스 그리고 엔터테인먼트 서비스 등을 의미한다. 또한 이러한 서비스 부문은 포장, 물류, 숙박, 식품, 은행, 보험, 금융, 교육, 공공부문, 우편, 통신, 소매, 수리 등을 포함한다.

조달은 소위 말하는 rights 원칙에 의해 정의될 수 있다.

"조달은 적절한 품질(right quality)의 물품, 자재, 서비스를 적절한 시간(right time)에 적절한 장소(right place)로부터 적절한 가격(right cost price)에 적절한 양(right quantiy)만큼 획득하는 것이다."

조달의 또 다른 목적은 다음과 같다.

"최소한의 비용으로 재화 및 서비스를 구매하는 것."
"기업의 내외부의 고객을 만족시킬 수 있는 자재, 재화 그리고 서비스의 공급과 관련된 사항을 필요한 만큼 계획, 확보, 저장, 분배하기 위해서 소비자와 공급자를 연결시켜 주는 매개체 역할을 하는 것."

친환경 관련 이슈들을 설명함에 있어 조달이 얼마나 최소의 획득 비용과 연관되는가는 논란의 여지가 있고, 차후 논의가 더 진행되겠지만, 친환경 조달을 위한 필수적인 인터페이스에서는 공급업자, 제조업자들 간의 협업이 필요하며, 공급업자들에게는 검증된 환경 관리 시스템(Environment Management Systems: EMS)의 구축이 필요하다.

결국 친환경 조달은 공급업자들에게 오염방지를 위한 효율적인 자재의 사용과 관련된 교훈을 전달한다. 또한, 제조업자들이 제품 폐기 시의 분해과정을 고려하는 환경 친화적인 설계(design for disassembly)를 하고, 그들이 자재 공급자와 함께 환경적인 문제를 다루기 위한 새로운 재료, 부품, 프로세스를 설계할 수 있게끔 도와준다. 그러므로 친환경 조달은 친환경 공급사슬 전 단계에 걸쳐 중요한 부분을 차지하고 있다.

친환경 공급사슬에서 친환경 조달이 제역할을 하기 위해서는 구매자의 1차 공급업자들과 건전한 관계를 형성하는 것과 더불어 공급업자, 제조업자, 그 외 기타 서비스 제공업자들을 위한 장려책을 마련하는 것이 필요하다. 순차적으로 이러한 공급업자, 제조업자, 그 외 기타 서비스 제공업자들도 역시 그들이 속해 있는 공급사슬 내의 2차 공급업자들과 긴밀한 관계를 맺을 필요가 있을 것이다.

친환경 조달의 목표는 전체 공급사슬에서 친환경 계획에 악영향을 끼치는 요소들을 제거하거나 최소화함으로써 기업에서 사용하는 제반 비용, 제품 및 서비스에 사용되는 전반적인 비용 그리고 수명을 다한 제품 및 그 외 부산물의 폐기처리비용을 감소시키는 것이다.

전통적인 조달 프로세스는 4가지 주요 영역으로 구분되어질 수 있다(그림 4.1 참조).

그림 4.1 소비/비용과 위험 정도/위험을 통한 크랄직의 제품/서비스 범주화(퍼센트는 전형적인 공급업자 수에 대한 척도를 나타낸다)

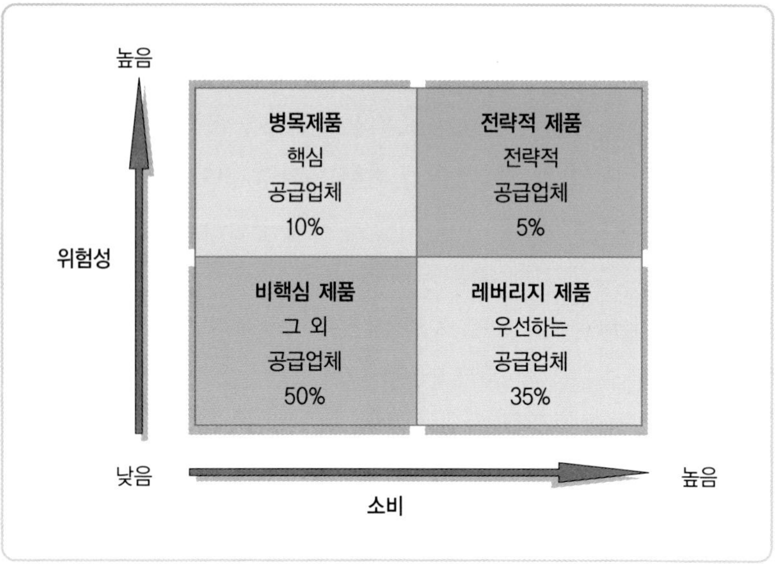

그러므로 전통적인 조달 프로세스는 그림 4.1과 같이 투자/비용(spend/cost)과 중요도/위험(criticality/risk)이라는 두 개의 변수를 통해 평가된다. 이 중 투자/비용 항목은 다음과 같은 평가 기준을 포함하고 있다.

- 투자가치(높음/낮음)
- 시장구조(경쟁/독점)
- 공급과 수요의 균형(과잉/부족)
- 구매과정에서의 효율성(동일주문/개별주문)
- 기업 내 제품구매프로세스의 개발(예를 들어, 사용자 협의에 의한 명세/기업통합적 검토)
- 공급자가 제시하는 가격에 대한 정보(예를 들어, 원가 가산방식 / 시장가격기반)

위험 분석의 평가 기준은 다음과 같다.

- 파산에 따른 재무적 위험(높음/낮음)
- 파산에 대한 안전 영향(높음/낮음)
- 제품과 서비스에 대한 경험(새로운 방식/반복적 방식)
- 공급과 수요의 균형(공급 부족/생산 능력 과잉)
- 공급사슬의 복잡도(많은 참여자/직거래)
- 제품 디자인의 성숙도(신제품/인지도가 높은 제품)
- 제조공정의 복잡성

위에 제시된 분석을 통하여 다음과 같은 구매 전략을 수립할 수 있다.

레버리지 제품은 저위험, 고비용 제품으로써, 제품의 가격 하락을 위해 시장에서의 경쟁을 유도할 필요가 있다. 이러한 일상 용품들은 많은 공급업자들이 존재하기 때문에 구매자들은 대량 구매를 통한 시장지배력을 갖게 될 뿐만 아니라, 지속적으로 공급자로부터의 가격 하락을 기대할 수 있다(즉, 비록 단기간이긴 하지만, 구매자는 선택된 공급업자들에게 제품 가격에 영향력을 미칠 수 있다).

비핵심 제품은 저위험, 저비용 제품(예, 문구류 등)으로써 많은 공급업자들이 존재한다. 이러한 제품들은 구매가격하락에 따른 구매효과가 거의 없기 때문에 제품선택 및 공급업자 선정에 있어 상대적으로 적은 노력을 들여야 한다.

따라서 취득 비용에 대한 목표가격이 있어야 하며, 신용카드, 전자문서교환(EDI), 인터넷 주문 및 콜 오프(call offs; 사용자가 지정된 공급자에게 직접 주문하고, 사후 사용량을 정산하는 방식) 등의 방식을 이용할 수 있다..

전략적 제품은 고위험, 고비용의 전문성을 띄는 제품과 서비스로, 이러한 전문성의 특징으로 인해 상대적으로 공급업체의 수가 적으며, 조달에 어려움이 존재한다. 그 대표적인 예로 글로벌 3자 물류업체가 있다. 따라서 전략적 제품의 공급업자들은 전략적으로 중요한 역할을 담당하게 되므로, 구매업자들은 공급업자와 협업 및 다기능적인 팀의 운영 등을 통해 밀접한 관계를 유지하는 것이 중요하다.

병목 제품은 고위험, 저비용의 제품으로써, 공급업자 수의 부족으로 인해 제품을 공급받는 데 어려움을 겪는다. 게다가 공급업자들은 OEM(주문자상표 부착 생산) 예비부품 방식과 같이 독점 구조를 가지고 있기 때문에 막강한 영향력을 발휘한다. 하지만 그들이

그림 4.2 다양한 조달 목표 및 영향력 분포

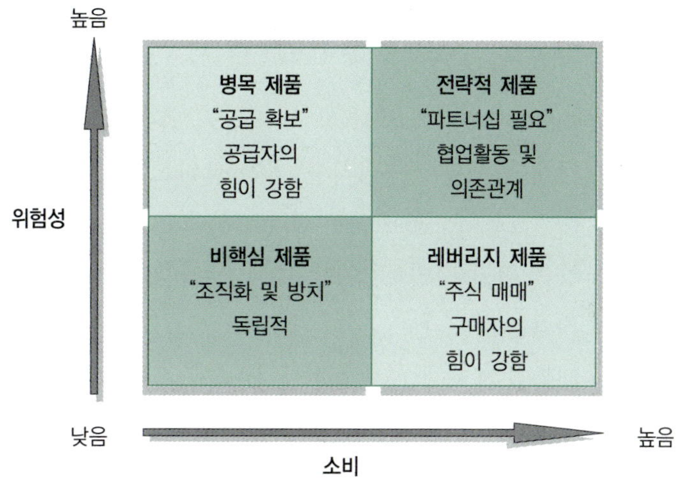

주요 공급자들이기 때문에 안정적이고 지속적인 공급을 위해 병목 제품 관리에 집중적인 노력이 요구된다.

앞서 제품 분류에 대한 간략한 요약에서 설명한 것처럼, "우리는 한 가시 방식이 다양한 제품군에 적합하지 않다"는 것을 알 수 있다. 또한, 그림 4.2는 다양한 조달의 목표와 구매자와 공급자 사이에 존재하는 다양한 힘의 분배에 대해 간략히 설명하고 있다(조달 및 공급자관리에 대해 더 자세히 알고 싶다면, Emmett와 Crocker가 쓴 *Excellence in Procurement*(2008)와 *Excellence in Supplier Management*(2009)을 참고하기 바란다).

4.2 친환경 조달의 혜택

친환경 조달을 위해서는 다음과 같은 추가적인 요소들이 강조되어져야 한다.

- 구매한 자재가 공급사슬 내의 상위흐름(upstream chain)과 하위흐름(downstream chain)상에서 탄소이력에 얼마나 영향을 미칠 것인가? 예를 들어, 원자재가 어느 지역에서 조달되었는가?
- 재활용된 대체 자재가 있는가?
- 공급업체의 친환경 활동 이력 여부

친환경 조달은 원료시점부터 폐기물의 감소를 강조하고 어떤 상품이 조달되기 전부터 이를 고려하도록 조달계획을 수립한다.

그림 4.3은 친환경 조달을 실현시키기 위한 방법들을 요약하고 있다.

친환경 조달을 통한 혜택들은 많은 부분이 정량적으로 측정될 수 있다. 비용절감, 성과향상 그리고 위험감소 등은 모든 산업과 조직에 걸쳐 발생하는 가장 일반적인 혜택들일 것이다. 게다가 공급자들과의 더 긴밀한 관계를 유지하며 일하는 것은 혁신과 상품개발을 용이하게 한다. 무엇보다도 공급자들은 본인들에게 더 핵심사업이 되는 특정 상품 및 서비스에 대해 구매자보다 훨씬 더 많이 알게 된다.

앞서 제시한 양적인 혜택 이외에 질적인 혜택으로는 이미지 및 브랜드 개선, 정책 이행 능력의 향상 등이 있다. 예를 들어, 소매부문에서, 소비자들은 친환경 제품에 대한 수요와 요구 사항 등을 통해 기업의 친환경을 위한 계획들을 지지할 수 있고, 실제로 친환경 계획에 대한 지지가 점점 확대되어 가고 있다.

공공 부문 또한 여론에 의해 점점 더 많은 영향을 받기 때문에 비정부기관과 노동자들이 제품 및 서비스와 관련된 환경/사회적 이슈들을 자주 접하고 교육받는다. 하지만 공공 기관 및 민간 기업들에 의한 환경적이고 사회적인 쟁점 사항들의 척도는 다양하다. 일반적으로 조직(기관, 기업)들은 그림 4.3과 같은 친환경 조달 활동을 통한 혜택에 대하여 알게 될 것이다.

그림 4.3 친환경 조달 프레임워크

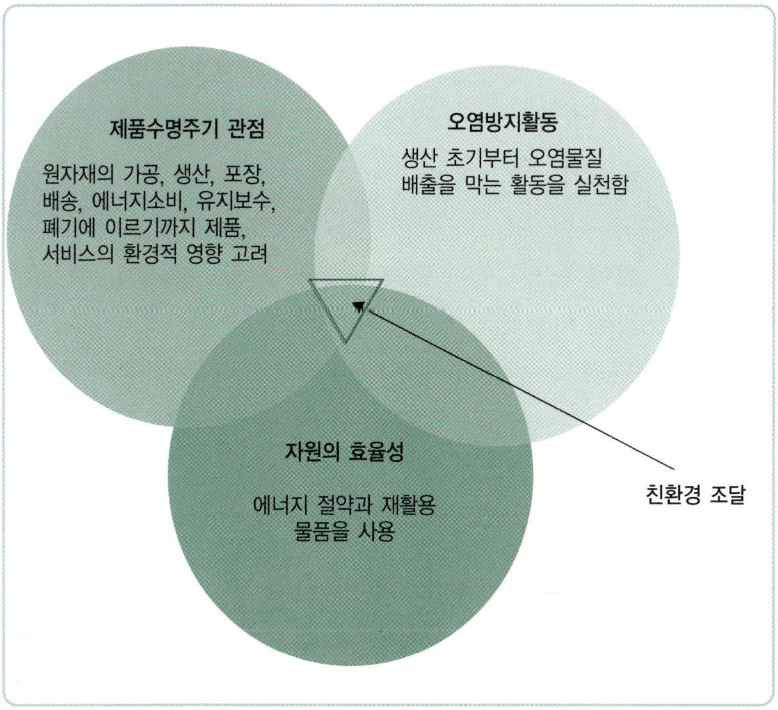

4.2.1 비용 절감 효과

친환경 제품의 조달은 폐기물 관리비용과 오염예방비용을 절감시킨다.

또한 제품의 제조 초기단계에서부터 에너지와 같은 기본 원자재 사용을 최소화에 초점을 맞춰 비용을 절감한다. 예를 들어, 에너지 효율이 높은 기기들은 운영비용의 절감을 가능하게 하고, 물을 효율적으로 사용하는 제품들은 수도세를 줄여 준다. 액화석유가스(LPG)는 휘발유나 경유보다 값이 더 싸고, 전기자동차나 하이브리드 자동차는 몇몇 국가에서 직접적인 세금혜택을 받고 있다.

친환경 조달의 예는 에너지 및 물 효율이 높은 장비 등의 친환경 제품을 구매함으로써 에너지와 물을 보존하는 것이다.

만일 우리가 에너지나 물 등을 비효율적으로 사용한다면, 에너지 사용비용, 수도세, 연료비의 증가를 가져온다.

4.2.2 에너지 및 자원 보존을 통한 절약; 에너지, 물, 연료 및 기타 자원들

에너지 및 물 그리고 기타 자원의 효율성이 높은 제품, 건축물, 차량 등을 사용하는 것은 상당부분의 공공요금 및 운영비용 절감을 가져올 수 있다. 예를 들어, 재생 종이 생산은 일반 종이생산과 비교하여 에너지 소비를 50%까지 절약할 수 있고, 이산화탄소 배출량을 절반으로 줄일 수 있다. 또한 폐식용유와 같은 식물성 기름을 원료로 해서 만든 바이오 디젤을 차량에 사용함으로써 천연

자원을 보존할 수 있다.

4.2.3 재활용품 시장 형성

재활용품을 구매하는 것은 재활용품이 경제적으로 가치가 있는 자원이라는 것을 보여주는 경제 활동이다. 하지만 재활용품을 거래할 수 있는 시장이 존재하지 않는다면 재활용을 하는 것 자체가 불필요하게 된다. 재활용품을 구매하는 기업과 재활용된 자재를 실제 생산공정에 투입시키는 제조업자들을 장려함으로써 재활용품 거래를 위한 시장의 형성이 가능하다.

4.2.4 환경 규제 준수

기업들은 저독성, 저위험성의 자재를 이용하거나 유해 물질 배출을 줄이는 친환경적인 제품, 프로세스, 서비스를 활용하면 정부나 지자체로부터 받아야 하는 환경 규제 승인과 관련한 비용 발생을 피할 수 있다.

특히, 이는 공정, 제조 및 서비스 시설이 있는 기업과 밀접한 관련이 있다.

4.2.5 정부의 환경 규제에 기여

폐기물 발생은 종종 기업 활동을 하는 데 수반되는 불가피한 것으로 여겨지고, 폐기물 관리비용 또한 반드시 필요한 비용이라고 인식된다. 이를 당연시 여기는 기업들은 매립지 사용 증가에 따른 금전적 부담이 증가할 것이고, 폐기물 처리비용이 점점 증가한다는 것을 인지하게 될 것이다. 게다가, 환경 규제 및 폐기물 처리와 관련된 비용은 폐기물을 발생시키는 업자에게 부과될 것이다.

그러므로 기업들은 지금부터라도 폐기물 처리비용 절감을 위해 시스템, 프로세스 및 인프라에 투자해야만 한다.

4.2.6 사고 위험, 법적 책임, 건강 및 안전 비용의 감소

친환경 제품 및 자재를 사용하는 기업들은 작업자들에게 안전하고 쾌적한 작업환경을 제공할 수 있고, 산업 재해 및 건강과 관련된 위험부담과 법적 책임을 줄일 수 있다. 또한 사용이 제한되는 유해 물질(예, 독극물)과 관련된 보고, 훈련, 처리, 저장, 폐기 등의 활동 일체를 없애서 비용을 절감할 수 있다.

4.2.7 경쟁사와의 보조

지속가능한 자원 사용의 필요성을 실감한 기업들은 미래를 위한 투자를 하고 있다. 경쟁 기업들은 이에 뒤처지지 않기 위하여 같은 길을 가려고 할 것이다.

4.2.8 기후변화에 대처

기후 변화는 인류 문명이 발전하는 데 가장 큰 위협요인이 될 것으로 여겨진다.

이러한 상황에서 우리는 에너지 절약을 위하여 에너지 과소비를 억제하고 폐기물을 최소화하여야 한다.

친환경 제품 및 기기의 구매는 분명 기후 변화에 대한 올바른 대처 방안이 될 수 있다.

4.2.9 환경지속성 전략과 비전의 지원

정부는 친환경적인 재화나 서비스의 사용을 장려하기 위해 친환경 조달을 사용해 왔다.

또한 기업들은 그 동안 친환경 조달을 환경적, 사회적 성과를 증신시키기 위한 도구로 여겨 왔다.

4.2.10 기업 프로파일의 향상

소비자들은 친환경적인 방법을 통해 제조 및 배송되는 제품들을 더 요구하고 있다. 소비자에 대한 지원 정책을 마련하는 것은 친환경 관련 정책을 추진하고자 하는 기업이 가져야 하는 의무인 것이다. 또한 친환경 구매와 같은 친환경적인 방안을 시행하는 것은 회사에 대한 대중의 관심을 높여 줄 뿐만 아니라 회사에 대한 지지를 확보하는 데에도 도움이 될 것이다.

제품생산단계에서 유해물질의 사용을 제한해 왔던 기업들은 긍정적인 기업 이미지를 구축함으로써 기업에 이득이 되는 효과를 누릴 뿐 아니라 유해물질에 대한 대체재를 개발함에 있어서 공급업자들과 강력하고 협력적인 관계를 형성하게 될 것이다.

4.2.11 직원들의 사기 진작

친환경 조달은 예전보다 깨끗해진 공기와 물, 매립지의 사용 감소, 또는 자원 사용 감소 등을 통해 기업의 노동자뿐만 아니라 지역 주민의 건강을 향상시키는 결과를 가져다 줄 수 있다. 기업에서 친환경적인 입장을 취하는 것은 직원들의 충성심과 사기를 고취시킬 수 있다. 여러 조사 결과들을 통해 알 수 있듯이, 특정 세대의 직원들은 기업의 정책과 맞물려 환경적인 쟁점이 되고 있는 사안들에 대해 기업적인 차원에서 고심할 필요성이 있다고 생각한다. 즉, 기업에서 직원들이 뛰어난 역량을 발휘하기를 원한다면, 기업 자체적으로 내부의 환경적인 문제점들에 대해 인식하는 것이 필요하다는 것이다. 이러한 특정 세대의 직원들은 보통 소위 "Y세대"(베이비 붐 세대의 자녀들로, 1970년대 중반부터 1990년대 초반 사이에 태어난 사람들을 일컫는다)라고 불리며, 그들의 부모처럼 "일하기 위해 살기"보다는 "살기 위해 일하려는" 사람들이다.

이러한 혜택의 가치를 평가하고 전달하는 것은 친환경 조달 활동을 실시하는 기업들에게 중요한 정보를 제공할 수 있다.

4.3 친환경 조달의 주체들

기업 내부 및 가치사슬 전체에 걸쳐 친환경 조달의 지속적인 추진이 필요한 이유는 다양하며, 이와 관련한 세부적인 내용은 다음과 같다.

4.3.1 21세기의 시장을 위한 신제품, 서비스 혁신의 필요성

최근 기업의 제품 및 프로세스의 환경적인 영향을 확인하고 전달하기 위한 기업 내의 활동이 증가하는 추세이다.

기업을 운영하는 것은 소비자의 만족과 주주들의 가치를 향상시키고 새로운 시장을 개척하기 위해 공정혁신을 통한 생산성 향상 그리고 공정 효율성 증대를 위한 기회를 마련하는 것이다.

환경적 영향을 감소시키는 새로운 혁신적인 제품과 서비스를 창출하기 위한 노력을 통해서 우리는 친환경적인 제품이나 서비스를 위한 시장을 조성할 수 있다.

이러한 노력을 통한 시장의 형성은 이미 많이 알려진 친환경 조달 활동을 통해 가속화될 것이다.

4.3.2 친환경 제품과 서비스의 증가

친환경 조달 계획은 에코라벨(환경 안전 기준을 지킨 제품임을 보증해 주는 환경마크), 국가 내 표준체계, 국가 간의 계획(예, Nordic Swan과 Euro-Flower) 그리고 글로벌 계획(예, Forestry Stewardship Marine Stewardship Councils) 등을 통해 보다 더 쉽게 수립할 수 있게 되었다.

환경 기준을 통과한 검증된 제품을 구매하기 원했던 소비자들이나 기업들은 에코라벨을 통해 보다 쉬운 구매의사결정을 내릴 수 있게 되었다.

4.3.3 협력을 위한 기회

많은 기업들은 친환경적인 제품 생산 및 서비스 향상을 목표로 기업을 경영하고 있고, 친환경적이고 지속가능한 전략들에 대해 명확한 정의를 내리고 있다.

이런 전략을 학습하고 개발하는 단계에서, 정부는 공급업체와 함께 경험, 정보, 전체 공급망의 성과 향상을 공유하여야 하고 이를 통해 환경적 영향을 이해하고, 친환경 활동의 우선순위를 조정하며, 각기 다른 프로그램의 상호 영향을 이해할 수 있어야 한다.

4.3.4. 투자 기관이나 대출 기관의 관심 유발

투자기관은 기업의 환경적 성과와 사회적 성과에 점점 더 많은 관심을 보이고 있다(예를 들어, Dow Jones Sustainability Index).

이런 이유로 기업의 성과를 평가하기 위한 많은 평가 지표들은 친환경 조달 항목을 포함하고 있다.

지역 단체, 소비자 단체, 시민 단체 그리고 주주 등 서로 다른 이해관계자들은 지속가능한 조달을 위해 정부나 기업들을 압박하고 있다.

4.4 도전(애로사항)

모든 공급사슬의 각 단계에서 친환경 조달프로그램을 실행하고 활성화시키는 것과 관련하여 많은 어려움이 발생한다.

4.4.1 충분한 지식이 부족한 시민 단체

친환경 조달의 치명적인 애로사항 중 하나는 환경단체들도 친환경 조달의 큰 그림을 제대로 이해하지 못하고, 서로 다른 의견을 제시한다는 것이다.

이는 구매자로 하여금 불만을 야기시키고, 그들의 노력을 약화시킬 수 있다. 그러므로 구매자에게 일관된 메시지를 전달할 수 있도록 환경단체 간의 원활한 의사소통을 꾀하여야 할 것이다.

4.4.2 명백한 용어 정의의 부족

많은 조달 전문가들과 전문가 조직들은 여전히 친환경 구매를 제대로 인지하거나 확신하지 못하고 있고 "친환경"이라는 용어에 대한 정의를 내리는 것 조차 매우 어렵게 하고 있는 실정이다. 특히, 해당 조직의 복합적인 환경 요소들의 균형을 맞추며 의사결정을 해야 할 때, 이러한 용어에 대한 명확한 정의는 더 어렵다.

4.4.3 관리시스템과 통합

분산된 조직에 환경 계획을 일관성있게 적용하기 위해서는 일관된 관리시스템이 필요하다. 특히, 공공부문에서의 많은 친환경 조달 활동들은 소규모 그룹이나 개별 기업들에 의해 시작되는 상향식 접근(Bottom-up) 방식이었다.

품질 관리 또는 환경관리시스템 내에 통합된 친환경 조달 활동들은 기업의 목표와 평가측정 절차들이 조직 내에서 완벽히 뿌리

내릴 수 있도록 도와줄 것이다.

4.4.4 마케팅 및 판매 전문가 교육

친환경 제품을 판매하고 마케팅 활동을 하고 있는 기업에 있어서, 판매원들에게 제품이나 서비스의 환경적인 특성에 관하여 교육하는 것은 매우 어렵다. 이는 직원의 이직률이 높은 산업에서는 특히 중요한 사항이다. 한편, 친환경적인 제품을 선호하도록 소비자의 수요를 자극하는 것이 교육의 핵심이다. 그러므로 만약 마케팅 및 판매 직원들이 친환경 정보에 관하여 활발한 의사소통을 하지 않는다면, 소비자의 환경에 대한 인식을 고취시킬 기회는 없어질 것이다

4.4.5 잠재적인 무역장벽

세계화와 국가 간 무역 쟁점은 정부와 민간 기업 모두를 위한 조달프로그램을 개발하는 것과 관련된 잠재적인 무역장벽의 문제를 야기한다. 친환경 마크(에코라벨)는 과거에도 존재하였지만, 미래에 새로운 "무역 장벽"의 한 형태로 거론될 것이다. 이미 특정 시장에서의 특정 상품을 지원하기 위해 에코라벨 제도를 마련하고 있는 사례가 있다(예로 영국에서는 소비자들의 강력한 요구에 의해 유전자 조작 식품에 대한 라벨 제도를 실시하고 있음).

그 결과 에코라벨을 인증하는 조직은 프로그램을 설계할 때 명확하고, 과학적 근거에 입각한 환경적인 기준을 사용하는 경향을 보인다.

그러나 덴마크의 Kolding시에서는 입찰할 때, 에코라벨(Nordic Swan 또는 EU-Flower와 같은 라벨)을 획득한 제품만 취급할 것을 요구할 수 없다는 입장을 전달하고 있다. EU 조달 규정으로 인해 에코라벨을 획득하는 공급업체의 수가 제한되어, 모든 공급업체에게 입찰에 참여할 수 있는 기회가 제공되는 것이 아니라 일부 공급업체에게만 배타적인 기회가 제공되는 것으로 인식될 수 있기 때문이다.

4.4.6 비용만을 고려하는 사고방식의 변화

많은 공공 기관 및 민간 기업에서 인식하고 있는 주요 문제점은 해당기관 구매부서의 행동변화이다. 많은 사례에서 보듯이, 조달은 개인 선호나 브랜드 선호에 따라 기존에 확립된 공급업자와의 협력 체제를 근거로 한다.

비용은 단지 구매를 하는 데 있어 주요 결정요인이 될 뿐이지만, 아직 많은 기업에서는 총취득원가, 총소유비용 또는 총수명주기원가 등과 같은 통합적인 요소를 고려한 구매습관을 가지고 있지 않다.

이러한 접근법은 "가격이 전부는 아니다"라는 내용과 "총취득원가(Total Acquisition Cost: TAC)는 지불 대금과 기타 취득에 사용된 기타 모든 제반 비용을 합한 것이다"라는 의미를 인식하는 것으로 다음에 설명하는 비용들을 포함한다.

- *품질검사비용:* 저품질의 제품의 재공정, 반품 또는 불량품 처리비용

- *운송비용*: 공장도가격, 인도가격, 운송수단 등 각 단계에서 수반되는 비용
- *주문 미처리비용*: 지연배송, 제품 손상 등에 따른 비용
- *리드타임비용*: 신뢰할 수 없는 리드타임은 만일의 사태에 대비한 재고를 유지하게 함으로써 계획과 일정관리에 악영향을 끼치는 변동성을 초래한다.
- *포장비용*: 전시용 포장 등에 따른 비용
- *창고비용*: 추가 핸들링 및 저장비용
- *재고비용*: 낭비, 과도한 재고, 상품 노후화 등에 따른 비용
- *관리비용*: 주문처리비용 등

다음에 제시된 질문은 총취득원가 분석으로 충분히 설명할 수 있다. 지불 대금을 제외한 기타 취득에 사용된 모든 제반 비용이 정확히 무엇인가?

총소유비용(Total Cost of Ownership: TCO), 전과정비용(Whole Life Costing: WLC), 수명주기비용(Life Cycle Costing: LCC)과 같은 비용 계산 방법들은 모두 일반적으로 자본설비(자본재)의 매입 때 사용되는 계산 방법과 매우 유사하며, 다음과 같이 정의할 수 있다.

"*자산의 취득 및 소유와 관련된 모든 제반 비용 및 수입의 시스템적인 고려*"

그러므로 본질적으로 이는 각 사업기회들뿐만 아니라 일정 기간 동안의 관련된 비용 및 수익의 비교 수단이고 이는 다음과 같은 요소들을 비용처리한다.

- *최초 자본/조달비용*: 설계, 구성, 설치, 구매 또는 임대비용
- *미래비용*: 모든 운영비용(임대, 이자율, 청소, 검사, 유지, 보수, 수리, 대체, 에너지, 철거, 폐기, 보안, 관리) 계획되지 않거나 예상하지 못한 유지/개조비용이 최초자본비용의 절반이 넘을 수 있다는 것을 주의해야 한다.
- *기회비용*: 돈을 벌 수 있는 대체 투자를 할 수 없음에 따라 발생하는 비용 또는 은행의 대출 이자

총획득비용, 총소유비용, 전과정비용 그리고 수명주기비용 방식의 접근은 비용을 단순한 가격 이상의 것으로 간주하고, 최저비용만을 이야기하지 않는다는 점에서 중요하다.

일부 구매자들이 추구하는 편협된 최저비용을 선호하는 구매패턴을 변화시키는 것은 극복해야 할 핵심 항목이다. 이를 위해서는 이들을 변화시킬 정보와 도구들을 제공하여 다른 녹색화 요소들과 전체 비용의 상충관계를 잘 이해해야 할 것이다.

앞서 언급한 것처럼, 모든 사람들이 최저비용 가격에 근거하여 구매를 한다면 도로 위의 모든 차량이 시장에서 가장 값싼 차량일 것이다. 우리는 아래에서 친환경 소유비용에 대해 더 자세히 살펴보고자 한다.

4.4.7 불충분하고 공유되지 않는 환경정보

때때로 특정 제품이나 서비스에 가용한 환경적인 정보가 충분치 않기 때문에, 공급받는 자재나 서비스를 위해 사용되는 내부 에너지와 기존에 존재하던 에너지 등에 관련된 정보의 요구가 발

생한다. 그러나 대부분의 공급자들 역시 이에 대한 정보가 없으며, 이러한 연유로 조달관리자가 초기의 제품사양을 결정하기 위해 관련 정보를 활용하게 하는 것은 큰 애로사항 중 하나이다.

제품사양서는 구매 절차에 있어 매우 중요하며, 이를 필요로 하거나 제품 및 서비스를 원하는 사람들에게 제공된다. 따라서 제품사양서란 고객/사용자가 무엇을 원하고 그들의 요구를 충족시키기 위하여 어떻게 의사소통해야 하는지에 대해 설명할 수 있어야 한다.

제품사양서는 명확해야 하며, 의사소통이 가능해야 한다. 따라서 산업 표준의 형태를 취하거나, 제품분류의 형태를 취해야 한다. 또한, 자재나 제품을 제공할 수 있는 가능한 지점을 명시해야 한다.

추가적으로 제품사양서는 고객/사용자의 기대와 계약상 조정 그리고 기본적으로 친환경 제품의 측면을 다룰 수 있어야 한다.

그러므로 제품사양서는 구매에 있어서 초석이 되어야 한다. 예를 들어, 비용의 80%는 사양서에 기술되어야 한다. 따라서 친환경 측면의 요소들이 사양서의 작성단계부터 고려되어져야만 한다. Bank of America는 재활용 용지를 이용하여 만든 개인수표와 암호화된 은행 문서들을 사용하기 위하여 금융 산업의 표준화 커미티의 확신을 얻기 위해 노력하고 있다.

4.5 친환경 조달에 영향을 미치는 요소

4.5.1 협력

친환경 체계를 추구한다는 것이 새로운 상품이나 문제 해결에 많은 비용을 지출해야 한다는 것을 의미하는 것은 아니다. 지속가능한 공급사슬을 구축하기 위한 한 가지 방안은 각 파트너 간 협력체제를 구축하는 것이다. 만약 각 파트너 간의 협력과 동시에 기업의 자기분야에 대한 검토에만 그치는 것이 아니라 공급사슬의 상류활동(upstream)과 하류활동(downstream) 모두에 대한 검토를 실시한다면 기업은 친환경 계획으로 많은 이익을 얻을 수 있을 것이다. 기업이 자신들을 둘러싼 벽을 넘어서 외부의 파트너들과 협력을 할 때, 기업은 보다 더 우수한 친환경 공급사슬이 구축된다는 사실을 알게 될 것이다.

"타프로세스와의 연계성을 지닌 프로세스를 분리하여 독립적으로 관리하는 것은 매우 어리석은 행위이다. 공급사슬은 일종의 프로세스이다. 그러므로 다른 파트너의 협력이 없이 하나의 프로세스로 관리한다는 것은 아무 성과가 없는 전략이라 할 수 있다. 그러나 대부분의 경우, 협력과 새로운 작업 방법의 도입이 필요한 새로운 패러다임으로 변화시키는 것은 쉽지가 않다."

(출처 : Emmett and Crocker, *The Relationship-Driven Supply Chain-Creating a Culture of Collaboration through the Chain* (2006))

일반적인 공급사슬에서도 이미 협력을 하고 있다는 것은 많이 알려진 사실이다(그리고 책의 앞부분에서도 예제로 많이 다루었다).

표 4.1 **신뢰단계**

1단계 신뢰	2단계 신뢰	3단계 신뢰
경제적 신뢰	믿을만한 신뢰	호의적인 신뢰
계약상	능숙한	헌신적
명확한 약속	알려진 표준	관계를 발전시키기 위한 모든 것
표준적인 성과	만족할만한 성과	기대 이상의 성공
실수를 강제로 억압	→	실수를 통한 학습 및 장점 획득
거래를 위한 정보교환	상호간 접근을 위한 정보교환 협력	인지적 관계와 공동 의사결정
동물적 지능	→	인간 지능
표면적인	공유	교환
계약서에 명시된 시간 엄수	→	열린 결말, 지속적인 그리고 과거로부터의 탈피

그러나 아직까지는 보다 독립적인 업무관계가 일반화된 곳에서는 일원화된 공급사슬의 관점이 널리 퍼져 있다.

협력관계를 형성하는 데 있어서 필수적인 것은 사실이고 실제로 관계라는 것은 신뢰에 의해서 결정된다. 즉 신뢰가 없다는 것은 관계가 없다는 것을 의미한다. 신뢰의 정도는 여러 단계로 구분되는 데, 표 4.1에서 3단계의 신뢰 정도를 묘사하고 있다. 공급사슬 내에서 구성원들 간의 관계를 형성할 때, 과거의 거래 관계에서 협력 관계로 변화한다는 것은 정보통신기술의 연결성이라고 일컫는 기술적인 문제가 아니라, 대부분 소프트 스킬의 부분에 해당하는 문제인 것이다. 이는 다음에서 볼 수 있는 거래관계와 협력관계 사이에 존재하는 고정관념들에서 나타난다.

거래관계는 다음의 특징이 있다.

- 단기간
- 분리/독립됨
- 내게 무슨 이익이 되는가? 사실상 본인 중심적
- 일회성 거래
- 드문 접촉/폐쇄적
- 낮은 신뢰도
- 가격의 지배
- 힘의 지배
- 승리/패배
- 단방향
- 공급자에게 모든 위험부담이 존재, 구매자/고객에게 위험부담이 없음
- 힘에 근거한 "spin" 접근법
- 적대적이고 비효율적임
- 엄격한 규율과 절차가 있는 계층구조
- 비넌하는 문화
- 형식적인 통제
- 융통성 없는 계약
- 인정없는 직원
- 약탈 적임
- 기술적인 수행을 위한 설명서인 "규칙"

대조적으로 협력적인 관계를 형성하는 다음과 같은 특징이 있다.

- 장기간
- 친밀함/유대관계
- 우리에게는 어떤 이득이 있을까?
- 영구적
- 비전 공유/개방적
- 신뢰/위기/이득
- 운명 공동체
- 평등
- 상생
- 민감한 자료에 대한 양방향 교환
- 비용, 시간 낭비를 줄이기 위한 상호 접근
- 동고동락
- 실질적인 신뢰 관계
- 평등
- 문제 해결 문화
- 자기통제
- 융통성 있는 계약
- 동기부여된 노동자
- 사전대책 강구
- 단 한 가지 만의 기술적인 관점에서 벗어난 작업

그러나 대부분의 사람들과 기업들은 상호 공유하는 협력적인 공급사슬관리를 지지하지는 않을 것이다. 이에 대한 주된 이유 중의 하나는 조달이 곧 전통적인 관점에서 권력과 직결된다고 생각하고 있고, 양방향 협력이라는 개념이 아직은 정착되지 않은 개념으로 생각되기 때문이다.

협력적인 공급사슬관리를 지지하지 않는 또 다른 이유는 기업에서 많은 사람들이 소프트 스킬이라고 생각하는 것들이 실제로는 하드 스킬인 것이 많기 때문이다. 실제로 회사 간 공급사슬관리상의 협력은 소프트 스킬 개발이 필수적이라는 인식 없이는 성공할 수 없다(이는 8장의 사례연구 2, 공급사슬에서의 협업에서 설명되어질 것이다).

그러므로 기업이 우선 집중해야 할 두 분야는 전략적인 협력과 운영상의 통합이다. 기업이 협력과 통합에 집중을 한다면, 그 기업의 파트너들은 응집력 있는 친환경 전략들을 만들어 낼 것이다. 이러한 친환경 전략들은 설계/공급/생산/이동/판매의 프로세스 및 자재 관리에서부터 물류 관리까지의 과정을 통해 알 수 있는 공급사슬의 다양한 특징들을 간소화한다. 또한 이러한 전략들은 해당기업 프로그램의 기반이 될 수 있는 프로세스를 지원하고 기업이 끊임없이 개선하는데 도움을 줄 것이다. 그림 4.4는 앞서 언급한 친환경 전략을 세우기 위한 방법을 설명하고 있다.

그러므로 친환경 조달은 공급사슬 전체의 내외부 주요 이해관계자들 간의 협력을 통해 시작되어야 한다.

환경전문가는 필요시에 팀과 경영진을 조직하기 위한 제안을 하고, 진단하거나 시나리오분석을 실시함으로써 친환경 전략 수립을 위한 분석 방법의 수정 제시, 실행 및 결과 해석 업무를 하게 된다.

제조업자는 설계와 관련된 피드백을 제공하고, 경영진과 환경전문가에 의해 제시된 제안 사항(예로 종이서류 대신 전자문서교환(Electronic Data Interchange: EDI)을 사용)을 실행한다. 또한 공

그림 4.4 이해관계자들 간의 협력

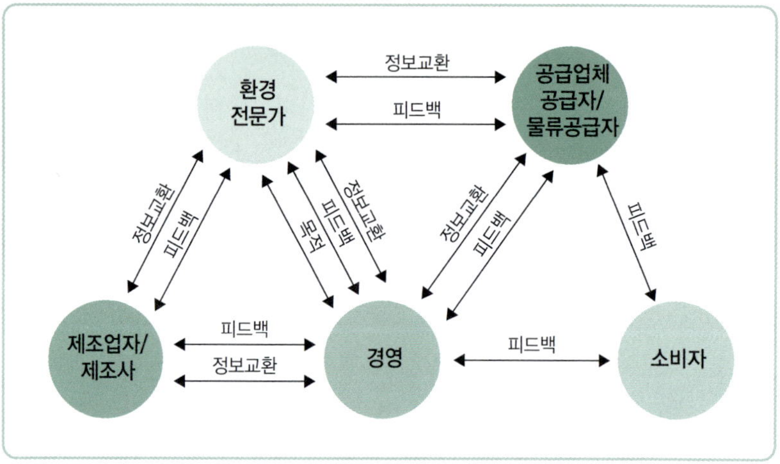

급자들에게는 친환경 프로세스를 따르도록 장려한다.

협력을 통한 친환경 전략 수립에 기초하여, 공급업체와 물류 업체는 자신들의 프로세스를 친환경적인 방법으로 최적화할 수 있다.

협력은 또한 최종 소비자까지의 협력으로 확대되어야 한다. 대부분의 경우 친환경이라는 의미는 상품을 더 작게 포장할 수 있다거나 가격이 상승하는 것을 의미할 수도 있다. 제조업자들은 소비자들이 친환경을 지지할 때 비용의 가치를 느낄 수 있도록 하는 인식프로그램을 만들어야 한다. 소비자들은 제품을 사용하고 서비스를 제공받으며, 제조업자와 서비스 제공자에게 피드백을 제공한다.

제조업체 및 고객들은 생산 프로세스를 향상시키는 것이 중요하고 값비싼 자원의 사용을 절감할 수 있다는 것을 인지하고 있다. 또한 그들은 기술이 공장 및 설비의 자원 이용률을 향상시키고, 운송비용을 절감하며 탄소배출 및 연료소비량을 감소시킬 수 있음을 인식하고 있다. 상품 포장의 감소를 통해 소매업자들은 더 많은 선반 공간을 사용할 수도 있다.

4.5.2 인센티브 조정

인센티브 조정은 친환경적인 목표를 시행하고자 할 때 모든 주요 이해관계자들이 참여하도록 만들기 위하여 필요하다. 생산 공정에서 사용하기 위해 판매된 간접자재의 소비량은 공급업자와 제조업자 모두가 참여할 때 감소될 수 있다. 하지만, 전통적인 공급 계약에서는 공급자들의 이러한 노력에 대한 인센티브를 부여하지는 않는다.

지속적인 절약과 폐기물의 감소는 자재의 소비를 줄이는 방법을 찾는 공급자들에게 인센티브를 부여함으로써 실현할 수 있다. 이해관계자들 간의 성과 배분 계약(shared savings contracts)은 전형적으로 고정 서비스 비용에 소비량 및 성과를 토대로 한 다양한 요소가 더해진다.

이러한 종류의 계약상에서 이해관계자들은 자재 소비의 감소로 인해 그들이 얻게 될 이익 대비 친환경화를 위해 부가되는 비용의 상충 관계를 통하여 얼마나 많은 노력을 들일 것인지 결정한다. 공급자들에 대한 보상은 부가가치 서비스(예로 높은 생산성, 친환경 등)에 기반을 두어야 하며, 소비자에게 판매한 자재의 양에 기반을 두어서는 안 된다. 마찬가지로, 서비스 제공자 역시 원자재 사용을 줄이는 것과 생산성을 향상시키는 것 그리고 낭비를 줄이는 것과 관련하여 적절한 보상을 받을 수 있다.

보상을 조율할 수 있는 한 가지 방식은 공급자가 서비스나 물건을 팔더라도, 소비자는 사용과 유지보수에 대한 비용을 부담할 뿐 그 소유권은 공급자가 갖고 있는 것이다. 이러한 방법은 고객에게는 동일한 가치를 누릴 수 있게 하는 반면 투입되는 자원의 양을 줄이고 자원의 낭비를 예방함으로써 환경적인 영향을 줄이는 것을 목표로 한다. 이러한 관점에서, 공급자는 자재와 상품의 판매에서 서비스의 판매로 판매 방식을 변화시킬 필요가 있다. 예를 들면, 트럭 제조업자는 운행거리를 기반으로 1km당 비용을 산정하여 화물차를 판매한다.

공급자 계약은 구매자가 공급자에게 어떻게 비용을 지불하는가를 명시하고 있다. 그리고 그 계약은 공급자나 제조업자 또는 양측 모두의 보상을 위한 다양한 기준을 기반으로 한다. 예를 들어,

- *수량*: 단위 제품 가격 × 제품의 양
- *서비스*: 단위 서비스 비용 × 서비스의 양
- *수량과 서비스(혼합된 계약)*: (단위 서비스 비용 × 서비스의 양) + (단위 제품 가격 × 제품의 양)

혼합계약에서는 원자재를 적게 소비하는 데에 따른 더 많은 이윤을 제공함으로써 공급자와 생산자 사이의 보상을 조절할 수 있다.

4.5.3 공급자 개발

효율적인 조달부서는 일반적으로 공급자원을 주기적으로 연구하고, 기업의 요구에 맞는 현재의 조달 활동들에 대해 평가할 것이다. 예를 들어, 핵심 공급자들은 그들의 성과에 따라 평가되며, 다른 공급자와의 비교를 통하여 이상적이거나 선호하는 경우를 기준으로 평가될 것이다. 이를 통해 공급자 개발에 필요한 공급자들을 찾게 될 것이다.

공급자 개발은 다음의 내용을 포함하고 있다.

"공급자 개발은 성과와 능력을 향상시키고 구매회사의 단기 또는 장기 요구사항을 충족시켜 주기 위해 공급자와 함께 구매기업이 기울이는 어떠한 노력을 의미한다."

그러므로 공급자 개발은 조달(그리고 공급사슬) 성과를 향상시킨다는 관점에서 아주 중요하다. Emmett과 Crocker(2009)는 공급자 개선이 시행되어야 하는 근거들을 아래와 같이 규명하고 있다.

- 공급자 성과 향상
- 비용 감소
- 심각한 품질 문제의 해결
- 공급을 위한 새로운 루트 개발
- 공급자와 구매조직 간 사업조정 개선
- 현시장에서 존재하지 않는 새로운 상품 또는 서비스의 개발
- 시장을 지배하는 고가의 제품이나 서비스를 위한 경쟁 유발

공급자의 선정은 다음의 항목에 의해 결정된다.

- 카테고리 전략. 예를 들면, 이전에 언급된 Kraljic(크랄직)의 조달 포트폴리오를 토대로 한 전략
- 가치 및 개선 기회의 규모
- 가치 달성 성과의 비용, 복잡성, 지속성
- 공급자 협력

공급자를 선택하기 전에, 구매/공급 관리는 공급자 관리의 이유 근거를 분명하게 규명하고, 왜 해야 하는지와 무엇을 해야 하는지를 이해하고 있어야 한다.

더 적합한 공급자를 찾기 위해 포트폴리오분석 기법과 같은 우선순위 선정 방법론은 다양하다. 핵심제품과 병목제품 공급자들로부터 제공되는 제품과 서비스를 결정하고 어떻게 이를 개선시킬 것인가를 고민하는 것은 공급자 개발을 시작하는 좋은 방법일 것이다.

최고의 공급자를 선택하는 것은 항상 자동적으로 이루어지는 것은 아니다. 대부분의 상황에선, 적합하더라도 최고라고 하기에는 다소 부족한 공급자들일 것이다. 일반적으로 공급자 개발은 개선가능성이 있고, 또 개선하기로 약속한 현재의 공급자들과 함께 이루어진다. 개선의 범위를 결정하기 위해서 공급자 개발의 착수 시점부터 약속된 기준 대비 공급자들의 수행능력은 반드시 측정되어야 하며 일단 개선 프로세스가 시작되었다면, 개선의 정도는 측정, 관리되어야 한다.

Emmett와 Crocker(2009)는 공급자 개발의 성공을 위하여 필요

한 사항을 다음과 같이 정리하였다.

1. 최종 소비자의 요구와 사업을 위한 전략을 규정하고 개발하여야 한다.
2. 공급자들이 어떻게 이러한 요구를 충족하는데 도움이 될 수 있는지에 대하여 양자 간의 협의를 이끌어 내야 한다.
3. 공급자의 성과를 판단하기 위하여 명확한 방법들을 강구하여야 한다.
4. 공급자에게 정기적으로 구체적이고 행동기반의 피드백을 제공하여야 한다.
5. 공급자의 현재 성과와 예상된 성과요구의 차이가 동의되어야 한다.
6. 공급자의 고위 간부로부터 동의와 승인을 받아야 한다.
7. 공급자와 함께 성과의 차이를 줄이기 위하여 시간 계획을 만들고 동의하여야 한다.
8. 지식, 특히 공급자의 모범 사례를 전수해 줄 것임을 구매자측에서 약속을 받아야 한다.
9. 프로그램에서의 중요한 조달 자원에 대한 투자 약속을 받아야 한다.
10. 일반적인 소싱 전략을 고수하며 지식을 공유할 수 있는 다양한 기능의 고객팀을 이뤄야 한다.

따라서 공급자 개발은 자원을 많이 소비하는 과정이 될 수 있다. 그러나 이는 오직 몇몇 선택된 공급자들 그리고 진정한 기업의 이익을 유도해 낼 수 있는 공급자들에 의하여 수행되어야 한다.

그러므로 공급자 개선은 단발성의 프로젝트가 될 수도 있고, 장기간에 걸쳐 성과를 이루는 지속적인 활동이 될 수도 있다. 어떤 경우라도, 기존 공급자들은 다음과 같이 분류될 수 있다.

- 개발 중
- 개발의 잠재력을 갖고 있음
- 개발에 대한 투자가치가 없음

공급자 개발은 이상적인 양방향 프로세스여야 하고, 공급자와 구매자 간 공동개선활동으로 생각하게끔 해야 한다. 몇몇 공급자들은 개발되는 것에 반대할지도 모른다. 이는 일반적으로 시장에서 그들의 위치와 구매 조직을 인식하는 방식과 관련된다. 이는 왜 공급자 개발을 시행하는 구매 및 공급 관리가 원만한 대인관계와 영향력 있는 기술(소프트 스킬)을 필요로 하는지 설명해 주는 또 다른 이유이다.

구매 및 공급관리 담당자는 핵심 공급자가 그들의 구매조직을 어떤 위치에 두는지 항상 잘 인지하고 있어야 한다. 그림 4.5는 이를 나타내고 있다.

여기서 명백한 점은 공급자들이 항상 구매자의 사업에 얽매이지 않고, 그들의 고객을 어떻게 다룰지 결정하기도 한다는 것이다.

이러한 관점은 물론 공공연하게 드러나지는 않지만 어떻게 사업을 할 것인가에는 확실한 영향을 준다.

그러므로 공급자 개발을 위해서는 우선순위가 높은 공급자 또는 이윤 공유와 같은 방식으로 공급자들의 노력에 대한 대가를 지불하는 것이 필요하다.

그림 4.5 구매업체의 비즈니스에 의한 공급업체의 견해

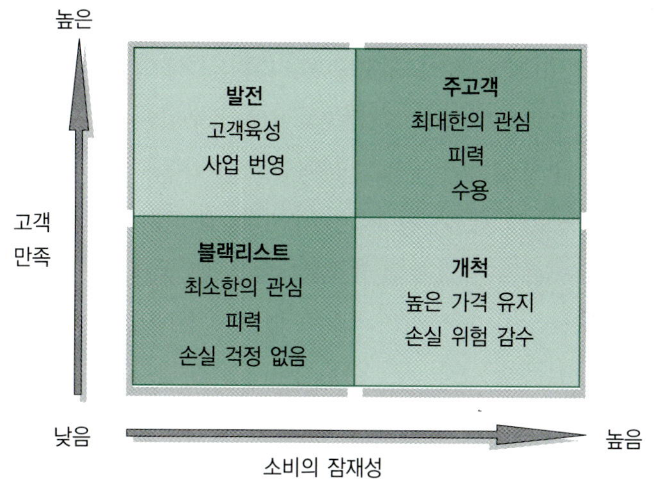

많은 사례에서 알 수 있듯이, 공급자 개발은 공급자의 다른 고객들(비록 경쟁회사일 수도 있지만)에게 이익을 주는 행동이지만, 한편으로는 이는 공급자 개발프로젝트에 참여한 공급자에 대한 인센티브가 될 것이다. 결과적으로 그들은 모든 고객들과의 관계를 증진시킬 수 있을 것이다.

만일 서비스 개선, 품질 향상, 부가가치, 경영정보의 측면에서의 개선이 이루어진다면 이는 큰 문제가 되지 않을 것이다. 예를 들어, 공급자의 제품이 구매부서의 특정 경쟁우위를 만족하기 위하여 개발된다면, 구매 및 공급 관리는 처음부터 이것의 영향을 고려하여야 한다.

마지막으로 다음의 공급 개발 모범 사례는 Emmett 와 Crocker

(2009)를 각색하여 정리되었다.

- 공급자 선택 시, 가격대비 품질과 가치의 우위를 활용
- 각각의 제품을 제한된 숫자의 공급자들로부터 구매
- 의존할 수 있는 몇몇 공급자들로부터의 소싱
- 가능한 임시파견을 통해 공급자에게 교육제공 및 기술적 지원
- 공급자와 장기 계약
- 구매자는 명확한 사양서 제공
- 공급자 성과 평가와 피드백
- 부품 표준화
- 공급자 보상과 인식
- 공급자의 현장(공장) 방문
- 공급자와 철저한 정보 교환(즉, 공급자의 회계, 금융 자료 공유, 비용과 품질 수준과 같은 내부 정보의 공유)
- 자재 개선과 새로운 자재의 개발을 위하여 공급자와 협력
- 구매자의 새로운 상품개발 프로세스에서 공급자가 참여
- 필요 시, 자금의 투자

4.5.4 에너지의 효율적인 조달

에너지의 효율적인 조달이 적용되는 경우는 다음과 같다.

- 건물의 설계, 건축 및 관리
- 난방시스템, 전기 장비, 자동차와 같이 에너지 사용 장비를 조달하는 경우

- 에너지를 직접 구입하는 경우(예, 전기)

이러한 에너지의 효율적인 조달은 3.1.2 절에서 언급한 수명주기 비용, 최저 에너지 효율 기준의 설정, 기업 전체에 효율적인 에너지를 촉진시키는 척도의 설정 등을 포함한다. 그러므로 에너지의 효율적인 조달은 사회, 경제, 환경적인 이익을 다음과 같이 제공한다.

- 효율적인 에너지 사용은 비용 절감 및 예산 절약을 가져온다. 에너지의 가격은 점점 증가할 것으로 예상되므로 에너지 효율을 통한은 재정적인 이익 또한 증가할 것이다.
- 전구와 같이 에너지 효율이 높은 상품은 값싼 대체품보다 더 긴 수명주기를 갖으며 더 좋은 품질을 갖는다. 이러한 제품을 구매함으로써 잦은 장비 교체에 드는 값비싼 시간과 노력을 줄일 수 있다.
- 효율적 에너지 조달은 이산화탄소 배출 감소에 도움을 줌으로써 기후변화를 최소화하는데 도움이 될 것이다.
- 효율적 에너지 조달은 투명하고 합리적인 의사결정을 요구하며, 관리를 잘 하는데 도움이 될 것이다.

■ 효율적 에너지 조달 프레임워크

다음 그림 4.6은 조직 내의 에너지의 효율적인 조달 상태를 알아보기 위해 고려되어야 할 사항은 무엇이며, 프레임워크가 어떻게 구성되었는지에 대한 구체적인 방법을 보여주고 있다.

표의 각 열을 하나씩 검토하고, 공급사슬의 현재 상황을 가장

그림 4.6 공급사슬에서 에너지 효율 실행 상황의 평가

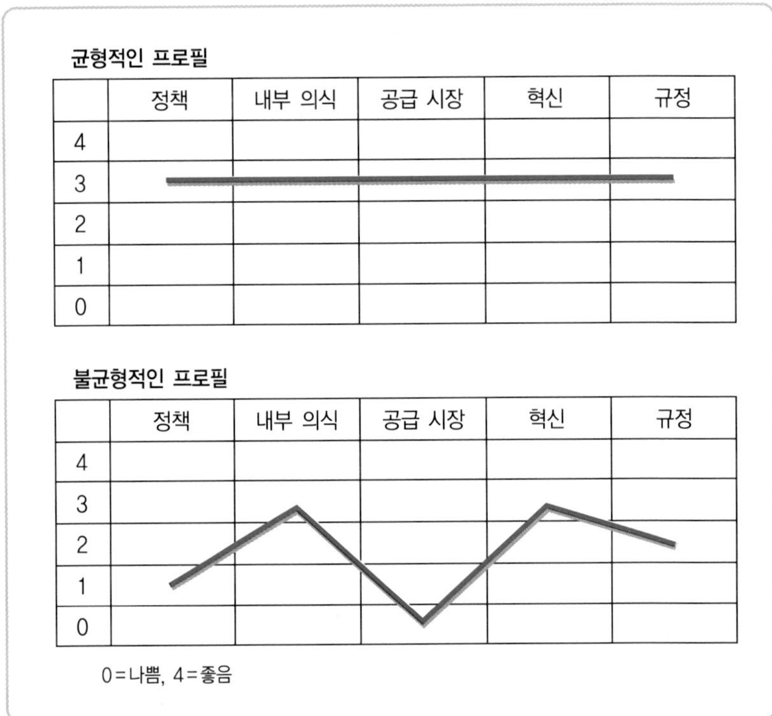

잘 설명한 것에 표시하라. 이는 한 사람이 수행해야 한다. 서로 다른 일을 하는 부서가 각자 이를 수행한다면 모두가 표를 다 완성할 기회를 줘야 한다. 이렇게 함으로써 계획을 수행하는데 있어 강 · 약점을 파악하는데 도움을 줄 수 있다. 또한, 만일 조직 내 여러 사람이 참여했다면, 모든 사람들의 평가 결과를 비교하고 하나의 평가로 통합하여야 한다.

공급사슬 프로필을 만들기 위해 점들을 연결하여 그래프를 만든다. 이 선은 공급사슬 전반에 걸쳐 효율적 에너지 조달 정책이 얼마나 균형잡혀 있는지, 강 · 약점은 무엇인지를 다른 관점에서 보여준다. 상태가 기록되면, 확인된 약점을 개선하기 위해 적절한 조치를 취할 수 있다.

제안되는 활동은 수정된 실행 계획에 포함되어야 하며, 더 많은 자원을 할당하여 일의 우선순위를 높혀야 한다. 최종 목표는 열 전체의 균형을 맞추면서, 공급사슬의 수준을 모범 사례의 수준으로 향상시키는 것이다.

■ 지속가능한 소싱 및 사양

기업은 친환경적이고 지속가능한 조달 전략을 통하여 이윤을 얻고자 한다. 그러나 기존의 소싱 접근방식이나 사고방식을 사용한다면, 비록 비용 절감과 위험 감소 효과는 있을 수 있지만 친환경 성과를 얻기에는 불충분한 부분이 있다.

이와 관련하여, 비공개 입찰(sealed bids), 다중 라운드 협상(multi-round negotiations), 역경매(reverse auction) 등 일부 전통적인 전략 소싱 모델이 친환경적이고 지속적인 혜택(절약, 이윤 등)을 받을 수 있는 옵션을 제한한다는 점을 가장 중요한 원인으로 꼽을 수 있다.

만일 조달관리자가 자신의 조직과 공급자들에게 엄격한 절차를 강제한다면(예를 들어, 명세서수집, 공급자 발굴, RFI 발행, 공급자 사전 평가, RFQ 발행, 협상, 공급 물량 요청) 그들 자신도 빠져 나오기 어려운, 고정된 높은 비용이 발생하는 궁지로 몰아넣게 되는 것이다. 이는 입찰과 같은 기존의 소싱 방식은 공급자들로 하여금 "더도 말고, 덜도 말고 이것이 우리가 원하는 것이다"라고 이야기하는 의무적인 표준 사양에 단순히 순응하고 대안을 제시하는 능력을 제한할 수 있기 때문이다.

이제 우리는 외부 자원의 조달로 충족될 수 있는 내부의 요구사항들이라 할 수 있는 사양서를 대체할 수 있는 방식을 살펴보려고 한다.

내부 사용자의 사양서를 통해 알 수 있는 조달의 역할은 다음과 같다.

- 가용한 공급에 관한 정보를 제공
- 공급자에 관한 평가
- 공급자와 상품의 위험표시
- 기업에서 표준화 가능성 표시

궁극적으로 조달의 목적은 필요한 제품과 서비스를 구매하는 것이기 때문에 사양서의 작성 이후 발생하는 모든 일들은 사양서를 바탕으로 이루어지고 결정된다. 따라서 올바른 사양서를 얻는 것은 매우 중요하다. 사양서는 명확하고 의사소통이 가능해야 하며 다음과 같은 기준을 준수하여야 한다.

- 요구사항이 필수적인 특성으로만 기술되어 모호하지 않고 명확한가?
- 공급자가 자신의 제안에 대한 가격을 산정하고, 의사결정을 할 수 있는가?
- 공급자의 제안은 사양서에 맞추어 평가될 수 있는가?
- 모든 공급자들이 제안에 참여할 수 있는 기회를 제공하는가?
- 법률적 요구사항이 포함되어 있는가?

최종사양서의 작성을 위해서는 사용자와 조달자 혹은 잠재적인 공급자들과도 원활한 의사소통이 이루어져야 할 것이다. 예를 들어, 이러한 의사소통을 통하여 조달자가 친환경 옵션과 같은 대안을 제안할 수 있을 것이다.

표 4.2에서는 대조적인 두 종류의 사양서를 볼 수 있다. 이는 기술사양서와 성능사양서를 비교한 것이며, 두 종류의 사양서는 중요한 차이점을 보여준다.

기계적 표준의 사용과 관료적 프로세스('if 이것이면 then 저것이다')라는 방식이 변하지 않는 표준 요구사항에는 적합할 수 있지만, 내부 분석이 제한적이며 브레인스토밍이나 시나리오 방식의 접근은 불가능하다. 따라서 소싱 단계에서 효과적으로 사용될 수 있었던 창의력과 분석적인 능력은 사실상 제한한다.

일부 전략적인 소싱 모델은 특정 시점에 조달 기능을 조직의

표 4.2 사양서

속성	기술사양서	성능사양서
공급자	정확하고 확실한 사양을 받는다.	고객이 요구한 운영 조건과 환경 내에서 요구된 결과에 응답한다.
구매자	구입하는 것에 대한 확신을 가져야 한다. 그러나 필요한 요구사항을 충족시키기 위해 몇몇 욕구들을 제외하는 것처럼 이것은 항상 최상의 결정일 수는 없다.	요구 사항과 필요한 결과를 명확하게 나타내야 한다.
기술적 위험	구매자	판매자
공급자 혁신	낮다	높다
사례	심플하고 유명한 상품	서비스와 복잡한 프로젝트

다른 기능으로부터 분리시켜, 더 투명하고 열린 시장과 가격의 형성을 가능케 한다. 예를 들어, 우리가 알고 있는 어떤 큰 조달부서 내 700명의 직원들은 스스로 회사의 지출을 감시하는 것으로 알려져 있다. 이와 같이 구매부서를 분리시킨 이유는 과거의 구매가 내외부의 이해당사자들의 과도한 간섭을 받아 총비용에 부정적인 영향을 주었기 때문이다.

그러나 소싱 부서는 총비용의 부정적인 영향을 주지도 않으며, 어떤 특정 영역에서 제3자의 이러한 간섭을 막는 것이 가능하다. 실제 다양한 분야의 내외부 이해관계자들의 긍정적 기여는 필요하며, 이는 전체적인 공급사슬관리를 효과적으로 할 수 있게 해준다.

요약하면, 일부 전통적인 소싱 절차와 방식들(예, 기술사양서만을 사용하는 입찰 방식)은 선택할 수 있는 옵션을 제한한다. 또한 기존의 프로세스와 방법을 개선하고, 변화시키거나 새로운 가능성을 찾기보다는 보이지 않는 구조적 장벽을 가져올 것이다.

이는 올바른 균형을 잡는 문제와 관련된다. 지속가능성은 안전, 품질, 환경 문제 그리고 전반적인 공급 안정성과 같은 “소프트한 요인”을 고려하는 동시에 다양한 옵션을 만들어 내고 유연성을 유지하는 것과 관련된 모든 것을 의미한다.

우리가 알고 있는 한 조직은 지속가능한 계획이 상품, 주원자재, 재능 및 혁신과 같은 모든 종류의 자원들로의 접근을 유지시키는 것을 의미한다는 의견을 보였다. 이와 같은 조직들에게 지속가능성이란 소싱의 역할에 대한 내부적인 철학의 변화(주문자에서 다양한 옵션을 만들어 내는 역할자로의 변화)로 설명된다. 그러나 이러한 접근은 조달기능에 대한 전반적인 철학적 방향의 변화 이상의 것을 요구한다. 지속가능성을 잘 활용하기 위해서는 회사 전체가 구매팀과 함께 더 정량적으로 가설과 다양한 옵션을 만들고 평가해야만 한다.

오늘날의 경쟁적인 사업과 세계화의 풍토에서, 공급자와 내부 이해관계자가 함께 일하는 협력적이고, 지속가능한 방식을 취하지 않는다면 그 기업은 수많은 위험에 직면할 것이다. 이런 위험은(조달의 가장 기본적인 원칙이나 구매의 연속성을 위태롭게 할 수 있는) 분배의 권리뿐 아니라 판매 손실을 포함한다.

지속가능한 조달처럼 더 새롭고, 도전적인 방식에 대해 연구하지 않고, 맹목적으로 과거의 방식을 유지한다면, 이는 궁극적으로 기업에 악영향을 끼치는 문제들을 야기할 것이며, 비용이나 위험 부담을 줄일 수 없을 것이다.

4.6 친환경 조달방법으로의 이동

친환경 조달이 반드시 복잡할 필요는 없다. 어떤 기업이든 간에 다음 실천 계획을 활용하여 단계별로 친환경 구매를 쉽게 실천할 수 있을 것이다.

- 구매 요구에 대한 질문을 통해 시작하자. 새로운 제품을 구매하지 않고 기존의 물품이나 장비를 활용할 수 있는가? 구매 대신 고용이나 공유를 통해 요구사항이 충족될 수 있는가?
- 환경전문가를 당신의 친환경 조달 전략의 선봉에 세워라.
- 친환경 구매 목표에 대해 합의하고, 당신의 목적을 단순한 친

환경 조달정책에 반영되게 하라. 그리고 이것들이 당신의 환경정책에 부합하도록 하라.

- 당신의 목표를 달성하기 위해서 최고경영진이나 재무의사 결정자로부터 높은 수준의 지원을 얻어 내라.
- 전략과 프로세스를 직원과 공급업체들이 이해하도록 하여 당신이 그들로부터 기대하는 것이 무엇인지를 명확히 하라.
- 정기적으로 구매활동을 감사하라.
- 친환경 명세서(green specification)를 만들고 보상을 약속하라.
- 구매가 환경에 미치는 영향, 즉 대기나 물에 배출되는 배기가스, 매립해야 할 폐기물, 자원의 사용 및 환경 수준 등을 평가하라.
- 당신의 새로운 조달정책에 맞춰 제품이나 서비스를 제공할 수 있는 기존 공급자들과 거래하라. 새로운 계약자나 공급자를 결정하기에 앞서 그들의 의견을 구하라. 공급자에게 견본품을 요청하라.
- '많은 에너지를 소비하는가, 환경에 큰 영향을 주는가 그리고 그것에 쉽게 영향을 받는가 등의 친환경 조달 기준이 계약자를 결정하는데 주요 고려 사항으로 반영되게 하라.
- 환경적인 요구명세사항이 계약에 포함되도록 하라. 환경적인 기준으로는 에너지와 물 사용의 효율성, 재활용품, 포장과 제품의 재사용성, 무해한 화학 물질 그리고 Forest Stewardship Council(FSC; 산림관리 협의회)에서 인증받은 산림 등이 포함된다. 환경적인 기준의 더 많은 예를 보고 싶으면, Local Environmental Management Systems and

Procurement(LEAP) 툴킷이나 European Union Green Public Procurement의 웹사이트를 참고하라.

- 단순히 가장 낮은 가격을 기준으로 하는 것이 아닌, 총소유비용(TCO)/전과정 비용(WLC)과 금전적으로 합당한 가치가 있는가를 바탕으로 새로운 계약을 하라. 이는 운영비나 폐기비용이 더 적게 발생할 수 있는 전체 주기비용을 통해 친환경 구매를 고려한다. 추가적으로, 에너지 효율이 높고(최소 A등급의 에너지 효율), 쉽게 고치거나 재사용할 수 있는 수명이 긴 제품을 선택하라.
- 새로운 제품 및 서비스를 통한 환경 혜택을 고려한 계약을 체결하고, 성과를 감독하라.
- 배송 횟수와 거리를 최소화하고, 포장을 줄이는 등의 활동을 통해 성과를 증진하라.

4.7 친환경 조달의 반영: 생각에 참여하라

많은 기업들이 친환경 문제를 그들의 전략과 전체 공급사슬의 핵심적인 요소로 간주하고 있다. 여기엔 법률에 의한 요인과 고객의 의한 요인이라는 두 가지 이유가 존재한다. 이 중 고객에 의한 압력과 요구는 기업이 친환경 전략을 경쟁 우위의 근원으로 활용하여 판매를 증진시키는데 주된 초첨을 두도록 이끈다.

그러나 친환경적 노력은 다른 측면에서도 기업에 영향을 미친다. PriceWaterhouseCoopers 보고서(*Achieving Superior Financial Performance in a Challenging Economy(2008)*)에 언급

되어 있듯이, 지속가능성과 관련된 자료들이 잘 활용된다고 알려진 식음료와 소비재 산업의 기업들은 높은 자산 수익을 얻고, 더 좋은 현금 흐름이 이루어진 것과 더불어 높은 수익을 통해 주주들에게 더 많은 이윤을 돌려 주었다.

친환경 조달의 관점은 기업의 사회적 책임(Corporate Social Responsibility: CSR)을 넘어 다음의 내용을 포함한다.

- 공급자가 에너지 효율적 생산이나 저임금 혹은 노동착취와 같은 사회적 이슈를 고려하여 윤리적인 소싱 절차나 감사에 잘 따르는 것.
- 재활용 제품이나 에너지 효율이 높은 자재를 사용하는 친환경 제품, 자재나 서비스를 구매하는 것.

무엇보다도, 공급자들과 공급사슬에 있는 다른 모든 관계자들은 반드시 최종구매조직의 친환경화를 따라가야 한다. 그렇지 않다면, 친환경은 단순히 이를 실천하려는 조직 혼자만의 일이 될 것이다.

Just-in-time(JIT)의 원칙은 이와 매우 유사하다. 최종구매자는 그들의 1차 공급자로부터 JIT 방식의 공급을 받고, 1차 공급자는 이를 위해 고객의 근접지에서 재고를 보유하고 있어야만 하기 때문에 JIT의 가치는 제한된다. 이는 결국 공급사슬 상류의 추가적인 낭비로 연결되기도 한다. 공급사슬 하류에 있는 최종공급자는 상류의 낭비가 사실상 보이지 않으며, 이로 인해 이러한 낭비를 신경쓰지 않고 무시하게 된다.

하지만 친환경 체제하에서 최종 종착지는 고객의 압력이기 때문에 이와 같이 자신의 책임들을 부인할 수는 없을 것이다. 어느 공급망에서도 소비자는 마지막이자, 궁극의 본원적인 최종 수요자다. 나중에 다시 살펴보겠지만 소매점들은 고객의 바로 옆에서 친환경에 대한 그들의 노력을 지속적으로 증진, 발전시키고 있으며, 고객으로부터의 예기치않은 공격에 그대로 노출되어 있다.

만일 캠페인 운동가나 미디어 대표들에 의해서 어떤 문제점들이 폭로된다면, 기업들은 적어도 당황스러운 사태를 맞게 될 것이고, 최악의 사태에는 판매가 줄거나, 존폐의 위기에 놓일 수도 있다.

그렇다면 당신의 공급사슬은 얼마나 친환경적인가? 현실을 살펴보면, 충분히 더 친환경적으로 변할 수 있으며, 고객의 압력을 기다리는 것은 너무 늦을지도 모른다.

그렇다면 친환경 조달을 착수시키기 위해 조달전문가는 기본적으로 무엇을 추구해야 하는가? 간단히 답해 줄 수 있는 것은 아무것도 없다. 이 문제에 대한 해답을 얻기 위해선 일반적인 비용, 돈의 가치와 위험부담 사이의 상관관계 그리고 법률과 고객의 압력이 발생하는 내외부의 다양한 요구를 조율해야 한다.

따라서 기업 내의 친환경 구매의 영향은 일반적인 조달의 고려사항에 친환경적인 관점을 더하여 이루어질 것이다. 예를 들어,

- *위험* : 석유 기반의 연료처럼 쉽게 사용하거나 접근할 수 없는 친환경 연료를 구매하는 것.
- *비용* : 자연 분해가 되는 병을 구매하는 것.
- *성과* : 에너지 효율
- *제품 개발* : 유기 화장품

위에서 언급되었던 인수 비용(Total Acquisition Cost: TAC)과 총소유비용(Total cost of ownership: TCO)같은 일반적인 조달 평가도구들이 계속 사용될 수도 있겠지만 친환경 구매에서는 구체적인 친환경 고려사항을 추가해야 할 것이다. 그런 이유로 친환경 TCO에는 일반적인 수명주기나 전체 수명비용을 산정하는데, 환경/사회적 결과에 따르는 비용이 추가될 것이다. 예를 들어,

TCO 환경적 비용
- 법규 준수
- 독성 물질의 누출, 오염과 같은 사고의 위험
- 폐기물 처리

TCO 사회적 결과들
- 직원들의 안전과 건강
- 고객과의 관계
- 사회와의 관계
- 공급자와의 관계

구매자의 친환경 요구에 맞춰 공급자와 협력하는 것과 협력 정도를 결정하는 것은 이미 언급된 바 있다. 이것은 그림 4.7에서와 같이 TCO에 다른 변수들로서 추가될 것이다.

위에서 명확하게 볼 수 있듯이, 친환경 이슈에 대하여 협력할 수 있는 공급자들은 친환경 조달을 이루는데 매우 중요하다. 이들 공급자들은 다른 많은 구매자들과도 친환경 이슈를 이야기하고 있다는 점을 기억해야 한다. 실제로, 친환경을 그들의 핵심요소로

그림 4.7 총소유비용의 변수들

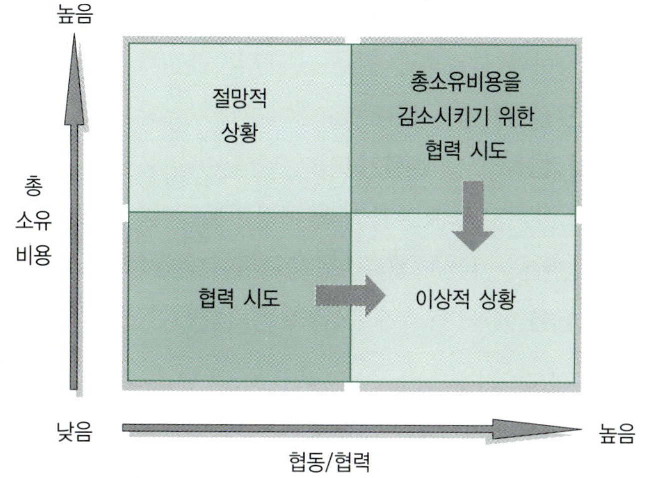

차별화하는 공급자들도 있다.

고객들이 하나의 공급자와 거래를 할 뿐 공급자가 겪고 있는 문제에 대해서는 전혀 관심이 없기 때문에 "당신은 당신의 공급자 수준과 같다"라는 말에서 보여주듯 친환경 조달은 이러한 연결고리를 강조한다. 친환경하에서 최종공급자가 상위 공급자가 무엇을 하고 있는지에 대해 무지하면 소비자들로부터 외면받게 된다. 따라서 친환경 조달과 공급사슬로 인해 친환경에 대한 무지는 더 이상 선택사항이 아니다. 우리는 모든 사고를 연결해야 할 필요가 있다.

제 4 부

친환경 공급사슬 실행

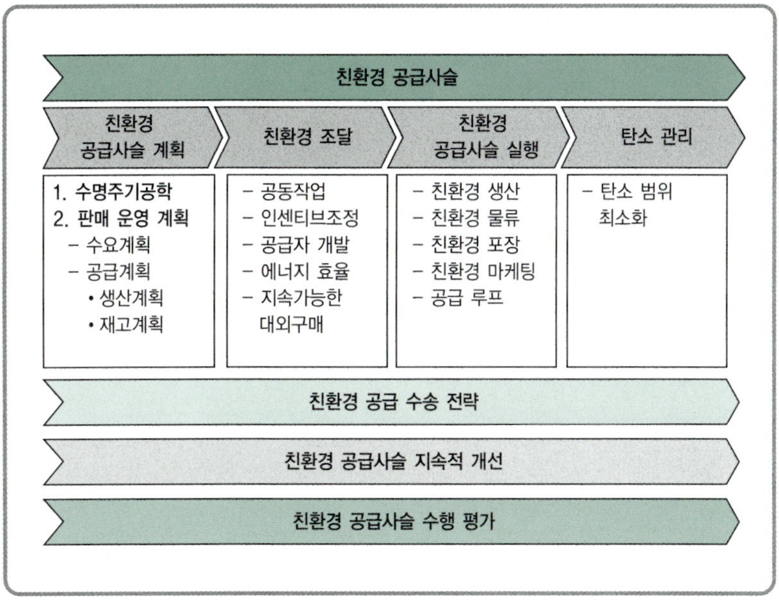

CHAPTER 05

친환경 생산
(Green Production)

친환경 생산은 내외부의 요구사항, 제약조건, 위험, 안전 척도, 법규 그리고 환경적 영향을 고려하는 동시에 현재 사용하는 생산 기술, 전략, 설계에 대한 대안을 찾는 활동을 포함한다.

그러므로 친환경 생산은 친환경적인 운영 프로세스를 활용하여 수익성에 집중하는 조직의 선택이라고 말할 수 있다.

친환경 생산의 최우선 목적은 제조의 모든 단계에서 발생하는 환경적인 영향들을 감소시키는 것이며, 이는 다음의 세 가지 근본적인 목적을 갖고 있다.

- 배기가스, 독성물질, 폐수 및 사고의 감소
- 제품과 서비스의 수명주기비용 최소화
- 천연 상태의 원자재 및 재생이 불가능한 에너지의 사용 절감

친환경 생산계획은 생산 프로세스를 최적화하는 것에 국한하지 않고, 수명주기비용, 수명주기공학 그리고 프로세스 설계의 관점에서 비용과 낭비를 줄이는 방법을 찾는 것을 모두 포함한다. 전통적인 프로세스를 유지한 상태에서 친환경적인 생산을 시도한다면 많은 기업들에게 매우 큰 비용이 소요되기 때문에 수익성이 보장되지 않거나 원천적으로 친환경 생산 시도 자체가 불가능할 수도 있다. 그러므로 프로세스 리엔지니어링, 기술의 진보 그리고 프로세스 설계 등은 친환경 생산에 매우 중요하다.

친환경 생산시스템을 설계할 때, 다음의 사항들이 고려되어야 한다.

- 품질에 영향을 미치지 않는 한 가능한 많은 제품과 부품의 재활용 및 재사용
- 원자재와 에너지의 소비 최소화
- 지속가능한 방식으로 에너지 소비
- 재생가능한 에너지 사용 촉진
- 제품수명주기 연장
- 폐기물 감소
- 폐기물 재활용

대부분의 사람들이 이미 폐기물을 줄이고 재활용을 최대화하고 있다고 믿고 있기 때문에, 독자들은 위의 고려사항들을 친환경 생산시스템을 설계하는데 당연히 고려해야 하는 것으로 생각할 것이다. 그러나 기업의 생산 프로세스, 기술 그리고 자재의 흐름 등을 조금 더 면밀히 살펴보면, 대부분의 사람들이 실제로는 사람들

이 인식하고 있는 제약이라는 것을 알게 될 것이다. 이러한 제약은 그들이 진정한 친환경 생산으로 가는 것을 어렵게 한다.

이 장에서는 진정한 친환경 생산으로 나아가기 위해 현재의 기술, 인프라 그리고 공급사슬 관계에 존재하는 제약조건들을 극복하는 몇 가지 방법론에 대해 논의할 것이다. 물론 이 중 일부는 이미 잘 알려진 것들이다. 하지만 친환경 생산에 적용하기에는 여전히 많은 노력이 필요하며, 이러한 노력들이 강조될 부분이다.

5.1 친환경 생산의 혜택

이 단계에서 던져지는 질문은 '왜 친환경 생산인가? 친환경 생산이 가치가 있는가?' 이다.

공급사슬을 살펴보면, 총 50%의 온실가스가 생산과정에서 배출된다. 그러므로 친환경 생산은 친환경 공급사슬의 목적을 달성하는데 필수적이며, 수요와 공급을 잇는 중추적인 역할을 할 것이다(그림 5.1 참조).

공급 측면에서 친환경 조달은 친환경 생산을 하기 위해 적시에 환경효율적인 방식으로 원자재를 공급해 주는 것이 매우 중요하다. 이와 동시에, 친환경 마케팅은 친환경 제품의 수요를 창출한다. 한편, 친환경 물류는 재화의 흐름을 환경적으로 건실하게 만든다.

이들 가운데에 위치한 친환경 생산은 생산을 최적화하는 동시에 낭비를 최소화할 수 있도록 수요와 공급을 조절한다.

친환경 생산은 다음의 항목들을 이루기 위하여, 기업이 좀 더 환경에 책임감을 갖도록 자극하는 역할을 한다.

그림 5.1 **친환경 생산-상관 관계**

- 오염 예방;
- 제품의 관리 강화;
- 효율적 성과를 위한 내부 프로세스 간소화;
- 기술적 혁신;
- 생산 과정의 모든 단계에서의 폐기물 감소

많은 관리자들과 정책결정자들은 환경규제가 조직의 손익에 부정적인 영향을 가져온다고 생각해 왔다. 그러나 친환경 생산에 관한 최근의 연구에 의하면, 친환경 생산체계를 구축한 기업은 규제비용을 감소시킬 수 있을 뿐만 아니라, 다양한 유무형의 혜택을 받을 수 있다는 것을 알 수 있다.

또한 친환경 생산의 도입은 시장경쟁에서 앞서 나가는데 필수적이다. 경쟁자들이 친환경 생산을 도입할 경우, 기업은 경쟁에서 앞서 나가거나 이를 따라가기 위해 필연적으로 친환경 생산을 하게 될 것이다.

여기에는 물론, 구입한 제품이 환경에 미치는 영향에 대한 소비자들의 인식이 점점 증가하고 있다는 것도 한몫을 한다. 소비자들은 제품의 생산프로세스를 더 잘 이해하며, 환경오염과 자재 낭비를 줄이도록 생산프로세스를 개선할 것을 요구하고 있다. 그렇기 때문에 구식의 프로세스들은 비경제적이며, 때로는 친환경 생산에 사용될 수 없다고 여겨지기도 한다. 이러한 연유로 친환경 생산의 도입은 모든 이해관계자(예를 들어, 일반 시민들, 소비자, 직원, 정부 그리고 입법자)가 바라보는 시각에서 그들의 이미지를 향상시켜 준다.

추가적으로, 친환경 생산의 도입은 다음과 같은 이점들이 있다.

- 안전, 위생과 같은 보다 나은 업무환경, 안전, 건강, 환경에 대한 기록관리를 통한 보험료 인하 효과
- 일반 시민들, 직원, 입법자들의 요구에 의한 장기적이고 무형의 책임들로부터 자유로워짐
- 효율적이고 강화된 내부 프로세스
- 규제 비용의 감소
- 시장 기회의 증가
- 규제에 대한 선행적 대응
- 공급사슬 위험의 감소

5.2 친환경 생산의 추진요인

경영 철학자들은 친환경 생산에 대한 논의를 활발히 하고 있다.

한편으로는 자연 환경적으로 도움이 되는 시각에서, 다른 한편으로는 앞으로 다가올 몇십 년을 대비하기 위한 기업의 근본적인 전략 체계를 구축하는 관점에서 이를 바라보고 있다.

친환경 생산의 추진요인을 두 가지로 분류하면, 다음과 같다.

1. 친환경 생산 방식의 도입에 따르는 경제적 인센티브
2. 환경관련 법과 규제의 준수 부담, 준수하지 않을 경우 적발될 가능성 그리고 법과 규제의 미준수로 인한 비용이 증가함에 따라 과거의 기술들을 단계적으로 폐지시킬 필요성의 발생

두 가지 추진요인은 아래에서 좀 더 자세히 살펴볼 수 있다.

5.2.1 경제적 추진요인

- 원자재와 에너지 저소비를 통해 비용을 절감할 수 있다.
- 직원, 고객 그리고 생산지 근처에 사는 사람들에 대한 의료비를 절감할 수 있다.
- 폐기물 관리, 처리 그리고 처분을 통해 비용을 절약할 수 있다.
- 제품의 전체 수명주기 동안 좀 더 효율적인 생산프로세스, 재작업 감소, 전체 폐기물 감소 그리고 재활용 증대로 전반적인 생산비용을 감소시킬 수 있다

5.2.2 법과 규제적 동인

- 대부분의 유해한 생산 공정이나 제품들에 대한 폭넓은 규제를 국제적인 수준으로 조정하려는 방향에 따라 규제 기간은 더 길어지고, 규제 조건은 더 까다로워지고 있다.
- 사람들의 친환경에 대한 인식 향상, 규제 준수 여부를 파악하는 기술의 발달, 친환경 준수 기업에 대한 자금 지원, 적극적인 NGO 활동 그리고 24시간 방송하는 미디어는 사실상 기업이 관련법규를 따를 수밖에 없도록 만든다.
- 규제 미준수로 인한 민사상, 형사상 책임의 증가는 기업이 관련 규제를 준수하게 하고 잠재적인 문제가 표면화되기 전에 프로세스를 변경하여 비용을 증가시킨다. 이는 규제를 따르지 않을 때 받는 처벌뿐 아니라 환경의 파괴로 인한 피해자의 보상액도 상당히 증가했기 때문이다. 조직의 의사결정자들은 개인적으로 민사소송에 직면할 수도 있고, 이는 결과적으로 규제 미준수에 의한 잠재적인 문제를 못 본 척 넘어가는 위험을 경계하게 만들 것이다.
- 이와 동시에, 많은 나라들은 친환경 생산을 보나 용이하게 할 수 있도록 법적인 인가 절차와 법규 준수 여부의 증명을 간소화하여 추가적인 이득을 만들어 내고 있다.

5.3 친환경 생산의 난관

만약 친환경 생산을 쉽게 할 수 있다면, 모든 사람들이 말로 떠들기보다는 행동으로 친환경 생산을 실천하고 있었을 것이다. 관리자들은 친환경 생산으로의 전환을 고민하는 과정에서 많은 어려움을 갖게 된다. 다음은 친환경 생산을 도입하면서 직면하게 되는 중요한 난관들에 대해 기술하였다.

5.3.1 사용중인 구식의 산업 설비

더 새롭고, 더 깨끗한 생산기술이 있다는 이유만으로 기존의 생산체계와 설비가 사라지는 것은 아니다. 매몰비용이 너무 높기 때문에 이미 쓸모가 없어진 기술들을 붙잡고 있는 경우는 흔히 볼 수 있다. 구식 생산설비의 사용을 중단한다고 해도 이러한 설비를 구매하는 곳은 존재한다. 아마 개발도상국이나 후진국 등에서 이 설비를 몇 년간 혹은 사용할 수 없을 때까지 사용하려 할 것이다. 때문에 이 문제는 사라지지 않고 단지 다른 지역으로 전이될 뿐이다.

5.3.2 추가비용에 대한 인식

친환경 생산이 많은 비용을 유발한다는 인식은 계속되어 왔다. 새로운 도구와 기술 그리고 프로세스 재설계는 많은 비용이 발생하는 활동처럼 보인다. 이러한 비용들은 현재 상태를 유지하기 위해 과장되고, 같은 이유로 인하여 친환경 생산의 이점 또한 평가절하되고 무시되어지는지도 모른다. 그러나 친환경 생산은 중장기적으로 매우 큰 비용 이점을 가져올 수 있다. 따라서, 지혜로운 기업들은 친환경 생산을 통해 이득을 보기 위해 작은 일부터 시작할 것이다. 그리고 서서히 친환경프로그램에 대해 좀 더 적극적으로 노력할 것이다.

5.3.3 공급사슬 파트너들의 협력 유지

공급사슬 파트너들도 그들만의 우선순위가 있으며, 친환경 생산에 대해 서로 다른 인식을 갖기 때문에 협력 문제는 아주 빈번하게 등장한다. 많은 사례에서 알 수 있듯이, 공급사슬 파트너들의 협력과 협업이 없이는 친환경 생산은 완전하지 못한 채 오로지 부분적으로만 진행될 것이다.

5.3.4 서로 다른 기술들의 친환경에 대한 불명확한 영향

이상적인 세계에서는 새로운 기술이 더 깨끗하고, 친환경적이라는 것을 모두가 명확히 인지하고 있다. 하지만, 이것은 단지 가정에 불가하다. 때때로, 이것은 단지 그린워싱(greenwashing; 실제로는 별 노력을 기울이지 않으면서 친환경적 이미지를 내세우는 행위)일 뿐이거나, 오염문제를 다른 내상에세 전가하는 섵치레에 불과하다. 어떤 경우에는 깨끗해지기 위하여 나타나거나 홍보되는 친환경 기술이 환경과 사람에게 더 해로울 수도 있다.

5.3.5 고객 중심의 공급사슬 진화와 근본적인 가정들

모든 기업들이 가진 전략의 중심은 바로 고객이다. 모든 제품의 특징과 장점 그리고 관련된 서비스는 고객에 의해 표출되거나 추정되는 요구사항들을 충족시키기 위해 설계되어진다. 그러나 이러한 요구사항들이 서로 상충될 때도 있다. 예를 들어, 소매점에서 직접 구매 가능한 제품을 사고 싶어하는 수요와 최소한의 생태발자국(ecologicalor or environmental footprint: 인간의 삶에 필요한 자원을 공급하고 폐기물을 처리하는데 필요한 땅과 물의 면적) 영역에서 생산된 친환경 제품을 구매하려는 수요 간에는 큰 차이가 있다.

이러한 경우, 기업은 고객의 선호에 근거한 균형점을 찾을 것이다. 그러나 여기엔 고객 교육과 학습이 무엇보다 중요하며, 그들이 개인적으로 학습하는 과정에서 잘못된 정보를 제공받아 비방을 하거나 실현 불가능한 기대를 하지 않도록 해야 한다.

5.3.6 통제 불가능한 지역으로의 아웃소싱 추세

중국, 동남아 및 그 외의 국가로 외주가 증가함에 따라 해당국가의 기업은 생산방식이나 공급사슬의 생태발자국에 대하여 많은 신경을 쓰지 않고 있다. 최선을 다하고 있는 일부 기업들 조차도 지역적 차이, 언어문제, 다른 중요한 우선순위들, 계약업체들의 은폐 등으로 인하여 완전히 통제하는 것은 불가능하다.

'우리가 볼 수 없다면, 그것은 존재하는 것이 아니다' 라는 잘못된 믿음이 생겨날 수 있다. 예를 들어, 탄소가 발생하는 모든 제조활동은 외주를 주고, 외주 업체들의 환경적인 영향을 감시하는 책임은 무시한 채, 녹색화가 되었다고 주장하는 기업이 있을 수 있다. 이러한 믿음은 분명히 잘못된 것이고, 올바르지 못한 행동임이 분명하다. 그러나 현실에서 일어나고 있는 사실이며 이는 친환경 생산으로 전환하려는 움직임을 제한하고 있다.

5.3.7 변화 관리 그리고 태도와 의식변화의 어려움

다른 변화들처럼 친환경 생산은 변화관리의 문제가 발생한다. 가장 대표적인 변화관리의 문제는 다음과 같다.

- 고위 경영진의 불충분한 리더십과 헌신
- 잘못된 기대와 충분한 계획의 부재
- 조직 내부 그리고 공급사슬 파트너 간의 취약한 협업 능력
- 조직적 타성
- 친환경 생산 성공 사례의 전파 부족
- 친환경 조직에 대한 소비자와 투자자의 무지 및 무보수

5.4 친환경 생산의 핵심 요소

위에서 언급한 많은 어려움에도 불구하고 친환경 생산은 경제적인 보상과 규제 방안 등에 의해 더 깨끗하고 친환경적인 생산활동으로 꾸준히 나아가고 있다. 이러한 과정에 소비자의 주도적인 행동이 핵심 역할을 하고 있다는 것은 말할 필요도 없다.

그러나 친환경 생산을 위한 조직적이고 체계적인 접근은 기대치에 못 미치는 상황이다. 일반적인 변화주기는 수동적이다. 예를 들어, 새로운 기술이 생겨난 후에야 조직은 반응하고, 내부에서 많은 논쟁과 망설임 끝에 이를 채택한다.

대부분의 기업들은 현재의 기술을 이용해 생산활동을 친환경적으로 바꿀 수 있는 방법들을 찾기 위한 상황을 주도적으로 하지는 않을 것이다. 또한 기업들은 최신의 친환경 방식이 분명 혜택이 있음에도 불구하고, 생산방식을 변화시키기 위해 노력하지 않을 것이다.

일반적으로 친환경 생산에 대한 수동적인 접근의 이유가 전체의 친환경 생산을 체계적으로 변화시키기 위해 사용가능한 방법론과 이해의 부족 때문이라고 생각한다. 그림 5.2에 제시된 친환경 생산체계는 하나의 방법론으로 활용가능하다.

그림 5.2 친환경 생산 프레임워크

5.4.1 공급사슬 요소

그림 5.2에서 보는 바와 같이 친환경 생산은 기업 내외부의 다양한 영역에서 이루어진다. 피라미드 가장 아래 부분에서 친환경 공급사슬을 추진하기 위한 요소들을 통해 친환경 생산의 기반이 만들어진다.

■ 공급사슬 파트너와의 협력

앞서 언급한 친환경 생산 프레임워크 관점에서, 전체 공급사슬 내의 파트너들과 협력하고자 하는 노력은 가장 중요한 추진력이 된다. 협력을 하고자 하는 노력 없이는 환경적으로 반응을 하지 않은 채 단순히 다른 회사나 지역으로 생산을 위탁하게 되고 친환경 생산을 위한 노력은 결국 쉽게 실패할 수도 있다.

■ 효율적인 친환경 리더십

효율적인 친환경 리더십이란 여러 회사의 다양한 기업들이 친환경 상품을 만들기 위해 함께 일하는 것처럼, 전체 공급사슬에 걸쳐 이뤄지는 협업의 노력을 완전히 새로운 수준으로 끌어올리는 것을 말한다. 80년대에 등장한 효율적 고객 대응(Efficient Customer Response: ECR) 방법론과 비슷한 이 방법은 설계에서부터 시행에 이르는 시간을 크게 줄여 준다. 이는 친환경 상품을 위한 공동 설계노력, 공동 생산, 공동 마케팅을 하기 위해 여러 단계의 과정을 줄인 결과이다.

이러한 변화 이유는 매우 간단하다. 그림 5.3과 같이 친환경 공급사슬을 추진하는 다양한 요소를 이해하려면 전통적인 공급사슬

그림 5.3 전통적인 공급사슬 협업

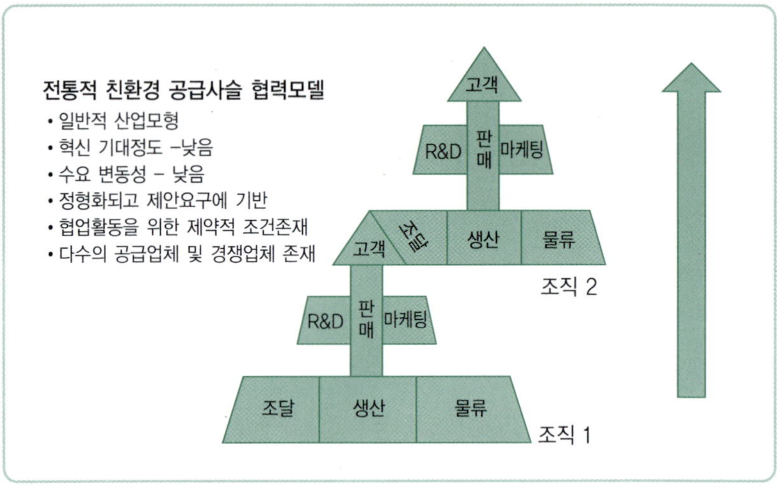

협력모델은 한 기업의 판매직원과 다른 기업(고객)의 조달직원 사이의 의사소통에 의존해야 한다.

이러한 의사소통이 얼마나 효율적이든지 간에 전통적이고 틀에 꽉 잡혀 있는 의사소통 모델에서는 무엇인가 중요한 것을 잃게 된다.

위의 모델과 대조적으로, 효율적인 친환경 리더십 모델은 여러 기업 내의 다양한 계층에서 협력을 유발시키도록 설계된다. 그림 5.4와 같이 각각의 기능적 계층들은 다른 기업에서 자신과 같은 업무를 하는 사람들과 의사소통을 한다. 그들은 똑같은 언어로 이야기하고 협력하기도 더 쉽다.

이러한 접근법은 많은 장점이 있다. 마케팅, R&D, 판매와 같이 고객을 접하는 부서들은 상품의 특징, 포장, 의사소통 메시지, 판매 경로 그리고 고객 전략의 세세한 내용을 다루기 위하여 다양한

그림 5.4 친환경 공급사슬의 협업을 위한 효율적 리더십 모델

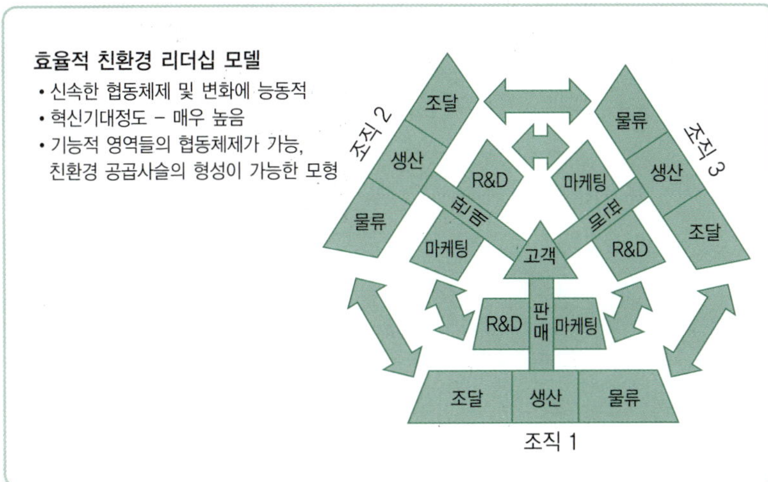

조직과 서로 협력한다.

동시에, 고객을 접하지 않는 조달, 생산, 물류 부서는 서로 협력하여 고객을 접하는 부서들이 가장 환경적으로 그리고 책임 있는 방식으로 제품을 인도해 줄 수 있게 한다.

이러한 시스템에서는 고객에서 최고관리자에 이르기까지 다양한 부분에서 환경적으로 건전한 프로젝트를 위한 계획이 나올 수 있음을 주목해야 한다. 전체 시스템은 이러한 변화를 만드는 데에 전념하기 때문에, 그 결과는 신속하고도 지속가능하며 실제 친환경적인 변화를 가져오게 될 것이다(이러한 모델의 실행은 11장에서 더욱 자세하게 다룰 것이다).

■ 네트워크 재구성

공급사슬 요소들 중 하나는 친환경 네트워크의 새로운 모습을

만들기 위해 전체 공급사슬 네트워크를 새롭게 재구성하는 것이다. 기업들은 전체 네트워크 비용을 줄이는 일이 환경적인 영향을 줄이는 일과 연관될 때, 새로운 친환경 네트워크는 기존 공급사슬 네트워크와 상당히 다르게 보여진다는 것을 알게 될 것이다.

이는 운송횟수를 줄이기 위하여 리드타임을 증가시켜야 하는 것에 대한 고객의 재교육이 가능하거나 가능하다고 예상될 때 특히 그러하다.

■ 수송과 물류의 재편성

수송과 물류의 재편성은 대기오염, 수질오염, 토양오염을 줄이는데 도움이 된다. 6장 친환경 물류에서 이러한 분야에 대해 좀 더 구체적으로 다룰 것이다. 그러나 친환경 생산을 추진하기 위한 전체 공급사슬의 근간을 형성하는데 매우 중요하다는 점을 강조하기 위하여 본 장에서도 언급하였다.

■ 탄소 추적

탄소 추적은 기업의 활동으로 배출된 탄소의 양을 추적하는 활동을 말한다. 기업은 탄소이력을 추적하는 활동을 통해 그들이 생산하고 판매하는 제품의 사회적, 환경적 영향을 측정할 수 있다.

일정량의 오염물질만 배출할 수 있도록 하는 오염예방법은 중앙당국에 의해 채택된다. 기업과 단체들은 탄소배출허가와 탄소배출권(carbon emission credits)을 받으며, 배출허용치까지만 오염물질을 배출할 수 있다.

만일 허용치 이상의 오염물질을 배출하려는 기업이 있다면, 그들은 허용치보다 적게 탄소를 배출한 회사와 배출권한을 거래 또는 교환할 수 있다.

이러한 방법을 통해 환경을 오염시키는 기업은 좀 더 많은 탄소배출권을 사거나 더 많은 돈을 지불해야 하고, 환경을 적게 오염시키는 기업은 탄소배출권을 팔거나 적은 비용을 지불하게 된다.

환경을 보호하는 기업에게는 경제적 인센티브를 주기 위한 운영 방식은 계속 발전하고 있다. 탄소를 거래하기 위한 시장은 매우 빠르게 성장하고 있으며, 탄소는 단일품목으로 지금까지 거래된 무엇보다도 가장 큰 상품이 될 것이다. 또한, 탄소배출권은 지구온난화 문제를 풀 수 있는 해결책을 제시해 주고 있다. 탄소 관리는 10장에서 더 자세히 논의될 것이다.

5.4.2 조직 관점의 요소

조직 관점의 친환경 생산 요소들의 구체적인 예는 다음과 같다.

■ 위기 관리와 평판 관리

대중, 정부, 고객들이 생각하는 조직의 평판을 관리하는 것이 중요하다는 것은 명확한 사실이다. 너불어, 세품의 세조시점뿐 아니라 그 이후에도 발생할 수 있는 잠재적인 책임에 대처하기 위한 위기관리 역시 기업에게 매우 중요하다(예를 들어, 석면에 노출된 퇴직 근로자).

대부분의 기업은 위기관리와 평판 관리를 매우 진지하게 수용하고 있으며, 이러한 목적에 부합한 전문적인 내외부 인사를 채용하고 있다. 그러나 이렇게 채용된 대부분의 직원들은 친환경 공급사슬과 친환경 생산에 무관심하여, 그들이 직면한 많은 위기 및 평판과 관련된 문제에 대해 잘 알지 못한다. 그 때문에, 이사회에서는 그들의 개인적 그리고 공적인 책임을 완화하기 위해 이러한 관점의 의제 선정을 늘리고 있다.

■ 제품책임주의

제품책임주의는 제품의 설계에서부터 생산까지 책임 있는 기업들이 환경적 영향을 줄이고 폐기과정까지 책임을 갖고록 하는 친환경 경영기법이다. 예를 들어, 생산자는 제품의 재활용과 폐기에 관한 계획을 세워야 한다.

그러므로 이러한 경영기법은 관련 당사자들이 생산과정에서 독성물질을 가능한 적게 사용하고 폐기물을 적게 배출하도록 하여 제품이 수명을 다했을 때 유해 효과와 환경의 부당성을 줄여 준다.

그림 5.5 상품 관리

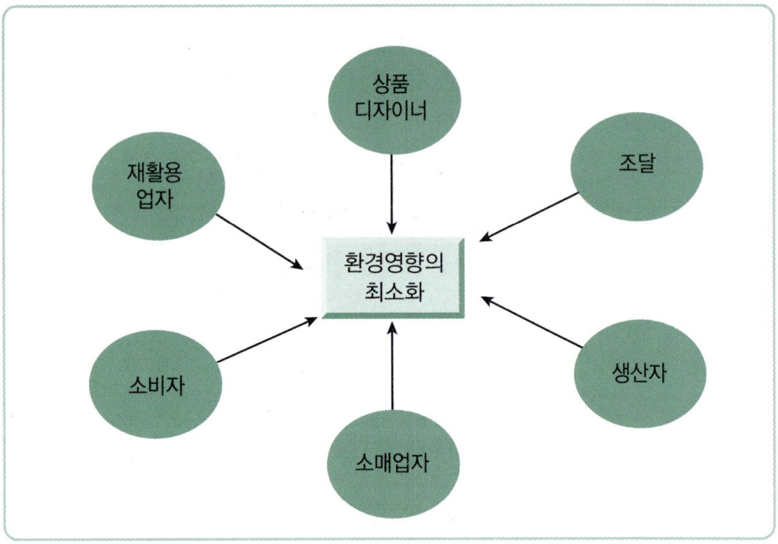

그러므로 제품책임주의는 제품 설계에서부터 수명이 다 할 때까지 발생하는 총비용을 이해할 수 있는 근간을 제공한다.

제품책임주의와 관련된 활동은 1990년 초부터 진행되었고, 환경관리의 실행에 있어서 환경적인 영향을 최소화하는 책임은 전체 공급사슬에서 환경악화에 영향을 주는 공정이 있거나 공급사슬에서 그렇게 할 능력을 가진 기업에게 책임이 주어진다.

이는 특히 상품을 직접 생산하지 않더라도, 대형 소매업자들은 전체의 공급사슬의 환경적 영향을 최소화하는데 상당한 책임을 가져야 한다는 것을 의미한다(그림 5.5 참조). 실제로 대부분의 대규모 소매업자들은 이미 이러한 상황을 이해하고 있으며 사회적 책임을 다하기 위한 기업시민이 되기 위한 조치를 취하고 있다.

이러한 환경관리방식에 있어서, 제품수명에 관련된 모든 사람들은 환경에 미치는 영향을 최소화할 책임이 있다. 설계, 조달, 생산을 담당하는 제조업체, 수요 측면에 있는 소매업자, 소비자 또는 재활용업자가 모두 포함된다.

폐유 재활용 사례를 살펴보자. 소비자들은 그들의 자동차에서 나온 폐유를 지역단체에서 운영하는 폐유시설로 가져간다. 이 곳에서 모인 폐유는 재가공하여 다른 용도로 사용된다. 무책임한 방법으로 폐유를 처리하는 것은 토지와 물 그리고 기간시설들을 오염시키기 때문에 차량이나 기계에서 나오는 폐유는 회수되고, 정제하여, 난방연료 및 유압시설에 사용된다. 컨테이너 및 용기에 대한 보증금 제도는 또 다른 예이다. 사람들은 용기에 들어가는 물품에 대한 비용과는 별도로 보증금을 지불한다. 만약 소비자가 용기를 반납하면, 최초에 지불된 보증금은 되돌려 준다. 반납되지 않고 지불된 보증금은 차후에 쓰레기 관리 및 처리를 위해 유지된다.

제품책임주의는 단지 폐기물이 환경에 미치는 영향만을 말하는 것이 아니라 공급사슬 전체를 통해 환경에 미치는 영향을 의미한다. 이렇듯, 제품책임주의는 공급사슬 내의 모든 참여자들이 자원을 관리하고 환경에 대한 노력을 하도록 만들어 준다. 보호와 절약의 책임은 공공부문 또는 생산자에게 부여될 뿐만 아니라 판매자 그리고 사용자 등 모든 이에게 부여된다.

제품책임주의의 성공은 표 5.1에 제시된 원칙에 달려 있다.

표 5.1 **제품 책임주의의 원칙**

원리(원칙)	세부 내용
책임	모든 사람들은 제품의 환경적 영향에 책임이 있다. *정부*: 재활용이나 폐기를 돕기 위해 사회 기반 시설을 제공하여야 한다. 그리고 제품 책임주의를 홍보해야 한다. *제조업*: 제품 생산에 사용된 자원을 보존하고, 독성이 적거나, 쉽게 재가공 또는 재활용이 가능한 자원을 사용해야 한다. *소매상*: 환경친화적인 제품을 생산하는 생산자의 제품을 선택하라. 그리고 재활용이나 제품 재가공을 위해 소비자들이 사용된 제품을 반납하도록 권장하라. *소비자*: 환경적으로 안전하고 재활용된 제품을 선택하라.
통합적이고 투명한 비용	재활용이나 폐기비용은 총비용의 일부분이다. 그러므로 제조업자에서부터 소비자에 이르기까지 비용 절감의 혜택을 받을 것이다.
관리 지원	관리는 환경적인 영향을 줄이는 상품을 생산하기 위한 계획을 지원해야 한다; 친환경적인 제품은 에너지나 원자재와 같은 자원을 적게 사용하며 낭비를 줄인다.
정부 지원	정부는 제품 책임주의를 위해 인센티브를 부여하여야 한다. 환경적으로 안전한 구매와 사용, 재활용 및 폐기와 관련하여 올바른 결정을 내리기 위해 필요한 정보를 제공하라.

■ 내외부 간의 의사소통

내부적으로는 기업 안에서 그리고 외부적으로는 공급사슬의 모든 참여자들 간의 원활한 의사소통은 친환경 생산 프로세스의 성공을 좌우하는 핵심요소이다.

모든 참여자들은 친환경 목표를 달성하고, 규제의 조건들을 충족시키기 위해 하나의 팀처럼 움직여야 한다.

모든 사람들이 기여한다면 현재와 미래의 사람들에게 혜택이 돌아갈 것이다. 비록 이는 명백한 결론이지만, 친환경의 도입으로 발생하는 근본적인 문제점들은 의사소통의 부족에서 발생한다. 이는 기업 내부 또는 외부의 주요 이해관계자들 사이에서 발생하는 형식상의 문제이거나 내용상의 문제이기도 하다.

미디어 관련부서로부터 나오는 그럴 듯한 의견들은 고객들로 하여금 그린워싱을 한다는 혐의를 받을 것이기 때문에, 아마도 의사소통과 관련한 문제를 야기시키는 최악의 주범이 될 수 있다. 의사소통에 있어서 일관되고, 통합적이며 전략적인 접근은 효과적인 결과물을 얻는데 필수적이다.

■ 인센티브 조정

친환경 공급사슬과 친환경 생산을 도입하는 데 있어서 빈번히 언급되는 장애물 중 하나는 인센티브의 부여에서 발생되는 문제이다. 그러므로 기업 내에서 그리고 공급사슬 내에서 인센티브를 조정하기 위해 더 철저하고 신중한 접근을 해야 한다. 인센티브는 변화를 위한 자극을 만들고 유지하기 위해 사용되어야 한다. 이와 관련된 구체적인 내용은 11장에서 다룰 것이다.

5.4.3 생산과 관련된 요소들

본 장에서는 생산과 직접적으로 관련이 있는 문제들을 다룰 것이다. 구체적인 예들은 다음과 같다.

■ 제조 능률

특히 생산 관련 사람들에게 제조 능률이란 친환경 생산을 이끄는 가장 중요한 요소이다. 이는 최소한의 자원으로 최소의 폐기물을 만들면서, 최대의 산출물을 만드는 것을 의미한다.

기술적 혁신, 프로세스 리엔지니어링, 체계적 검토, 실행태도 모두 이러한 노력에 있어 중요한 역할을 한다.

■ 낭비 감소

낭비는 대부분의 소비자에게서 보여지는 것 이상으로 환경에 큰 영향을 미친다는 것은 분명하다. 표 5.2는 낭비가 환경에 미치는 주요 영향들이다.

원자재의 낭비는 웰빙이나 삶의 질 향상과는 거리가 먼 자원을 과다 사용하게 됨으로 발생한다. 토지공간의 낭비는 인간이 사용할 공간이나, 공원용지 또는 거주지로 사용될 공간을 감소시켜 실제로 인류의 삶의 질을 떨어뜨리는 결과를 초래한다.

친환경 생산을 이룰 수 있는 주요 수단 중 하나는 원자재나 토지 공간의 낭비를 줄이는 것이다. 우리는 낭비를 줄이기 위해 모델의 다음 단계인 프로세스 요소들에서 린(Lean) 생산방식과 다른 방법들에 대해 논의할 것이다.

표 5.2 낭비의 환경적 영향

환경적 영향 관련 자재	환경적 영향 관련 공간
초과 생산 • 추가적인 원자재와 불필요한 에너지 사용 • 더 많은 낭비와 폐기 활동을 초래하는 상품 노후화 및 부패 • 추가 방출, 낭비, 폐기, 작업자의 노출	초과 생산 • 초과 제품을 저장하기 위해 필요한 추가적인 공간 • 냉난방 및 조명을 위한 추가적인 필수요소
결함과 손상 • 결함 및 손상이 있는 상품을 생산할 때 소비하는 물질 및 에너지 • 결함 및 손상이 있는 제품의 재활용 • 재작업 및 수리를 위한 추가적인 공간 확보	결함과 손상 • 재작업 및 수리를 위한 추가적인 공간 • 결함 상품 저장을 위한 공간 및 에너지
과잉 또는 오래된 재고 • 저장된 재공품(WIP)의 품질 저하 및 손상으로 인한 낭비 • 손상된 재공품을 대체하기 위해 더 많이 필요한 자재 • 냉난방 및 조명시설에 더 많이 사용되는 에너지 • 오래된 재공품으로 인한 더 많은 낭비	과잉 및 오래된 재고 • 재공품을 저장하기 위한 추가적인 공간 및 포장
운송 • 운송을 하는 동안 구성품들을 보호하기 위해 사용되는 추가적인 포장 • 위험물질을 운송하기 위해 필요한 특별 출하 및 포장	운송 • 운송중 손상 및 유출 • 차량의 배기가스 방출

■ 포장(패키징)

이 책의 7장에서 별도로 “친환경 포장”과 관련한 내용을 다루고 있지만, 포장이 대부분의 기업에서 사람을 고용하기 힘든 분야라는 현실적인 문제로 인하여 이번 장에서도 다룬다. 이는 포장과 관련하여 책임이 필요한 복수의 기능들, 예를 들어 마케팅 및 디자인과 관련된 연구 개발, 주문을 위한 조달, 포장을 사용하기 위한 제조 등이 존재하기 때문이다. 그렇다면, 전체 조직 내에서 누가 포장의 환경적 영향을 최소화해야 하는 책임을 갖는가?

우리는 많은 조직에 이러한 질문을 해 왔으나, 그에 대한 대답은 거의 항상 공동 책임을 묻고, 현재 진행되고 있는 모든 것에 대해 효과적인 방법이 없다고 생각하는 등 매우 혼란스러운 대답들뿐이였다.

그러나 생산은 리더십을 발휘하고 실용적인 관점에서 포장이 환경적으로 온전하다는 것을 확신시켜 주는 가장 적절한 위치이다. 쉬운 예로, 많은 기업들은 포장을 생산의 일부분으로 간주하고 있다. 그러므로 생산부분이 포장을 최적화해야 하고, 재사용가능한 포장 또는 자원의 낭비를 최소화하는 포장을 사용해야 한다.

5.4.4 프로세스 요소들

친환경 생산공정은 비용과 품질에 영향을 주는 환경에 대한 영향력을 최소화하기 위한 방법으로 설계되고 있다. 이러한 공정들은 에너지와 자재를 더 적게 사용하고, 부산물을 줄이거나 제거하며, 깨끗한 공정 기술들을 사용하고 제품의 수명주기를 연장하는데 도움을 준다.

친환경 생산을 위한 프로세스 요소는 두 가지의 핵심 영역으로 분류될 수 있다: Lean(낭비 감소)와 6시그마(분산의 감소를 통한 품질의 통제).

이러한 두 가지 프로세스 요소의 목적 및 결과들 중 일부는 실제로 친환경적인 특성과 관련이 없지만, 그럼에도 불구하고 우리는 모든 조직의 운영자들이 친환경 생산활동에 활용할 수 있는 유용한 프로세스 요소라고 믿는다.

그 이유는 매우 많다. 특히 린(Lean)과 6시그마 둘 다 폭넓게 알려져 있으며 많이 사용되고 있다. 또한 많은 실행자들과 사상가들이 이미 오랜시간 동안 방법론을 개발하고 조정하는데 오랜시간을 보내왔기 때문이다. 따라서 제대로 적용되기만 한다면, 좋은 결과를 얻을 수 있을 것이다.

■ 린(Lean) 생산

짧게 "린"이라고 알려진 린 생산방식은 비용을 줄이고, 친환경적인 부분과 질적인 부분을 개선하며, 수익을 향상시키는 경쟁적인 방식이다. 린 생산은 생산의 모든 영역에서 발생하는 낭비의 제거를 목표로 한다. 여기서 소비자에게 가치를 주지 못하는 모든 지출은 낭비이며, 이는 제거되어야만 한다. 이는 고객 관리, 제품 디자인, 공급망과 같은 다양한 공정에서부터 공장을 관리하는 활동까지를 모두 포함한다. 린 생산의 목표는 제품 생산에 있어 적은 인력, 재고, 시간과 작은 공간을 활용하여 고객 수요에 잘 대응하고 최대한 효율적이고 환경적이며 경제적인 방식으로 최고 품질의 제품을 생산하는 것이다.

린 생산은 친환경 생산의 공정의 목표 및 원동력과 일맥상통하

그림 5.6 린과 친환경

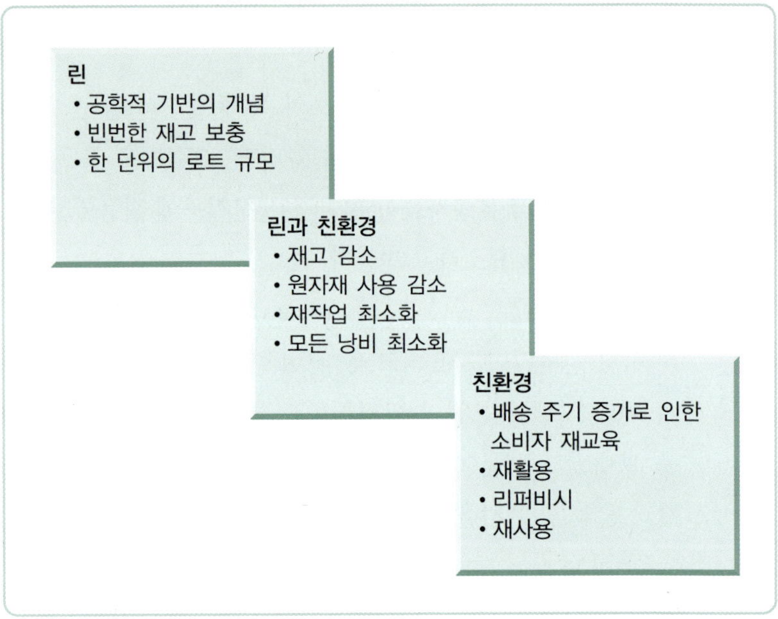

는 부분이 있기 때문에 밀접한 관계가 형성된다. 그림 5.6을 보면, 실제로 린 공급사슬이라는 개념을 도입하기 위한 전략은 또한 환경친화적인 공급사슬을 채택하고, 발전시키는데 활용될 수 있다.

우리가 린과 관련된 내용을 자세히 다루기 이전에 주의해야 할 것이 있다.

린의 역사는 1930년 미국의 W.Edwards Deming에서 찾아볼 수 있다. 그러나 공정을 변화시키고 개선시키기 위한 그의 원칙 및 방법은 그 당시 미국에서 사용되지 않았다. Deming은 그의 아이디어를 1950년대 초에 일본의 토요타에 적용하여 토요타 생산시스템(Toyota Production System: TPS)으로 발전시켰다. 이것은

4개의 명확하고 절대적인 규칙들을 통해 가치를 추가하지 않는 요소들에 초점을 두었다.

- 사람들이 어떻게 일하는가?: 모든 일은 내용, 순서, 타이밍 및 결과에 관해서 상세히 명시될 것이다.
- 사람들이 어떻게 연결되는가?: 모든 공급자 및 소비자들의 연결은 명백하고 직접적인 의사소통을 통해 이루어져야 한다.
- 생산 라인은 어떻게 구성되는가?: 모든 작업 경로는 단순하고 직접적이어야 한다.
- 어떻게 개선하는가?: 개선은 과거 학교에서 배웠던 가장 쉽고 기본적인 과학적 방법을 사용한다.

하지만, 실제로 "린"이라는 용어는 1990년대 토요타 생산시스템의 서구화된 재포장을 의미하는 것이며, James P.Womack, Daniel T.Jones and Daniel Roos이 일본 자동차 산업의 성공을 다룬 "*The Machine that Changed the World*"이라는 책에서 소개되었다.

린은 다양하게 정의되는데, 간단한 예시들은 다음과 같다.

- "무지방"
- "낭비의 제거"
- "적은 것으로 더 많은 것을 하기"
- "열심히만 일하지 말고 스마트하게 일하라"(목표는 수요를 충족시키는 것과 자원의 사용을 줄이는 것이기 때문).
- "멈추지 말고 진행하라."

- "가치를 더하라"(추가되는 공정 중 가치가 없는 것을 간소화함으로써).
- "생각하는 사람들을 만들어 내기 위한 시스템"

Daniel T. Jones은 최근에 린을 다음과 같이 정의하고 있다:

"린은 수요를 충족시키는 동시에 공급사슬 전반에 걸쳐 꾸준한 리듬을 유지하는 것이다; 재고의 적정량을 유지시킴으로써 공급 방해요인과 수요의 변동요인으로부터 보호받는다. 적게 그리고 자주는 올바른 생각이다."

(출처: Daniel T.Jones, 2007. 2. 13, 전자우편)

린은 자동차 산업에서부터 화학 산업에 이르기까지 다양한 산업의 공급사슬을 능률적으로 하는 데 매우 유용이다. 아래에 제시된 사항은 다양한 제조산업에서 보고된 내용들이다.

증가:

- 생산성 57%
- 생산 능력 45% 이상

감소:

- 리드 타임 87%
- 준비 시간 54%
- 필요 면적 67%
- 공급사슬 비용 38%

앞서 언급한 린의 장점 이외에 다른 장점은 소위 “중국 효과”라 불리는 것이다. 중국은 세계의 여러 국가로부터 많은 제조 기술을 도입하고 있다. 글로벌 공급사슬은 일부 국가에서 처음 도입되었고, 실제로 사용되었다.

일부 기업들에게는 당혹스럽고 실망스러웠겠지만, 2000년대 후반에 들어서면서 판매 및 재고에서 점진적이고 완만한 증가는 모든 산업에서 일어났고, 그 이후에는 불황과 호황을 반복하였다.

왜일까?

많은 경영자들은 린 방법론을 도구로서만 사용하는 잘못된 방식에 머물러 있어, 글로벌화와 재고관리 간의 연관성을 만들어 내지 못하였고, 글로벌화로 커져만 가는 공급망이 수용할 수 없는 위험들을 야기했다는 것이 한편의 시각이다.

그러나 지금 할 수 있는 것 그리고 일부 기업들이 하고 있는 것은 환경적인 목표에 맞게 린 방식을 적용하는 것이다. 이는 우리가 린 방식을 신속한 해결책을 주는 방법을 주는 도구로만 봐서는 안 된다는 것을 의미한다. 이는 다음과 같이 표현되기도 한다.

“많은 경영진들은 내포된 원리에 집중하지 않고, 외적인 도구로 사용하기 때문에 성공하지 못한다. 그들은 도구를 원한다. 그러나 도구 뒤에 내포된 생각은 아니다.”

그러므로 이를 적용하고자 하는 회사들은 스스로에 맞춰서 그 원리를 적용해야 하지, 도구들을 맹목적으로 따라 하거나 단순히 도구로 사용해서는 안 된다. 우리는 린 방식에 내포된 중요한 개념을 무시해서는 안 되며, 우리의 기존 생각을 변화시켜야 한다. 아마 어렵겠지만 이는 핵심적인 사항이다.

그러므로 각 기업들은 자신의 생산 공정에 적용할 수 있는 세부

내용을 어떻게 수행할 것인지 곰곰히 생각해야만 할 것이다. 본질적으로 린 방식은 기본적으로 줄여야 할 7가지의 낭비들을 포함하고 있다.

- *재고* : 대기재고와 과잉재고
- *이동* : 불필요한 인력과 설비의 이동, 열악한 환경, 불필요한 상품이동
- *시간* : 대기, 유휴인력, 설비
- *부적절한 공정* : 가치 없는 활동(저장, 공정에서의 많은 단계)
- *결함/재공정* : 잦은 에러
- *과잉 생산* : 무엇보다도 나쁜 것은 과잉생산이 위의 모든 낭비 요인이 있다는 점이다.
- *지적 능력* : 사고하지 않고, 크로스 트레이닝을 하지 않음

가장 먼저 낭비를 인식한 후, 낭비의 근본 원인을 인식하고 낭비를 줄일 수 있는 방법을 개발한다는 점에서 지속가능하고 시스템적인 사고는 지지를 받는다. 자원 절감에 전념하고 지속가능한 시스템적인 사고에 집중하는 기업들은 성과를 거두고 있으며 앞으로도 상당한 재정적, 환경적 성과를 거들 것이다.

■ 적시납품 방식(Just in time)

린 원리의 핵심 요인은 Just-in time(적시납품 방식)의 재고관리 전략이며, 이는 그 자체만으로도 언급할 가치가 있다. JIT는 재고를 줄이는 것에 초점을 맞추며, 원자재와 에너지, 공간을 절약한다.

친환경생산의 일부로서 JIT는 다음의 이점이 있다(그림 5.7 참조).

그림 5.7 적시납품 방식의 장점

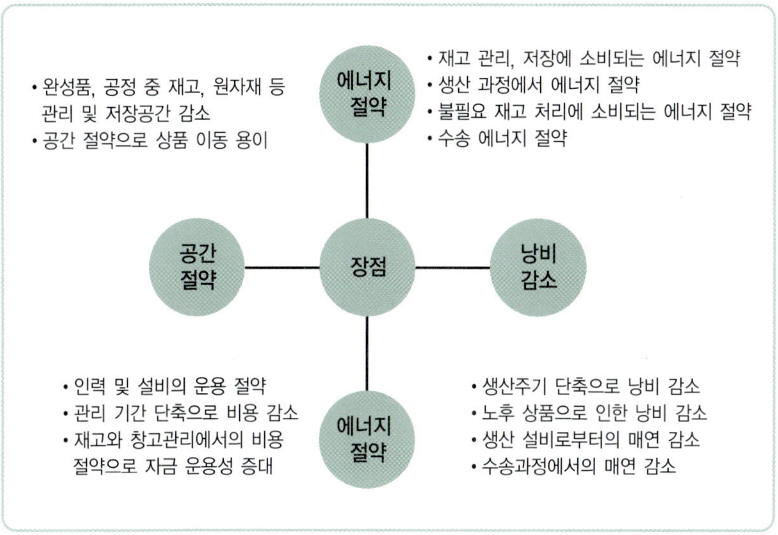

JIT의 이점을 충분히 얻기 위해서는 기업 내/외부 커뮤니케이션이 매우 효율적이어야 한다. 기업 내적으로 생산공정 모든 곳에서 발생하는 일에 대해서 알아야만 한다. 이를 통해 추가적인 재주문에 맞춰 정확한 재고가 정확한 시간에 정확한 공정에 가용하도록 해야 한다.

외적으로는 판매자와 원활한 의사소통이 필요하며, 이를 통해 적시에 상품 수요를 충족시킬 수 있다.

6시그마(six sigma)

6시그마는 매우 인기 있는 경영 방법이다. 이 방법은 주로 생산공정에서 결함을 제거함으로써 친환경 생산에 도움이 되며 낭비를 줄일 수 있다. 좀 더 많은 관심과 관리를 통해 공정에서 발생가능한 소소한 결함이 조기에 확인된다. 이를 통해 결함, 재작업, 결함부품에 소비되는 시간을 줄여서 낭비의 절감이 가능하게 된다.

비록 이 방법은 생산 공정의 결함을 제거하기 위해 개발되었지만, 현재는 다양한 산업 프로세스에서도 적용되고 있다. 6시그마 프로젝트는 기업 내의 많은 사람들이 6시그마 방법에 전문가가 되도록 훈련시키기 위한 통계자료의 활용을 포함한다. 이러한 6시그마 전문가들은 6시그마 프로젝트를 수행의 전문성에 따라 블랙벨트, 옐로우 벨트, 그린벨트로 지정된다.

6시그마 프로젝트는 더 많은 재무적 성과를 위해 정량화된 재정목표를 설정하며, 동시에 고객을 만족시키고, 효율을 개선한다. 그들은 고객요구사항, 에러 제거, 사이클 타임 절감 그리고 비용 절감에 초점을 맞춘다. 그러므로 상품이나 제공된 서비스의 결함이나 실수를 줄이는 것은 사업의 수익에 직접적인 영향을 미친다. 6시그마 프로젝트는 기업이 재작업이나 폐리를 통해 결함을 고치는데 필요한 상당한 양의 자원낭비를 없애는데 목표를 두고 있다.

■ 6시그마 방법론

DMAIC와 DMADV는 6시그마의 핵심적인 방법론이다. 여기에는 많은 유사성이 있으며 반면에 차이점도 있다.

- DMAIV – 기업 내 현재의 공정을 개선하기 위해 사용
- DMADV – 새로운 상품과 공정 설계를 만들기 위해 사용

■ DMAIC

DMAIC 방법은 전 세계의 기업들에게 매우 인기가 있다. 그것이 실행되는 방법에 따라 다양한 결과가 발생한다. 일부 회의론자은 최초 예상했던 것만큼 성공적이지 않다고 주장하지만, 성공하지 못하는 주요 원인은 거의 대부분 방법론을 부적절하게 적용해서라고 판단된다.

DMAIC는 표 5.3과 같이 5가지 단계로 구성된다.

6시그마는 지속적으로 개선하는 과정이다. 개선주기가 한 번 이루어지고 지속적으로 개선이 거의 없으면 추가적인 개선가능성이 있는지 확인하라(그림 5.8 참조).

표 5.3 DMAIC 5단계

정의	고객의 요구사항과 사업 전략을 고려하는 공정개선을 목표로 한다.
측정	현재의 공정과 시스템을 측정하고, 공정에 영향을 미치는 요인들을 결정하기 위하여 관련 데이터를 수집하며, 결함과 에러들이 줄거나 제거될 수 있는지를 판단하기 위한 기준치를 만든다.
분석	결함과 에러를 결정하기 위해 수집된 데이터, 원인 그리고 영향을 분석한다. 현재의 상황과 원하는 수준 간의 차이를 줄일 수 있는 방법을 찾기 위하여 데이터를 분석한다.
개선	공정과 시스템을 개선하고 최적화하여 결함이 줄어들고 제거되도록 하며, 공정이 간소화되도록 한다. 이를 위해서 실험설계, 다구찌(Taguchi) 방법 등 다양한 기술적 방법이 있다.
통제	통제 메카니즘은 지속적으로 공정을 관찰하기 위해 실행되도록 한다. 이를 통해 최고의 수행능력이 유지하고 지속적으로 공정이 개선되도록 해야 한다.

그림 5.8 DMAIC 프로세스

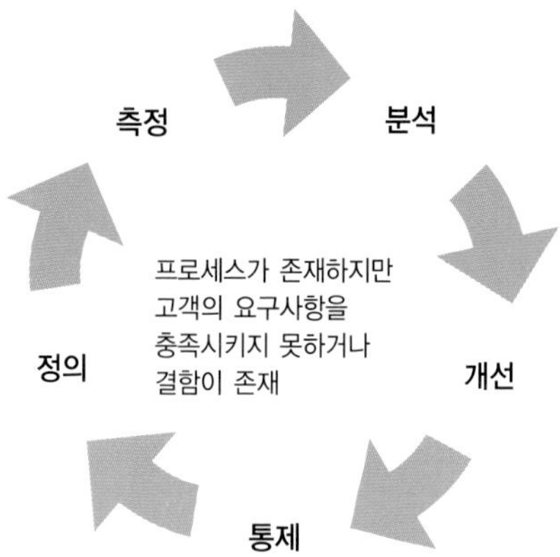

■ DMADV

DMADV는 DFSS(Design for Six Sigma)로도 알려져 있으며 표 5.4와 같이 5단계로 구성된다.

DMAIC은 현재 공정이 고객의 요구사항을 충족시키지 못할 때 또는 많은 결함이 있을 때 사용되어야 한다. 반면, DMADV는 현재 공정이 존재하지 않거나 최적화된 공정이 고객의 요구사항을 충족시키지 못할 때, 또는 그 공정이 6시그마 수준보다 많은 결함을 가지고 있을 때 사용되어야 한다(그림 5.9 참조).

이상으로 친환경 생산 공정에서 6시그마의 역할과 환경을 고려하는 생산의 중요성 설명하기 위해 간단히 6시그마의 요소들을 살펴보았다. 이러한 요소들은 기업이 환경에 관련된 목표를 쉽게 달성하기 위해 적용될 수 있을 것이다. 그러나 6시그마 자체를 좀 더 구체적으로 알기 위해서는 이를 전문적으로 다룬 다양한 책들을 참고해야 할 것이다.

표 5.4 DMADV 5단계

정의	고객의 요구사항과 사업 전략을 고려하는 새로운 공정을 목표로 한다.
측정	고객 요구, 품질 특정, 제품능력, 생산공정능력, 관련 리스크에 중요한 특징을 확인한다.
분석	이 단계에서는 결함을 줄일 수 있는 다양한 설계 대안이 개발되고 좋은 설계를 위한 설계 옵션이 개발되어, 그 중 최선의 옵션이 선택된다.
세부설계	최고의 성능을 위해 최적화된 설계가 도출되며, 다양한 시뮬레이션 기술들이 사용되고, 설계 검증을 위한 계획이 수립된다.
입증	분석과 시험 후 설계는 시제품을 통해 검증된다. 일단 검증기준이 충족되면 그 공정은 실행되고 공정 담당자에게 넘겨진다.

그림 5.9 DMADV 프로세스

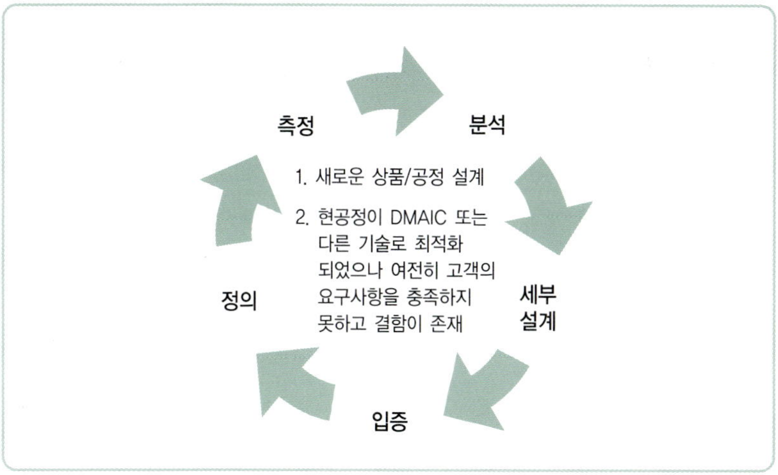

5.4.5 상품 요소

상품에 관련된 요소들은 친환경 생산 노력을 위한 이유로 피라미드의 정점에 해당된다. 그러나 이는 또한 전체의 퍼즐 중 가장 간단한 부분이기도 하다. 만약 친환경 생산 피라미드에서 상품요소 이외의 모든 것들이 적절하게 언급되었다면, 다음의 두 가지 중요한 고려사항들이 남게 된다.

1. 상품의 수명이 다했을 때 고객/소비자에 의해 쉽게 재활용 또는 재사용될 수 있는 방법으로 만들어졌는지 확인하라.
2. 배송 과정에서 손상되지 않으며, 낭비를 최소화할 수 있도록 포장하라.

친환경 상품은 수명이 다했을 때 최대한 재사용, 재활용될 수 있는 방법으로 설계되어진다. 분해를 고려한 설계 방식에서 가장 중요한 원칙은 제품이 가치를 다한 뒤에, 어떠한 제품 또는 부품이 재사용, 재활용, 재생산될 수 있어야 한다는 점이다. 그러므로 생산되는 모든 것들은 수명주기 종료시점에 환경적으로 안전하게 처리할 수 있는 계획이 있어야 한다. 만약 그런 계획이 없다면 그 상품은 애초에 생산되지 않아야 한다.

■ 요약하면;

- 친환경 생산은 제품, 서비스, 공정 혁신, 통합, 개선을 장려한다.
- 친환경 생산에서는 공정을 간소화할 수 있는 기회가 있으며,

효율을 개선하고 상품과 서비스를 차별화할 수 있는 기회가 있다. 또한 기업의 이미지를 개선할 수도 있다.

- 기존 생산 구조에서 친환경 생산을 위한 구조로 전환하기 위한 최초 비용은 친환경 생산으로 인한 이득으로 상쇄될 수 있다.

CHAPTER 06

친환경 물류

(Green Logistics)

친환경 물류에 대해 토론하기 이전에 친환경 공급사슬과 친환경 물류를 분명히 구별짓는 것은 중요하다. 우리가 오늘날에 공급사슬의 원리를 이해해 온지 25년이나 지났지만, 여전히 물류와 공급사슬을 같은 뜻으로 오해하고 있기 때문이다. 이러한 오해는 특히 최고경영자, 재무담당자, 임원 등 고위 계층에 빈번하게 발생하고 있으며, 그들은 공급사슬을 흔히 조달이나 물류와 같은 것으로 이해하고 있다. 조달과 물류 두 개념 모두 공급사슬의 하위 개념인 반면, 조달과 물류 자체는 복잡한 공급사슬을 연결하는 역할을 담당한다.

두 사람 중 한 사람은 위 용어에 대해 제대로 알고 있더라도, 다른 한 사람은 같은 개념을 다르게 이해하고 있다면, 공급사슬과 물류와의 차이점에 대한 혼란스러움은 여전히 존재하게 된다. 한 예로 영국에서 물류라는 용어는 초기에는 공급사슬 전체를 포함하는 의미로 사용되었으나, 1990년대는 수송이나 창고관리/저장을 위한 새로운 용어로서 사용되기 시작하였다.

물류라는 용어는 이전에 어떤 사람들에 의해서는 '분배'의 의미로 불리었으며, 이는 정확한 비용으로, 정확한 시점에, 정확한 장소로, 정확한 상품이 배송되는 것으로 이해되었다. 이는 "분배의 정확성"을 의미하는 것으로, 다시 말해 분배가 가져야 할 목표를 표현하는 것으로, 분배는 창고관리와 수송이 결합된 의미를 포함한다.

그뿐만 아니라, 일부 사람들은 물류를 회사 내부 프로세스를 묘사하는 용어로 사용하고, 공급사슬이라는 용어는 외부 공급자 및 고객과 거래관계를 설명하는 용어로 사용하고 있다. 더욱 혼란스러운 점은 어떤 사람들은 회사 내부 물류 프로세스를 내부 공급사슬이라 부른다는 사실이다.

물류는 오늘날 공급사슬을 통해 상품 이동을 관리하는 영역으로 흔히 사용된다. 따라서 물류는 많은 양의 온실가스를 배출하기 때문에, 환경에 영향을 주는 핵심요인 중 하나이다. 수송과 창고관리 산업은 물류의 핵심이므로, 친환경 물류 개발의 대부분은 수송, 창고관리 활동에서 환경에 미치는 영향을 줄이는 방향으로 진행되고 있다.

친환경 물류는 친환경 공급사슬의 모든 요소들 가운데 상대적으로 많은 관심을 가지게 된다. 환경규제기관은 1950년대 이후 스모그현상과 그로 인한 인류 건강에 미치는 파급효과가 점차 증가하는 것에 대해 관심을 보이면서 배출권 통제에 집중하고 있는 상황이다. 한 예로 영국에서 처음에는 석탄을 이용하고 있는 화력발전소를 대체하기 위한 수단으로 클린 스모크(Clean Smoke) 캠페인을 시작하였으나, 최근에는 지구온난화에 대한 인식이 고조되면서 자동차 매연 배출로 확대되고 있다.

항공 화물산업에 배출통제방침 개발 및 적용은 친환경으로의 이동을 위한 핵심으로 친환경 물류를 두고 있음을 의미하며, 제품이나 사람의 이동에 필요한 친환경 에너지를 만들기 위해 신기술이 지속적으로 발굴되고 있으며, 기존 기술을 지키려는 강력한 로비가 분명히 자리잡고 있지만, 새로운 기술 개발은 서서히 진행되고 있다.

본 장에서 우리는 매연 배출을 낮추는 차량 엔진 기술에 대해서 깊이 있게 다루지는 않을 것이다. 필요로 하는 기술들을 포함한 물류의 친환경성을 위한 종합적인 프레임워크를 작성하기에 앞서, 친환경 물류의 추진 요인, 주요 혜택 및 도전 과제에 대해 살펴볼 것이다. 새로운 기술은 분명히 훨씬 더 나은 결과를 낳을 것이지만, 기업은 신기술이 개발될 때까지 기다릴 필요가 없다. 단순히 신기술을 기다리고 있는 것은 시간을 낭비하고 있는 것이다. 항상 승자는 게으름뱅이보다 먼저 시작할 것이다.

6.1 친환경 물류의 추진요인

다음은 친환경 물류의 주요 추진요인이다.

- 기업이 고객에게 친환경 물류 서비스를 제공해야 한다는 압력을 받고 있다. 앞에서 논의되었던 바와 같이 트럭, 선박, 열

차 및 항공기 등 운송 수단에서 발생되는 매연 배출이 대부분의 도심지역 공기 오염 문제에 큰 영향을 끼치고 있다. 현재 전 세계적으로 작업 시간과 비례하여 작성된 오염물질 배출 표준이 있다. 고객, 정부, 산업 고객, 비정부단체 및 다양한 분야의 많은 이해관계자들은 지속적으로 친환경 물류에 대한 강한 압박을 요구하고 있다.

- 모든 기업은 환경법규를 불이행할수록 높은 비용을 피할 수 없다. 정부 당국 또한 시민 사회의 인식을 토대로 오염물질 배출기준을 강화하고 있으며, 이를 어길 시 엄격한 비용을 부과하고 있다. 주요 대중매체들은 연일 앞다투어 평범한 시민들이 강력한 힘을 가진 산업계의 로비, 정부의 무관심 및 부패에 대응하기 위해 조직을 형성하여 고취한 인식을 행동으로 촉진하고 있는 사례를 보도하고 있다.
- 운송은 온실가스를 배출시키는 가장 큰 원인 중 하나로 여겨진다. 그러므로 친환경 공급사슬을 위해서 물류는 매우 중요한 활동이며, 이는 친환경 물류라는 커다란 열망과 결합되어지고 있으며, 친환경 물류에 대한 이해를 높이기 위해 다양한 방법론들이 개발, 테스트, 재정의되고 있다. 또한, 실험과 학습, 자원 충당, 변화를 받아들이려는 의지가 친환경 물류로 이동하려는 커다란 움직임을 창조하고 있다.
- 정부는 다양한 프로그램을 통해 오염물질 배출 저감과 에너지 효율성 개선을 위해 재정적인 보상을 제공하고 있다. 기업들은 배출되는 오염물질 저감뿐 아니라, 동시에 기업의 지속적인 미래 이익을 위해서 내외부적인 효율을 달성하는데 정부의 보상프로그램을 이용하고 있다. 다시 말하면, 정부는 친

환경 물류를 위해 필요한 활동들을 만들기 위한 부채탕감, 조세 이익 및 보조금과 같은 적합한 동기부여 방법을 이용하고 있으며, 이러한 보상은 종종 친환경 물류로 향하는 지름길을 만드는데 충분하다.

- 연료 가격의 심한 변동성은 비즈니스의 전반적인 비용 구조에서 연료가격의 영향을 최소화하는 보상을 이끌어 낸다. 이로써 친환경 물류로의 이동이 더욱 훌륭히 달성될 수 있으며, 더욱이 화석연료의 사용을 막는 정책들이 운송 산업에서 큰 영향을 주고 있다.
- 친환경 단체 결성, 역방향 물류를 실행하고자 하는 정부의 의지, 효율적이고 안전하며, 효과적인 비용으로 제품 회수를 가능하게 하는 제품/포장 설계 등 다양한 형태의 자발적이거나 의무적인 프로그램 증가로 친환경에 대한 압력은 지속적으로 증가하고 있다.

6.2 친환경 물류의 이점

친환경 물류는 환경과 사회, 기업에 다음과 같은 다양한 이점을 가져다 준다.

- 가장 중요한 이점은 생태계에 미치는 영향을 줄이는 것이다. 환경적 악화를 줄임으로써 삶의 질이 향상될 것이다.
- 동시에 친환경 물류는 화물차량 감소, 운송수단 활용 개선, 장비의 유지 개선, 효율적인 운송루트, 감소된 교통혼잡성 등

으로 비용절감효과를 가져다 준다.

- 친환경 물류는 사전에 감지할 수 있는 환경적 사고에 대한 금전적인 부담, 점점 더 엄격해지는 환경적 규제를 완화시키는데 도움을 준다. 따라서 친환경 물류는 환경적이고 사회적인 개선활동에 있어 철저한 검토로 사전에 대응할 수 있는 역량과 조언을 기업에게 제공한다.
- 친환경 물류는 또한 지역 사회에 건강적인 이점을 제공하기도 한다. 특히 화물의 환승 지역, 공항, 항구 등 화물 운송이 많은 지역에 거주하는 사람들에게 깨끗한 공기와 감소된 소음 공해를 제공하기 때문이다.
- 동시에 친환경 물류는 노동자, 하청업체, 물류 관련 파트너들에게 향상된 안전성 및 건강 상태를 제공한다.
- 친환경 물류는 고객 신뢰도와 호감도를 증가시킨다. 예를 들어, 친환경 활동을 하는 기업은 회사 운영을 하는데 있어 환경적이며, 사회적인 결과를 가져올 것들에 대해 눈에 띄는 사전 대책을 보여준다.
- 지속가능하게 할 해결책의 고안과 제품/폐기 회수프로그램에서 지역 사회, 고객 및 판매처의 참여는 고객과의 관계 강화와 브랜드 이미지 향상에 도움을 줄 것이며, 이는 기업의 시민성과 지역사회와 노동자, 공익 단체, 공급사슬 파트너, 규제기관의 민감성이 입증한다.

6.3 친환경 물류의 도전 과제

물류시스템의 기본적인 특징과 지속가능성에는 종종 모순이 발생한다. 이에 따르는 주요 도전과제에 대해 살펴보자.

6.3.1 비용과 외부 영향

비용 최소화는 물류 최적화의 주요 목표 중 하나이다. 뿐만 아니라 신속함 및 유연한 배송과 같은 목표들은 고객의 서비스와 신뢰도를 향상시킨다. 그러나 이러한 목표들은 환경적인 고려사항과 상반될 수 있다.

화물을 분배하는 기업은 비용을 절감할 수 있는 전략에 초점을 맞추게 된다. 예를 들면, 비용절감을 위해서 값싼 연료를 사용하거나, 도로주행 안전에 영향을 줄 수도 있는 정기점검 일정을 연기하기도 한다. 이러한 전략들은 모두 환경에 부정적인 영향을 미친다. 저렴한 연료와 주행에 부적합한 운송수단은 온실가스 배출과 소음공해를 증가시키고, 공기를 오염시키는 주범이 된다.

비용을 줄이는 이런 방법들은 단지 단기적인 해결책일 뿐이며, 장기적으로 볼 때 오히려 높은 비용을 야기시키고, 잠재되어 있던 환경적인 비용을 표면에 떠오르게 할 것이다.

물류의 이점들이 공급자와 소비자에 의해서 인식되지만, 비용은 환경에 의해서 부담되어짐을 의미한다. 대부분의 사람들이 환경적인 비용을 인식하지 못하기 때문에 정부나 기업은 물류활동에 있어 지속적인 관심을 가져야 한다. 세계 각 국가들의 환경규제는 종종 상호간에 모순되며, 심지어 잘못된 방향을 제시하는 경우도 있다. 예를 들면, 몇몇 국가에서는 디젤엔진이 환경적으로 많은 부정적인 영향을 미침에도 불구하고 경유를 사용하는데 따른 보조금을 주거나, 휘발유보다 가격이 낮아 가격 경쟁력을 가진다.

6.3.2 응답시간, 유연성 그리고 축소된 재고

오랜기간 동안 물류담당자들은 분배시스템의 효율성 증가로 배송시간을 줄이는 것이 중요하다고 교육받아 왔다. 화물과 항공기는 배송시간을 줄이는 수송의 가장 대표적인 모델이지만, 많은 공해를 발생시키고 에너지 또한 효율적이지 못하다. 최근 몇 년간 시간적 제약의 도입과 응답시간 개선의 필요성, 보유 재고의 감소로 항공 운송과 트럭 수송은 두드러지게 증가하였다.

JIT(Just-In-Time)와 같이 생산 유연성 전략을 제공하거나, 긴급배송이나 야간배송과 같은 고객서비스 개선의 환경에는 악영향을 미친다. 배송 활동들이 사전 계획에 맞게 이루어진다면, 빈번한 긴급 수/배송은 불필요할 것이다. 하지만 사전 계획의 실패로 일부만 적재하여 긴급 수/배송을 하거나 운송횟수가 증가되어 환경에 더 많은 영향을 미친다.

대부분의 소비자들은 상품을 기다리는 것에 대하여 익숙하지 않으며, 소매상의 선반에서 재고로 존재하는 상품과 같이 “당장 원해”라는 사고방식을 가지고 있다. 그러면서도 소비자들은 기업이 활동하는데 있어 환경적인 영향을 최소화하기를 바란다. 따라서 기업은 왜 몇몇 상품들이 일시적으로 재고가 없는지, 왜 소비자들이 기다려야 하는지에 대해 분명히 설명할 필요가 있다. 그러면 즉시 수요를 만족시키기 위해 필요한 환경적인 영향을 줄일 수 있을 것이다.

공급사슬과 물류 전략들은 배송의 횟수, 최단거리 및 속도, 신뢰도와 함께 재고 감소에 초점을 맞추고 있으며, 이러한 전략들은 재고의 필요성과 과잉 재고를 감소시킨다. 결과적으로 이러한 전략들의 중요한 이점 중 한 가지는 창고 관리를 줄일 수 있다는 것이다. 그러나 창고에 재고가 없다면, 재고는 운송시스템 내에서 수송중일 것이다. 이는 더욱 심각한 혼잡과 오염 그리고 환경과 사회에 추가적인 짐을 안겨 줄 수도 있다.

6.3.3 신뢰성

서비스 신뢰도는 물류에서 주된 목표 중 하나이며, 이를 성공하기 위해서는 납기 약속을 지키고, 불확실성을 제거하는 능력에 달려 있다. 여기서 핵심 요소 중 한 가지는 부족, 파손 또는 손상이 없이 정확한 시간에 상품을 배송하여야 하는 것이다. 이는 일반적으로 핵심성과지표(Key Performance Index: KPI)로 측정되고 있다.

물류 제공자들은 보통 도로 운송이나 항공 운송을 가장 신뢰할 만한 운송으로 인지하고 있으며, 이러한 운송수단의 이용을 목표로 인식하고 있다. 그러나 이러한 방식들은 환경을 파괴하는 가장 큰 요인들이며, 대부분의 국가 내에서 철도운송과 같은 낮은 오염물질을 방출하는 운송수단은 도로 운송에 비해 고객만족평가가 좋지 못하다. 몇몇 국가에서는 선박 운송 또한 이용할 수 있다. 중요하고 경쟁력 있는 수많은 무역 경로가 존재하지만, 신뢰도 있는 좋은 기록과 함께 정확한 출발/도착 시간을 제공하기 때문이다. 하지만 전 세계에 보편적일 수는 없다. 예를 들어, 호주의 서쪽 해안부터 동쪽 해안으로 운송할 때 신뢰도를 보장하기 위해 다른 방식의 운송이 빈번하게 사용된다.

6.3.4 고객 맞춤, 지적재산권 보호 그리고 프로세스의 차별화에 따른 빈번한 상품 이동

고객 맞춤 상품, 지적재산권 보호, 세금 최적화 또는 프로세스 차별화는 공급사슬 내에 추가적인 상품 이동을 빈번하게 한다. 공급사슬 내에 이러한 과정들이 추가되는 동안, 물류 사슬에서의 탄소배출량은 더욱 증가한다.

예를 들면, 자동 생산 산업 및 중간 단계의 공장, 생산자와 소비자 사이에는 정확한 부품의 조립을 위해서 준비가 이루어진다. 이는 고객 맞춤화한 상품 생산을 가능하게 하지만, 생산라인에서 상품의 추가적인 이동을 만들어 낸다. 다음에 소개되는 글로벌 기업 Lee Cooper Jeans의 공급사슬을 살펴보자. 이 회사는 전 세계적으로 에이전트, 도매 또는 소매상들에게 자사의 상품을 판매하고 있으며, 튀니지 공장에서부터 생산된 상품을 공급받는다. 상품 공급은 아래와 같이 이루어진다.

- 청 원단은 이탈리아, 염료는 독일 서부, 면은 베냉, 서아프리카, 파키스탄으로부터 들여온다.
- 지퍼는 독일 서부, 철사는 일본, 폴리에스테르는 프랑스로부터 들여온다.

- 실은 아일랜드 북부, 실에 사용되는 염료는 스페인, 섬유는 일본으로부터 들여온다.
- 리벳과 단추는 미국, 리벳과 단추에 사용되는 아연은 호주, 구리는 나미비아에서 들여온다.
- 부석(돌로 세척 시 사용)은 터키에서 들여온다.

유사한 많은 회사들, 특히 FMCG 다국적 기업들은 전반적으로 높은 세금을 줄이기 위해서 세금이 낮은 지역에 글로벌 공급센터를 설치한다. 빈번한 글로벌 공급센터 설치는 결국 이동의 횟수와 탄소배출량을 증가시킨다.

따라서 수익 동기와 친환경 방식 사이에서 직접적인 갈등관계가 있다. 이때 수익 동기가 빈번하게 우선시 되고 있다.

외주 생산하는 추세가 늘어남에 따라 기업은 보통 하나의 생산자가 전체 상품을 생산하는 방식을 기피한다. 또한 계약 생산자 또는 동업자들이 잠재적으로 경쟁력 있는 상품을 발표하는 것을 염려한다. 따라서 철저한 계약과 특허권을 통한 지적재산권 보호를 활용함으로써, 대부분의 기업들은 어느 누구도 독립적으로 생산의 전체 과정 또는 자재명세서(BOM)에 접근하는 것을 막고자 하며, 가장 효과적인 방법이 그들의 지적재산권을 보호하는 것으로 인식하고 있다.

점차 공급사슬이 대륙 간의 이동으로 확장되면서 글로벌하게 설계되고 있기 때문에 지적재산권 보호가 필요하다. 또한, 프로세스의 차별화, 기술 또는 기 설치된 생산 능력과 같은 경우에도 지적재산권 보호가 필요하다. 어떠한 경우에라도, 결과는 항상 같다. 과잉 이동은 과잉 탄소생산을 초래한다.

6.3.5 전자상거래

전자상거래의 출현과 이로 인한 엄청난 정보 발생은 이로 인해 큰 영향을 받는 소매업과 물류업뿐만 아니라 많은 산업의 환경을 변화시키고 있다. 전자상거래를 통해 구매되어진 상품을 고객에 직접적으로 배송하여 이익을 만드는 화물 운송기업들과 같은 물류 활동이 있다. 예를 들면, 도로운송과 항공운송을 크게 이용하는 DHL, UPS 그리고 Fedex가 그러한 기업들이다.

소매 아울렛에서 온라인을 통해 책과 CD/DVD와 같은 상품들을 판매하는 것은 매우 인상적이며, 구매된 상품의 가정배달은 소매 아울렛을 많은 중소도시로 위치를 이동시킨 것처럼 연쇄적인 영향을 미친다. 사람들은 상품을 쇼핑센터나 소매점포에서 구매하는 대신에 전자상거래를 통해 운송비를 지불하고 상품을 구매하고 있으며, 이는 전자상거래를 통한 상품의 최종 분배가 공급사슬과 통합되어야 함을 말한다.

전자상거래로 인해 가정으로 직접 배송되는 상품이 증가함에 따라 포장의 양과 배송의 빈도 수 그리고 짧은 루트의 배송이 크게 증가함에 따라 공급사슬, 도로운송, 포장낭비 그리고 환경에 더욱더 무거운 짐을 안겨 주고 있다.

6.3.6 도로 혼잡

도로 혼잡으로 돈 낭비와 탄소배출이 동시에 발생되고 있다. 탄소효율성은 자동차 사용의 감소로 개선될 수 있겠지만, 자동차의 사용을 제한하는 법률적 장벽은 아직까지 없다.

Excellence in Freight Transport(Emmett, 2009)에서 지적한 바와 같이, 도로 혼잡이 더욱 심해짐에 따라 동일한 수송을 이동함에 있어 보다 많은 차량이 필요하게 되었다.

도로 혼잡은 연착(늦은 도착), 지연 배달, 예약된 시간을 놓치는 것, 거절된 배달, 재고부족, 판매 손실 그리고 고객 감소 등을 의미하며, 이로 인해 과잉비용을 초래하고, 생산성이 감소하며, 고객과의 신뢰가 추락하고 나아가 공급사슬 분열을 초래하는 불확실성이 더욱 높아지게 된다.

자동차로 인한 또 다른 중요한 문제는 다음과 같다. 운송수단이 가져온 삶의 질 향상으로 인해 자동차 산업의 성장은 사실상 20세기 후반에 기하급수적으로 증가하였다. 더 많은 차량이 보급됨으로써 도로 건설의 확충이 필요하지만, 충분히 제공되지 못함에 따라 도로 혼잡이 야기되었다. 자동차 보급량이 증가되면서 여유 주차 공간이 감소되었고, 그 결과 시가지의 혼잡 발생과 신뢰성 및 예측 감소로 이동시간이 지연되었으며, 결국 삶의 질을 낮추는 악순환을 일으키고 있다. 자동차의 증가 추세를 완화해 줄 것으로 기대되는 대중교통은 도로 건설의 투자 필요성을 낮게 함으로써 또 다른 악순환을 야기하게 된다.

따라서, 차량 문제는 매우 복잡하여 하나의 솔루션으로 해결될 문제가 아니다. 시장 경제에서 가격 메커니즘은 일반적으로 시장 운영을 통해 형성된다. 예를 들어, 교통 혼잡 부담금과 같은 대응은 런던 도시 중심부에서 고려할 수 있다. 그러나 이러한 정책을 얼마나 오래 지속해야 하는지는 본 장의 범위를 벗어난다. 다만, 도로 혼잡으로 화물 수송비용이 얼마나 증가되는지, 또한 차량 가격의 상승이 소비자에게 차량을 이용하는 것을 자제할 수 있는지에 대해 생각해 보는 것은 충분하다.

6.4 친환경 물류로의 이동

앞절에서 설명한 친환경 물류의 도전과제에 대한 우리의 생각은 독자들을 방해하거나 어떤 것도 할 수 없다고 말하려는 의도는 아니다. 오히려 친환경 물류로 발전하는데 있어 발생할 수 있는

그림 6.1 친환경 물류의 수레바퀴

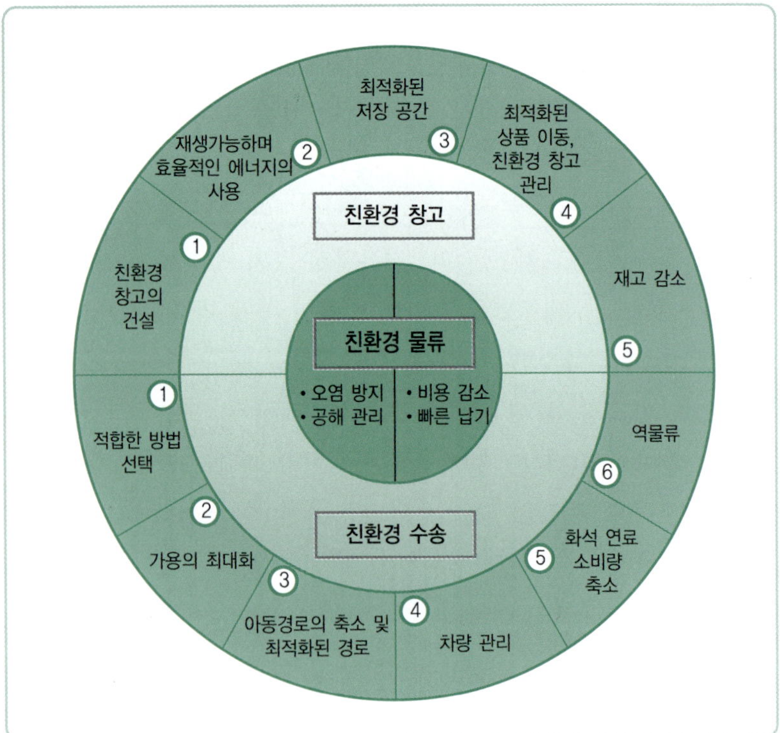

다양한 반대의견과 높은 장벽들에 대해 강조한 것이다. 친환경 물류 없이 친환경 공급사슬을 추진한다는 것은 핵심 구성요소를 놓치고 일을 추진하는 것과 같으며, 이는 미흡한 결과를 낳게 될 것이다.

결국 핵심이 되는 질문은 "앞에서의 도전과제들이 산재되어 있음에도 불구하고, 친환경 물류를 추진하는데 있어 성공하기 위한 최선의 방법이 무엇인가?" 하는 것이다.

따라서 본 절에서는 친환경 물류를 향한 체계적인 방법을 기술하고자 한다. 이전에 언급한 바와 같이 수송 및 창고 활동은 물류 내에서 가장 중요하며, 물류의 친환경은 이 활동들의 친환경을 포함한다. 이 절에서는 지속가능한 수송 및 창고를 달성하는 다양한 방법을 포함한다. 그림 6.1은 친환경 물류의 수레바퀴이다.

6.4.1 친환경 수송

친환경 물류로의 이동은 친환경 수송으로부터 시작된다. 많은 사람들에게 친환경 물류와 친환경 수송은 트레이드 오프 관계 개념으로 알고 있다. 그러나 친환경 창고관리 또한 매우 중요한 개념으로, 친환경 수송과 친환경 창고관리 사이에 보통 트레이드 오프 관계에 있기 때문에 이것은 사실은 아니다. 이러한 이유로 3장에서 논의한 친환경 공급사슬 계획단계 중 친환경 공급사슬 계획이 효과적으로 수행된다고 할 때, 전체 공급사슬의 전반적인 전망은 필수적이다. 또한 친환경 수송을 구축할 수 있도록 설계된 다양한 친환경 활동들을 통해서 비로소 친환경 물류를 볼 수 있다.

첫째로, 가장 적합한 수송수단을 선택하는 것은 비용절감뿐만 아니라, 환경에 악영향을 미치는 요인들을 감소시킨다. 기업은 어디서든지 적절하게, 가장 효율적이고, 효과적인 수송의 형태를 사용해야 한다. 특히 해상수송은 효과적인 친환경 수송을 가져다 주는 수송의 가장 첫 번째 예이다. 다음으로, 친환경을 고려한 선택은 철도, 도로와 항공운송 순이다. 또한 앞에서 논의된 바와 같이 서비스 및 신뢰도 측면을 고려하여 수송 수단을 선택할 때는 위탁화물 규모와 거리가 가장 핵심적인 결정사항이므로, 일반적으로 가장 값싼 수단이 에너지 측면에서는 효율적이다.

가장 적합한 수단을 선택하였다면, 편도수송과 왕복수송 모두에서 운반 용량의 최대용적기준을 최대로 활용하였는지를 확인하는 것 또한 매우 중요하다. 흔히 도로 수송회사들은 왕복이 아닌 단순 편도 차량을 기준으로 비용을 책정할 것이다. 그러나 효율적인 수송은 왕복차량에 물품을 가득 채워 수송하는 것이다.

최대용량을 모두 사용하여 수송하는 것은 전반적으로 좋은 공급사슬 계획을 통하여 전체 이동량을 줄일 수 있는 좋은 방법이 된다. 따라서 좋은 부하계획은 수송 물품 처리량을 최대로 하는 것이다. 또한 최적경로 계획은 동일한 처리량을 달성하는 동안 이동거리를 줄일 수 있다. 최단거리 경로를 활용함으로써 제품 배달 경로 수의 감소를 기대할 수 있으며 이는 친환경 수송 활동에 기여하게 된다. 이는 때때로 몇 개의 목적지를 최적화된 하나의 목적지로 배달하게 되는 합동배송(pooling)을 의미하기도 하므로 지연 배달이 발생할 수도 있다. 합동배송에 의한 지연은 환경에 미치는 이익을 제시하면서 고객과 의사소통으로 협상할 수 있다. 결과적으로, 이것은 고객이 결정할 사항이며, 친환경 수송을 위한 필요성을 고객에게 언급함으로써 잘 해결될 수 있다.

효율적인 차량관리는 환경적인 영향과 화물 수송의 비용을 줄이는 데 크게 기여한다. 픽업(pick-up)과 납품중 엔진을 끄는 것, 자동차 경제속도를 유지하는 등 몇 가지 간단한 조치들은 연료소비 및 배출량을 줄일 수 있다. 자동차 연료효율과 디자인 개선도 고려해야 한다. 적합한 운전 훈련프로그램은 연료소비를 감소시키는데 도울 수 있다. 몇몇 기업은 운전사 인센티브 프로그램들을 공고하여, 연료효율의 이득 또는 효율적인 운전 기술의 보상을 실시한다. 정기검사 및 차량의 유지보수는 고장확률을 낮추고, 연료소비와 배기가스를 낮출 수 있다.

이와 같은 방법의 확장으로 최근 몇 년 동안 영국의 주요 차량 운영자들은 다음과 같이 절약한다고 보고하였다.

- 주행거리 15% 감소
- CO_2 배출의 23% 감소
- 운전 교육은 연료 절약에 있어 큰 향상을 가져온다.
- 컨테이너의 개선으로 매년 화물 컨테이너 1200 TEU(길이 20피트급) 적재량 감소
- 운송수단 이용의 개선을 위한 협력, 양방향 전부하, 개선된 경로, 만재 차량의 증가, 실시간 스케줄링 등을 통한 CO_2 배출 저감 계획

위의 계획 중 대부분은 기업이 화석 연료의 사용을 감소시킬 수 있는 방법을 모색함으로써 화석 연료의 사용량을 줄이는 것을 의미하며, 결과적으로 온실가스 배출을 감소하는데 기여할 것이다.

이것은 수송을 위한 바이오 연료나 다른 친환경 에너지 자원으로 교체하는 것으로 간단할 수도 있다. 새로운 기술들은 계속 개발중에 있으며, 기업은 화석 연료의 의존도를 줄이기 위해 그들의 연구에 최첨단 장비로 유지해야 한다. 실제로 영국과 같은 몇몇 국가 내에서 화석 연료의 감소와 연료 소비의 개선은 도로 수송 운영의 중요한 측면으로 유지된다. 이것은 Emmett가 쓴 *Excellence in Freight Transport*(2009)에서 자세히 나온다.

결국 불충분한 계획과 비효율적인 실행에서 심각한 온실가스 영향이 올 것이라고 뒤늦게 깨닫는 것을 막기 위해 친환경 물류의 전반적인 윤곽을 위한 역방향 물류의 통합은 필수적이다. 대부분의 회사에서 역방향 물류는 아직 계획되지 않는 활동이다. 또한 여전히 많은 활동을 특별 기준으로 준비하며, 친환경 물류에 관한 것이 아닌 미미한 것들로 인해 중요한 일을 놓칠 수 있게 된다. 일단 초점이 친환경 물류 내에 역방향 물류의 통합에 맞춰지면, 역방향 물류를 실행하는 것은 비교적 간단한 개선이다. 이것은 9장에서 자세히 배우도록 한다.

6.4.2 친환경 창고

친환경 창고는 친환경 건축과 함께 시작한다. 친환경 창고는 설계 및 시공 단계에서 친환경 건축의 원칙을 중심으로 두고 건설되어야 한다. 기존의 창고는 최대한 친환경 건축의 원칙을 도입함으로써 친환경 창고로 변경할 수 있다.

친환경 건축은 새로운 개념이 아니다. 그것은 지속적으로 추진해 왔으며, 특히 미흡한 실내 온도의 최적화가 온실가스 방출의 절반 이상이라는 분석 사례도 있다. 이 문제에 있어 건물의 설계 및 건설에 책임을 맡고 있는 사람들에게 핵심적인 고려사항은 이용가능성이다. 이 원칙은 창고건물에도 동일하게 적용된다는 것에 유의해야 한다. 특히 창고는 저장되어 있는 상품의 요구사항 또는 창고가 있는 지역의 기후조건 때문에 확실한 온도 제어가 포함되어야 한다.

친환경 건축에 맞춰진 창고는 에너지의 재사용과 효율적인 사용이 가능할 것이다. 재생에너지 기술은 기존 에너지원와 더불어 더욱 경쟁력이 높아질 것이다. 창고는 커다란 지붕 공간의 태양광 패널을 설치하는 것이 가용성 면에서 이상적인 응용이다. 에너지의 효율적인 사용은 창고에 냉난방 및 조명 또는 시설/기계 작동 여부에 따라 항상 요구되어진다. 그러므로 창고의 디자인과 건설에서 이런 측면이 충분히 고려되어야 할 것이다.

창고 내에 저장 공간은 최대한 활용하고, 에너지 사용을 최소화하기 위해 가장 효율적이고 효과적인 방법으로 활용하는 것이 필요하며, 이러한 결과를 달성하기 위해 적합한 창고 계획은 필수조건이다. 에너지 소비활동의 감소와 에너지 사용 최적화를 위해 창고에서 물품의 이동은 최적화될 필요가 있다. 예를 들면, 환기는 실내 공기를 맑게 하며, 실내 공기오염의 원인을 제거한다. 마찬가지로 상자, 팔레트 그리고 계단 형태로 쌓인 것은 사용높이를 충분히 이용할 수 있도록 할 것이다. 재사용가능한 선적 컨테이너는 표준 형태 및 크기를 가지며, 더 효율적으로 쌓는 것, 회수, 자동화를 위해 설계된다. 기타 고려사항으로는 다음과 같다.

• 도크 공간의 효율적인 계획은 극심한 외부 온도일 때 에너지

소비를 감소시키며, 노동자에게 견딜 수 있는 근무 조건을 제공한다.

- 타이머 조명시스템 및 모션 센서와 같은 에너지 효율적인 조명 기구가 사용되어야 한다.
- 가능하다면 자연광을 사용한다.
- 냉각 저장시스템에 의해 생성되는 열은 물을 가열하거나, 공간을 따뜻하게 하거나, 다른 공정에 동력을 공급하는데 사용할 수 있다.
- 자재를 다루는 장비를 에너지 효율적으로 사용한다. 예를 들어, 지게차, 컨베이어/분류기, 자동창고시스템/정보검색시스템(AS/RS)

추가 고려사항으로는 다음과 같다.

- 통합된 판매운영계획(S&OP)은 좀 더 정확한 수요, 생산, 재고 수준의 예측을 돕기 위해 영업, 마케팅, 운영 및 물류 부서가 함께 참여하여 개발되어야 한다.
- 협력적인 계획을 세우고, 예측 정보를 교환하는 3PL, 공급자, 고객과 같이 교류하는 외부 공급사슬 파트너는 정보 흐름, 협력 및 견적을 향상시킨다.
- ICT 소프트웨어와 도구는 POS 데이터, 재고 수준, 재주문 상태의 업데이트를 실시간으로 교환하는데 도움을 줄 것이다. 게다가 최신 생산 및 배달 일정은 손쉽게 사용할 수 있으며, 더 나은 협력과 협동을 조성하기 위해 내외부적으로 의사소통을 할 수 있다. 이것은 예측 주문, 과잉 생산, 불필요한 선

적 및 낭비를 줄일 수 있는 예측을 정확하게 하는데 도움을 줄 것이다.

재고는 필요할 때 손쉽게 찾을 수 있어야 하며, 최소의 에너지 및 노력으로 저장되어야 한다. 요구 및 저장되는 재고의 양은 수요를 결정하는데 사용하는 예측기술의 정확도와 공급 리드타임의 신뢰도에 의해 결정된다.

공급 리드타임의 정확도와 수요 예측의 개선은 재고를 줄이는데 도울 것이며, 저장 공간, 노동 및 기계 가동 시간, 에너지, 폐기물을 포함한 자원 사용량, 재활용에 필요한 노력을 줄일 수 있을 것이다.

낭비를 감소시키고, 창고의 활용을 개선하며, 자금, 노동, 공공요금의 감소를 가져오는 효과적인 재고관리는 어떤 조직에서든 가장 중요하다. 다음은 더 좋은 재고관리를 달성하기 위한 몇 가지 방법이다.

- 수요의 정확한 예측은 낮은 재고 수준을 유지하도록 할 것이다.
- 정확한 공급 리드타임은 더 나은 계획으로 바꾸어 주며, 변동성/불확실성을 제거한다.
- 공급사슬 참여기업들을 위한 최적화된 보충 정책은 공급사슬에 따른 총비용의 최적화를 도와준다.
- 공급자는 재고관리프로그램을 관리하며, 과잉 재고가 가져오는 낮은 보상을 막기 위해 상품 반환 정책을 관리한다.
- 관리되는 장소에서 재고의 통합 저장으로 저장 공간 및 재고

노후화는 줄어들 것이다. 노후되었거나 불량 재고의 감소는 폐기물 생성을 줄이는 것을 의미하며, 따라서 처리 및 재활용에 필요한 노력을 줄일 수 있다. 또한 그것은 더 적은 원자재 요청을 의미한다.

문서 집약적이고 노동 집약적인 프로세스를 자동화함으로써 경제적이며, 지속적인 이익을 제공한다.

친환경 포장
(Green Packaging)

친환경 공급사슬에 있어 포장은 가장 눈에 잘 드러나는 요소이다. 대부분의 소비자들은 상품을 보거나 만지기 전에 포장을 먼저 보게 되며, 포장을 통해 기업이 생산, 조달, 물류 프로세스 내에서 환경적으로 얼마나 신경을 쓰고 있는지 생각하게 된다.

친환경 포장이 전체 공급사슬의 환경적인 성과에 미치는 영향을 이해하기는 쉽다.

전통적으로 포장의 가장 중요한 기능은 소비/사용하기 전에 이동이나 저장과정에서 상품을 보호하는 것이었다. 이후, 마케팅 관점에서 포장은 구매자나 영향력 있는 사람(예: 부모와 함께 쇼핑온 아이들)에게 제품의 매력적인 부분을 드러낼 수 있게 도와주었다. 이때부터 포장은 그 자체적으로도 수명이 있다는 개념이 생겼고 단순히 물건을 보호하는 그 이상의 다양한 기능들이 부여되었다.

그림 7.1 포장 기능의 체계

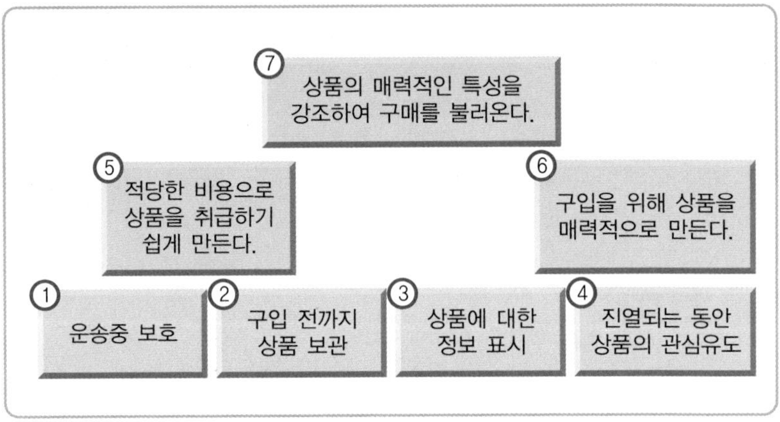

그림 7.1은 포장에 대해 자세히 설명하고 있다.

포장의 기초적인 핵심기능은 다음과 같다.

1. 운송중 상품을 보호한다.
2. 상품 보관을 가능하게 한다.
3. 저장기능 이외에 상품의 기능적인 정보(특성, 사용법, 구성요소, 원산지 등)를 제공한다.
4. 창가나 선반에 상품이 진열되는 동안에도 관심을 가져야 한다. 고객의 관심과 소비를 이끄는 다양한 상품이 있는 번잡한 쇼핑 지역에서는 특히 필요하다.
5. 위의 ①, ②항목은 물류, 수송/저장과정 동안 그리고 소매점, 최종소비자들이 상품을 쉽게 다룰 수 있게 해 준다.
6. 위의 ③, ④항목은 최종소비자에게 상품을 매력적으로 만들어 준다.

7. 위의 ⑤, ⑥항목은 가격 등 매력적인 특성을 강조하여, 상품 구매를 이끌어 최종 목적을 달성하게 해 준다.

과잉포장의 결과에 대해 고객 대부분의 인식이 변해 가고 있지만, 상품판매원들은 관습적으로 포장을 과다하게 사용하여 고객의 구매를 유도하고 있다. 과잉포장의 결과는 다음과 같다.

- 낭비
- 과잉 비용
- 자원의 남용과 오용
- 쓰레기 과다 매립으로 인한 환경파괴

소비자들은 위에서 설명한 포장의 대부분 요소들이 다른 방법으로 대체될 수 있거나 쓸모없다는 인식을 가지고 있으며, 눈치 빠른 판매원들은 이미 그런 사실을 인지하고 있다. 예를 들어, 정보는 디지털화되어 전달될 수 있다. 다시 말해, 굳이 상품 대부분에 포함된 두꺼운 사용자 매뉴얼은 필요가 없어지는 것이다. 유사한 예로, 소비자의 관심을 얻어 충동구매를 유도하기 위한 매력적인 상품포장은 환경을 오염시키는 과잉포장이라는 소비자 인식으로 그 기능이 상쇄된다.

이런 이유로 친환경 포장은 점점 더 중요하게 인식되고 있다.

포장의 낭비는 환경파괴의 가장 큰 원인 중 하나이며, 친환경 포장을 통해 기존 포장보다 환경파괴를 훨씬 더 줄일 수 있을 것이다. 이것은 환경개선 측면에 있어서 큰 기회이다. 친환경 포장은 친환경 공급사슬 프로세스의 다른 부분에도 영향을 미치며, 포

그림 7.2 **친환경 포장 – 주요 차이점**

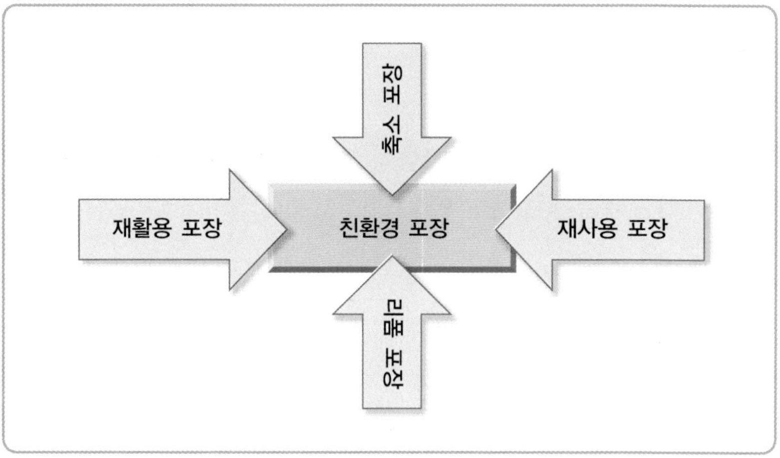

장에 필요한 원자재 소비의 감소를 통해 추가적인 물류비용을 상쇄할 수 있다.

그렇다면 기존의 포장과 친환경 포장은 어떻게 다른가? 그림 7.2는 다음과 같은 차별화된 주요 전략 몇 가지를 보여준다.

1. **축소 포장**: 기업들은 소비자가 과잉포장을 원한다는 믿음을 갖고 있다. 이것은 소비자들이 적절한 방법으로 포장을 처분해야 한다는 큰 부담을 남기며, 심지어 과소비한다는 기분을 줄 수도 있다. 최소한의 포장을 사용하는 것 이외에도, 환경에 미치는 영향을 줄이는 것이 근본적인 이유라는 메시지를 전달하고, 환경보존에 적극적인 사람들이 선호하는 포장유형을 다양하게 해 줄 필요가 있다.
2. **재사용 포장**: 이 방법은 포장을 하는 가장 좋은 방법일 것이

다. 다른 방법과는 달리, 포장에 대한 소비자들의 모든 책임을 기업이 떠 맏으며 폐쇄된 루프형 공급사슬 내에서 이를 다시 사용하게 한다. 이것은 소비자의 인근 지역 내에 상품 배달을 담당하는 회사가 책임지는 경우에 특히 적합하다. 산업/기업의 고객 또는 가구/가전제품(세탁기, 냉장고 등)같은 상품을 최종소비자에게 배달하는 경우가 그 예이다. 상품이 소비자의 인근 지역에서 배달되기 때문에 배달직원은 추가비용 없이 포장을 회수할 수 있는 좋은 기회가 생긴다. 포장이 운송/저장하는 동안 상품을 안전하게 하는 것보다 더 큰 목적을 가지고 있지 않는 경우에는 많은 양의 일회용 포장재료를 사용할 필요가 없다.

3. **재활용 포장**: 배송이나 포장의 특성상 회사가 포장을 수거하거나, 재사용할 수 없는 경우가 있다. 이런 경우에는 친환경적인 방법으로 같은 제품이나 비슷한 제품을 만드는 곳에서 재활용할 수 있게 해야 한다. 많은 국가에서는 현재 대부분의 재활용가능한 제품들을 위한 프로그램이 진행중이며, 어떻게 재활용을 할 수 있는지에 대한 정보를 제공하고 있다. 각 기관들은 한 단계 더 나아가 재활용 정보를 웹사이트를 통해 제공하고, 적절하게 재활용을 수행할 수 있는 완전한 재활용 체인을 만들어야 할 것이다.
4. **리폼 포장**: 아마도 이 방법이 가장 차별화되는 방법일 것이다. 리폼 포장은 왜 포장을 하는가에 대한 핵심적인 이유를 고민하며, 어떠한 환경적 영향도 없이 같은 기능을 수행할 수 있는지를 점검한다. 이것은 또한 자연분해가 되는 포장 재료로 바꾸고, 서비스/제품을 전달하는 방법을 변화(예를 들어,

종이책 대신 e-book을 사용)시키는 것을 포함한다. 이러한 영역에서는 기술이나 창의력이 혁신을 이끌 수 있으며, 우리는 이러한 포장의 변화를 보고 있다.

7.1 친환경 포장의 이점

세계는 신용부족으로 소위 신용위기라고 불려지는 글로벌 금융위기를 겪고 있다. 애널리스트들은 이런 현상이 곧 개선될 것이라고 예상하지만, 기업들의 세계에서 변화가 있을 것은 분명한 일이다. 기업의 행동패턴에 내재되어 있는 비용에 대한 의식은 모든 수단을 이용하여 반드시 비용을 절감하게 만들 것이다.

많은 기업들은 포장이 비용과 환경에 미치는 영향을 동시에 줄일 수 있는 가장 쉬운 방법 중 한 가지라는 것을 인식한다. 구매과정의 일부로써 공급업체들이 디자인, 자재 그리고 관련된 변경사항을 제안할 수 있도록 하여, 기업들은 큰 비용 절감을 이룰 수 있다. 예를 들어, 소매상은 공급사슬 파트너의 도움으로 직접적인 포장비용을 크게 절감할 수 있었다. 또한 변경된 포장을 통해 표준 팔레트를 사용하고, 이전의 비효율적인 방법으로부터 벗어날 수 있었다. 또한 청소비용과 물을 절약할 수 있었으며, 물품을 싣는 횟수를 대폭 감소시켰다. 이렇게 해서 획득한 비용 절감의 일부를 고객에게 돌려 줄 수 있었다.

위의 사례에서처럼 우선 핵심 제약이 제거되면 다루기 힘든 포장 사이즈와 같은 문제를 협력적인 방법으로 해결해 감에 따라 절감은 점점 더 증가할 것이라는 사실은 명확하다.

그러나 친환경 포장의 장점은 비용 절감에만 제한되어 있지 않다. 앞에서 논의된 바와 같이 보통 포장은 고객들이 상품을 처음 인지하는 것이며, 소비자에게 큰 인상을 주게 된다. 이는 그들이 상품을 보고, 느끼고, 만지거나 사용하기 이전 단계의 일이다. 그렇다면 포장이 당신의 기업을 어떻게 표현해 주고 있는가? 당신의 회사는 소비자를 위해 비용을 절감하고, 환경을 보존하기 위해 지속적으로 새로운 방법을 개발하는 혁신의 선도주자로 인식되는가? 아니면 과거의 방식을 고집하여 제품을 표현하는 회사로 인식되고 있는가?

7.2 친환경 포장의 추진요인

오늘날 기업에게 있어서 포장은 전략적인 소싱 및 재설계/리엔지니어링을 통해 목표를 정하고 우선순위를 매길 수 있는 이상적인 범주 중 한 가지로 제시된다. 이는 현상유지 외에는 더 이상 무엇인가를 할 수 있는 자원이 없는 중소기업에게 특히 해당된다. 포장의 경우에는 개선된 소싱을 통해 20~30% 절감을 얻으며, 재설계/리엔지니어링이 잘 이뤄진다면 40~50%의 절감도 가능하다.

많은 기업들은 적은 수요와 높은 간접비라는 어려움에 사로잡혀 있다. 여유 생산 능력과 높은 간접비로 고정비용은 감소되지 않고 있으며, 자금조달비용과 신용관련 비용 또한 증가하고 있다. 많은 공급자들은 에너지, 원자재/재료, 교통에 이르기까지 전범위에 걸쳐 가격인상을 서두르고 있다. 그러나 소비자들은 지속적인 가격인하와 더 나은 서비스 수준을 기대하고 있다.

이러한 상황을 감안할 때, CEO와 CFO들은 비용 절감을 할 수 있는 몇 안 되는 부분에서 많은 포장비용의 절감을 무시할 수 있는지 스스로 물어봐야 한다.

일반적으로 기업이 다양한 투입요소들을 위해 힘들게 협상하는 동안, 포장비용을 비판적으로 바라보지 않고, 계속 등한시 하는 것은 참 아이러니하다. 과거의 조달 방식은 여전히 남아 있다. 1년에 두 번 정도 많은 견적을 받고, 그때 선택된 공급자로부터 10%도 되지 않는 할인을 얻기 위해 협상한다. 그러나 이러한 방식은 최적이 아니며, 재설계, 리폼과 같은 선택사항은 보통 무시된다. 그러나 이런 일을 위해서는 공급자와 보다 더 가깝게 일하는 관계가 필요하며, 공급자들은 포장의 근본적인 목적, 포장된 상품의 수송/저장과 관련된 물류 운영, 포장에 대한 폐기 과정을 이해할 필요가 있다. 공급자 대부분은 자신들의 제품수명주기를 더욱 깊게 바라볼 능력이나 의지가 부족하다. 예를 들어, 공급자들에게 새로운 제안을 하지 못하게 하며, 내부 몇몇 조달팀은 분석할 수 있는 전문기술이나 의지가 부족할지도 모른다. 결국 대부분 포장은 영업 또는 마케팅의 관점으로 받아들여진다. 그러나 마케팅 관점에으로 바라보는 것은 물류와 환경에 관한 다양한 포장 선택사항에 대한 상대적인 영향의 이해가 부족하기 때문에, 이는 현실과 거리가 멀 수 있다. 친환경 공급사슬 분석만이 이해관계자 모두에게 올바른 것을 보여줄 수 있으며, 이런 과정에서 상당한 비용 절약과 환경 악화를 막을 수 있다.

또한 친환경 포장은 다음과 같은 추가적인 추인요인이 있다.

• 포장에 필요한 원자재를 줄이기 위해 포장재료를 재활용, 재

사용함으로써 비용을 절감하려는 의지

- 몇몇 상품의 불필요한 포장을 제거함으로써 과잉비용을 제거하려는 의지
- 환경에 이로운 안전하고 적절한 포장재료의 사용을 원하는 대중의 요구
- 친환경 포장을 통해 폐기물이 적게 발생하고 쉽게 수집하여 깨끗해진 주변환경을 통해 소비자 만족도 향상
- 사회적으로, 친환경적으로 고객들에게 책임감 있는 기업으로 인식되어 생기는 호의

7.3 친환경 포장 실행하기

우리는 종종 친환경 공급사슬은 실행하기에는 너무 규모가 크다는 반대를 접한다. 대부분의 최고경영자들이나 이사회들이 이를 바꾸려 하지만, 조직에서는 현재 상태를 유지하고, 편한 일을 하는 방향으로 정체되는 것을 보아왔다. 우리가 접하는 두 번째 반대는 최선의 방법을 찾아 내기 위한 초기 분석과 평가에 드는 비용 때문에 일어난다.

이 두 가지 문제에 대해 우리는 다음과 같은 대답을 통해 반박할 수 있다. '친환경 포장으로 시작하면 된다.' 이게 왜 두 문제에 대한 같은 답이 될까? 친환경 포장은 한 걸음에 많은 것들을 앞서가게 하며, 투입한 비용만큼 분명한 효과가 있기 때문이다. 이 장의 앞부분에서 다루었던 것처럼, 친환경 포장은 대부분 주목할만한 비용 절감 효과를 낸다. 이를 통해 기업들은 분석 결과에 편하

그림 7.3 친환경 포장 성공을 위한 단계

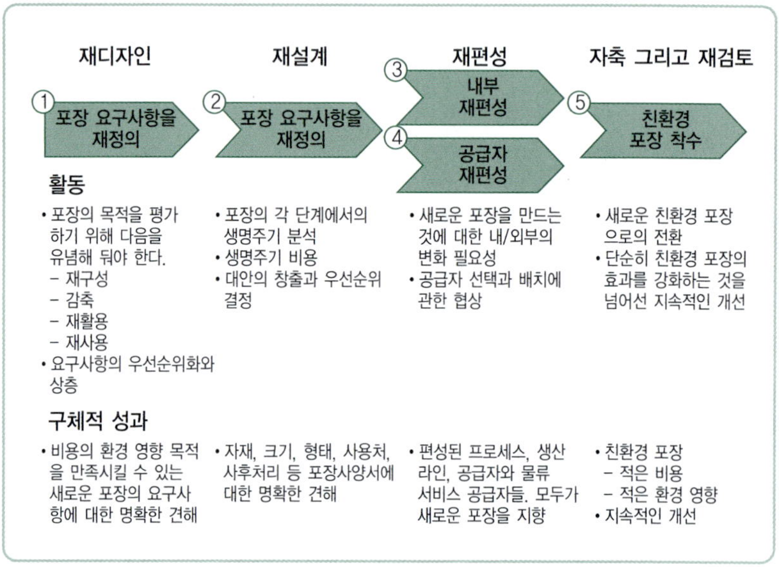

게 임할 수 있으며, 친환경 공급사슬 프로젝트를 장기적 관점에서 실행할 수 있도록 한다.

그림 7.3은 친환경 포장을 실행하기 위한 방법을 개략적으로 보여준다.

1단계: 재설계

첫 단계는 포장 목적의 재평가를 통해 포장의 요구사항을 재정의하고, 이러한 목적에 맞게 포장을 재설계하는 과정이다. 포장을 재설계하는 동안 재구성, 감축, 재활용 그리고 재사용이라는 친환경 포장의 4가지 차별적 요소들이 중심 역할을 수행하게 된다. 그리고 이들 요소들은 새로운 포장이 환경에 미치는 영향을 크게 낮줘 줄 것이다.

이 단계에서 포장 분야에 대해 많은 지식이 있는 3자의 지원이나 아웃소싱 공급자들을 찾는 것이 유용하다. 단, 소싱이나 공학 전문가들이 있는 대기업들에게 3자의 지원은 의미가 없을 수도 있다.

그러나 대기업에 종사하는 많은 포장 전문가들은 친환경 포장 재설계보다는 신제품의 출시나 비용 통제에만 크게 집중한다. 비록 전문성이 있더라도 쓰이지 않은 채 여러 해가 지나간다면, 전문적 능력이 진정 필요해질 때 그 능력을 발휘하기 어려울 것이다. 또한 공학과 포장설계의 기술적인 전문가들이 있다고 하더라도, 포괄적이고 전략적인 친환경 공급사슬에 대한 접근능력은 부족할 수 있다. 이러한 이유 때문에, 대규모 기업에서들도 외부전문가의 눈을 통해 큰 비용절감과 환경보호를 해 나갈 수 있다.

기업들은 정확한 요구사항과 기대수준에 대한 이해를 명확히 해야 한다. 그래야만 그 앞단에 있는 가정들에 대해 질문을 할 수 있을 것이다. 이는 환경적인 영향과 비용을 감소시키면서 포장의 개별 목적들이 얼마나 충족될 수 있는가에 대하여 다시 생각해 보게끔 한다. 이를 위해 공학자, 마케터, 물류전문가 그리고 영업으로 이루어진 전담팀을 만들고, 외부 서비스 공급자들에게 지원을 받을 필요가 있다. 이와 같은 재편성을 통한 추진은 환경적 영향을 감소하고, 비용을 감소시키는데 대한 돌파구를 찾도록 해 줄 것이다.

하지만 포장에 대한 요구사항들의 재편성을 위한 추진은 포장의 축소, 재활용 그리고 재사용을 수반해야 한다. 이러한 요소들은 다음 단계인 리엔지니어에서 더 중요해질 것이지만 재디자인에서도 이러한 측면을 잘 고려해야 한다.

친환경 포장으로 바꾸는 과정에서 굉장히 많이 간과되는 사항은 기업의 내부와 잠재적 공급자에서 발생하는 다양한 요구사항의 최적해를 적시에 도출하는 능력이다. 이는 내부 리엔지니어링을 위해 준비하고, 단지 값싼 공급자를 찾는 것이 아니라 포장 자재를 위해 적합한 장기 파트너들을 찾기 위한 목적을 갖고 있다.

전통적인 구매 관행에 얽매인 기업이 투명하고 열린 방법을 통해 요구사항을 정의하고 공유하는 것은 큰 변화이다. 생산 환경에서의 전통적 조달은 배송 지연이나 공급자 품질문제로 인해 생산라인이 멈추지 않는데 초점을 두고 있다. 그러나 친환경 포장으로 가기 위한 단계에서 정보를 수집하고 확산시키는데 요구되는 정교함이나 의사소통의 수준은 전통적인 구매 인력의 능력을 넘어설지도 모른다. 따라서 성공적인 친환경을 위해서는 지정된 전담 프로젝트 관리팀이 필요하다.

■ 2단계: 리엔지니어

2단계는 1단계의 결과물을 포장 수명주기분석(자세한 내용은 3장을 참조)이 가능한 리엔지니어링 단계로 이끌어 준다. 이는 포장의 전체 수명과 비용을 명확히 규명하기 위해서이다. 본 단계를 통해 포장의 수명 단계들과 관련된 세부사항에 관한 명확한 관점을 결과물로 얻을 수 있다. 또한, 본 단계는 반드시 잠재적인 포장 공급자들 모두와 긴밀히 협력하여 공급사슬 상위에 있는 정보를 잘 활용해야 한다.

포장의 리엔지어링을 통해 최대의 결과를 얻는다는 관점에서, 가장 성공적인 조직은 그들의 공급사슬 파트너들과 상호신뢰하는 관계를 형성하는데 초점을 맞춰 노력한다. 공급자들에게 접근하는데 있어, 기업은 이러한 기회에 관심을 갖는 파트너들을 찾는데 가장 먼저 주력해야 한다. 만약 그들이 이러한 절차 속에서 구매를 한다면, 공급사슬 파트너들은 수명주기분석을 위한 가치 있는 정보를 제공하는데 그치지 않고, 재디자인과 리엔지니어링을 위한 새로운 아이디어를 찾는데 중요한 역할을 할 것이다. 더불어, 그들과의 끈끈한 협력은 다음의 두 단계에서도 요구될 것이며. 이 단계에서 그들의 참여가 재디자인과 리엔지니어링 단계를 위해 제공된 투입요소를 결정한다. 그리고 그들은 재편성과 구현단계 동안 더 많은 오너십을 갖게 될 것이다.

대부분의 사례에서 공급파트너들은 자재비용 절감뿐 아니라 제품비용을 줄이고, 환경적 영향을 최소화하는 관계로까지 발전할 수 있다. 실제로 혁신적인 공급자들은 단 한 번의 거래에만 만족하는 것이 아니라, 장기적인 기회를 가져다 줄 관계를 살필 것이다. 이러한 이유로, 혁신적인 공급자들은 친환경 포장의 리엔지니어링을 위한 노력에 참여하는 것에 관심을 가질 것이다. 이러한 경험, 지식 그리고 전문성은 그들에게 경쟁력과 지속적인 수익의 원천을 제공할 것이다. 또한, 새로운 공급자를 선정하는데 요구되는 높은 전환비용과 새로운 공급자에 대한 학습곡선 등의 이유로 쉽게 바뀌지 않는 고객과의 장기적 관계를 얻을 수 있을 것이다.

이 단계를 통해 환경에 대한 영향과 비용을 최소화하기 위한 포장의 명확한 사양서가 도출될 수 있다. 이러한 사양서에는 자재, 크기, 형태, 치수, 색상, 무늬, 인쇄물 등이 포함된다. 대안적으로, 기술이나 적합성에 대한 사용보다는 성과가 사용될 수 있다. 이는 단순하게 요구되는 수행결과를 말하는 것이며 설계와 대안은 공급자의 전문 지식으로 남겨 놓는 것을 의미한다.

모든 사양서는 생산, 공정, 마케팅, 물류, 조달 그리고 공급자 등의 다양한 시각을 조화시키고, 협력하기 위한 많은 노력이 담겨 있어야 한다. 따라서, 이러한 과정을 수행하고 의미 있는 결과를 낼 수 있는 효과적인 프로젝트 전담팀이 필요하다.

■ 3단계: 재편성

지금까지의 단계에서 내외부 팀들은 친환경 포장이 공급사슬에서 어떤 의미를 가지는가에 대해 명확히 이해해야 한다. 이러한 명확성을 이끌어 내기 위해 모인 전담팀은 친환경 포장의 모든 측면(자재, 모양, 형태, 크기, 치수, 색깔, 인쇄형태 등)에 대해 결정해야 한다.

다음 단계는 친환경 포장으로 전환하기 위해 내외부 참여자들로 구성된 공급사슬을 준비하는 것이다. 실용적인 측면에서 3단계는 가장 행동지향적인 단계이다. 예를 들어, 새로운 장비나 팔레트, 트럭, 저장 공간, 하역기계 그리고 다른 기계들이 필요한 생산 단계는 새로 배치되거나 교체되어야 한다. 물론 이러한 준비과정 동안 한 번의 고정비용은 발생하지만, 대부분의 사례를 보면 이러한 비용은 단기간에 상쇄되어져 왔다.

다음은 포장공정에 단계적인 운영 변화를 시도하는 공학적 과정이 진행되어야 한다. 이를 위해 우선 쉽게 구축할 수 있고 조직에 잠재적인 혼란을 가져오지 않는 공학적 요소들을 고려해야 한다. 이와 동시에 다른 계획들보다 우선하는 결정요인을 조정하는 것은 필수적이다.

때때로 이러한 변화는 한 공급자로부터 다른 공급자로 전환하는 것만큼 간단할 수도 있지만, 중요한 내부의 변화가 생산이나 공정라인에서 발생할 수도 있다. 변화가 모든 운영의 목표를 달성하면서 공정이 중단되지 않게 하는 것은 그 자체로도 매우 어렵다. 그러나 대부분의 생산계획자들과 기술자들은 이러한 변화를 계획하고 실행하는 데 매우 숙달되어 있다.

저장 공간, 이송 장치 그리고 하역기계 장치들 또한 이러한 변화가 요구될 것이며 외부 물류 서비스 공급자들 또한, 그들의 기반환경이 제시된 포장의 운영 변화에 잘 어우러지도록 해야 할 것이다.

이러한 모든 재편성와 준비작업은 미세조정을 위하여 시범사업 과정을 통해 검증되야 한다 이렇게 하는 것은 프로젝트가 한 번에 성공할 수 있도록 보장해 줄 것이다.

■ 4단계: 자축 그리고 재검토

이 단계까지 오기 위해서는 변화를 향한 중대한 추진력이 필요하다. 모든 비즈니스 프로세스, 시설, 장치 그리고 공급자들은 친환경 포장을 위하여 새롭게 재편성되었다. 시범사업은 수행되었고 이를 통해 얻어진 주요 교훈은 평가되고 프로젝트로 녹아들었다.

지금이 바로 친환경 포장으로 변화할 시기이다. 새로운 포장이 실행되면, 초기 문제들이 잘 조정되고 있는지 확인하기 위하여 처음 몇 달간의 반응은 조심스럽게 지켜봐야 한다. 새롭게 시작되는 프로젝트가 아무 문제가 없기는 힘들다. 그러나 전담팀은 장기적 관점을 갖고, 모두가 최종 목표에 집중할 수 있도록 해야 한다. 서로 의사소통하고 성공을 자축하는 것 또한 잊어선 안 된다. 이러한 일들은 친환경 포장프로그램과 다른 친환경 공급사슬 프로젝트들이 확장되도록 하는 추진력을 형성해 줄 것이다.

마지막으로 현재의 새로운 것이 불과 몇 달 만에 과거의 것이 될 수 있다는 사실을 유념해 두어야 한다. 그렇기 때문에 지속적인 개선이 필요하다. 새로운 자재, 프로세스, 기술, 공급자들은 생산라인에 등장할 것이고, 추가적인 비용과 환경적인 절감을 이룰 것이다. 따라서 효과적인 친환경 공급사슬프로그램은 지속적인 혁신과 개선을 위한 중요한 능력으로 형성될 것이다.

CHAPTER 08

친환경 마케팅
(Green Marketing)

합리적인 사람이라면 이러한 질문을 할 수 있을 것이다. "왜 친환경 마케팅이 친환경 공급사슬의 일부인가?"

이러한 질문에 대해 우리는 친환경 마케팅을 통해 고객이 구입하는 친환경 제품에 대한 공급 구조에 대해 잘 알고, 그것을 구매에 반영하는 소비자가 점차 증가하고 있다고 대답한다. 마케팅적 관점이 충분히 연계된 정확하고 사실적인 친환경 메시지가 전달되지 않는다면, 많은 고객들은 기업이 어떠한 친환경 홍보 활동도 친환경 컨셉을 내세우는 홍보에 불가한 그린워싱(greenwashing)으로만 간주할 것이다. 어떤 기업들은 탄소발생과정이 거의 100% 외주생산에서 발생한다고 주장할 수도 있다. 그러나 효과적으로 친한경을 실행하기 위해선 기업은 전체 공급사슬 관점에서 탄소 발자국을 줄이기 위한 시도를 해야 함을 명심해야 한다.

우리가 8장을 통해 설명하고자 하는 것은 사례 연구 1(공급사슬의 처음부터 끝까지를 친환경화하는 것이다). 아직까지는 아주 극소수의 공급사슬 만이 처음부터 끝까지를 모두 포괄하고 통합화되며, 조직화되고, 통제된 친환경화를 추구하고 있다.

"그린워싱"이란 말은 지난 2~5여년 사이에 매우 유명해졌다. 온라인 참고 사이트인 dictionary.com에서는 그린워싱을 "친환경적이지 못하고, 쾌적하지 못한 기업 활동으로부터 주의를 끌기 위해 환경친화적 프로그램을 광고하는 관행"이라고 정의한다.

미디어나 NGO 그리고 범국제적 환경단체들은 기업들이 단순한 친환경적 기업 평판을 얻기 위한 그린워싱 활동에 대해 꾸준히 경고 메시지를 보내고 있다. 이런 잘못된 홍보는 근거가 없거나 잘못된 주장(예를 들어, 실제로 그렇지 않지만, 인산염을 사용하지 않는다는 것을 주장한다던지), 쓸모없는 주장(예를 들어, 전통적인 제품 카테고리에 문제가 있었던 인산염을 쓰지 않고 황산염을 쓴다고 주장하거나, 과장된 주장을 하는 경우)을 들 수 있다.

8.1 친환경 마케팅의 중요성

여기의 핵심 이슈는 지구에서 우리는 한정된 자원을 가지고 있지만, 무한정의 욕구를 충족시켜야 한다는 것이다.

실제로 우리는 무턱대고 지구의 공기, 물, 산림, 광석 그리고 농경지를 무분별하게 사용함으로써 후손들의 삶의 터전을 훼손하고 있다. 물론 여기에는 지금 소비하는 것이 타당한가 아니면 후손들이 먼 훗날에 소비하는 것이 나은가에 대한 명확한 상충관계가 존재한다. 몇몇 과학자들은 더 이상 지구는 인간에 의해 훼손되는 희생양이 되어서는 안 된다고 주장한다.; “전 인류적인 보호신뢰”를 바탕으로 지구를 보존하고, 환경규제를 강화하여, 다음 세대들이 우리가 누리고 있는 것보다 더 나은 삶을 영위해야 한다고 주장한다. 이러한 목표는 좀 더 진보적 성향의 국가, 집단 그리고 조직에 의해 점차 신성불가침한 것으로 간주되고 있다.

이러한 시각에 따라, 소비자들과 기업들은 한정된 자연자원이란 문제에 대해 고심하는 한편, 그들의 무한의 욕구를 충족시켜줄 새로운 기술과 방법들을 개발하기 위해 노력하고 있다. 친환경 마케팅의 목적은 이러한 목표를 달성하기 위한 선택된 의미를 제공하고 나아가 이를 소통하기 위함이다. 친환경 마케팅은 기업이 이러한 목표 그 이상을 달성하기 위해서, 내/외부 프로세스, 친환경 공급사슬 환경구축 그리고 관련된 기술들로 대체하기 위한 방안들을 소통하고, 또한 감시하는 역할을 수행한다. 친환경 마케팅이 단지 친환경 공급사슬의 필수적인 한 부분에 국한되는 것이 아니라, 기업의 미래를 지속적으로 번창하게 만드는데 큰 기여를 할 것으로 보는 것이다.

기업의 중역들은 다음과 같은 회사의 친환경 마케팅에 대한 이유를 근거로 노력해야 한다.

- 기업은 그들의 도덕적 의무가 좀 더 사회에 책임적이어야 한다고 믿는다.
- 기업은 환경적인 마케팅이 그들의 목표를 달성하는데 좋은 기회가 될 것이라 믿는다.
- 정부기관들은 조직이 좀 더 환경에 책임적이 되고, 그들의 노

력을 좀 더 능동적으로 알려지도록 노력해야 한다.
- 경쟁기업들의 친환경 활동이 자사의 환경 마케팅 활동을 바꾸도록 압력을 넣는다.
- 기업의 자재 사용에 따른 폐기물 발생 및 처리 비용 증가는 기업의 활동을 친환경적으로 바꾸도록 만드는 요인이 된다.

8.2 친환경 마케팅 추진요인

대부분의 고객(소비자와 생산자 포함)들의 지구 자원 관리에 대한 인식과 관심이 점차 증가하고 있다. 여러 국가를 대상으로 한 1992년도의 한 연구에 따르면, 각 국가에서 50%가 넘는 소비자들이 환경에 대해 염려하고 있다는 분석결과가 나왔다. 호주에서 진행된 바 있는 유사한 연구에서는 응답자의 84.6%가 모든 산업들이 환경에 대한 책임이 있다고 응답하였고, 그 중 80%가 친환경 활동으로 변화하였으며, 그것이 구매행위에 영향을 미쳤다고 결론내렸다.

수요의 본질이 점차 진화할 때, 대부분의 진보적 성향을 가진 기업들은 친환경을 경쟁적 이점을 창출하는 기회로써 받아들이고 있다. 고객을 좀 더 만족시키기 위한 방법으로 환경친화적으로 변모하는 기업들의 사례가 있다. 예를 들어, 맥도날드의 경우 폴리스테린 포장과 오존층파괴에 대해 소비자의 염려가 증가하면서 기존 조개모양 포장재료를 대부분 폐기하고, 왁스를 입힌 종이로 대체하였다. 제록스를 포함한 많은 기업들은 환경에 상대적으로 낮은 영향을 미치는 제품에 대한 수요를 충족시키기 위해 재활용 가능한 고품질의 인화 용지를 생산하기 시작하였다.

물론, 몇몇 기업들은 친환경 마케팅을 토대로 그린워싱을 기대하기도 한다. 그러나 소비자들의 인식 전환이 증가함에 따라, 인터넷을 통한 정보의 확산이 보다 빨라지고 있으며 새로운 형태의 사회적 매체가 온라인상에서 인기를 끌면서, 그린워싱을 통한 지속적 경쟁적 이점 확보가 어려워졌다. 대부분의 사례를 보면, 기업들은 능동적으로 행동하는 소비자들로부터 피할 수 있는 방법을 모색하는데 급급했다. 많은 사례에서도, 공급사슬의 복잡성 때문에 그린워싱을 추구하는 기업들은 소비자가 그들을 어떻게 간주하는지에 대한 지식이 전혀 없음에도 불구하고 오직 공급사슬의 복잡성 때문에 친환경 소비자들로부터 그들의 잘못된 관행을 회피할 수 있었다.

친환경 마케팅을 위한 몇몇 핵심 추진요인들은 아래와 같다.

8.2.1 사회적 책임 문화

이제 기업들은 그들이 공동체의 한 일원으로서, 친환경적으로 행동해야 함을 알고 있다. 기업의 이윤추구의 동기는 친환경적인 책임의식이며, 여러 환경규제 방침들이 이제는 기업문화로 자리매김되었다. 환경적인 적극성은 기업 스스로를 동기부여하는 수단이 되었고, "바디샵"과 같은 기업들은 친환경을 기업 마케팅 전략의 기본 전략으로 수립하였다.

그러나 많은 기업들이 여전히 환경적 요인에 적극적으로 활용하지 못하고 있다. 예를 들어, 코카콜라는 환경적 영향을 줄이기 위해서 제품포장 공정을 친환경적 제품공정으로 바꾸었고, 세계적으로 판매되는 제품을 재활용하는 작업에 많은 돈을 투자하였다. 하지만 이런 단순한 투자는 환경을 우선으로 생각하는 "바디샵"의 의지와는 매우 다르다. 마찬가지로 디즈니월드는 환경적 영향을 줄이기 위한 노력의 일환으로 폐기물 감량프로그램과 이를 위한 기반시설구축을 추진하였다. 하지만 이런 노력만으로는 마케팅과 판촉행사를 중심으로 환경 활동을 추진하고 있는 "바디샵"과 같은 집중효과를 기대하기 어렵다.

전체적으로, 사회적 책임문화는 친환경 공급사슬뿐만 아니나 친환경 마케팅으로 가기 위한 필요 요인이다.

8.2.2 정부 규제

환경적 마케팅을 다루는 정부의 규제는 소비자를 보호하기 위해 다음의 목표를 가지고 있다.

1. 건강에 유해한 상품 또는 부산물이 생산되는 공정을 줄이고자 한다.
2. 소비재와 공공재에서 유해상품의 사용을 줄이고자 한다.
3. 소비자는 그들이 사용하는 물건에 대해서 환경적으로 얼마나 영향을 줄 수 있는지 평가할 수 있는 정보를 제공하고자 한다.

이 외에도 정부의 환경규제를 위한 노력들은 다양한 형태로 진행된다. 기업 활동을 통해 발생된 유해물질의 양과 공기오염, 폐기물 그리고 다른 환경적으로 유해한 물질들을 통제하거나, 소비자들이 스스로 그들의 소비습관에서 환경적 의식을 고취시키기 위한 노력들이 좋은 예가 된다.

이와 같이 정부는 환경 규제를 위한 촉진활동과 정보전달이라는 두 가지 방법을 통해 친환경 활동을 전개하고 있다. 촉진활동은 자발적인 재활용프로그램이나 낭비제거프로그램과 같이 직접적으로 소비자들이 환경적 노력을 기울일 수 있는 다양한 프로그램을 실행한다. 정보전달은 소비자들이 친환경 마케팅에 대한 올바른 선택을 할 수 있도록 돕는 데 주력한다. 이를 위해 정부는 친환경 마케팅을 하기 위한 다양한 동기요인을 개발하고 있다.

8.2.3 경쟁적 동기요인

흔히, 시장을 선도하는 경쟁자는 친환경 마케팅 노력들을 소개하면서 자신들의 경쟁적 위치 강화나, 경쟁적 이점을 창출하고자 한다. 그러나 동일한 시장에서 선도기업을 추종하는 다른 경쟁자들 역시 경쟁에 뒤처지지 않기 위해서는 향후 선도 경쟁자들과 차별화된 친환경 마케팅프로그램을 고객들에게 소개할 것이다. 하지만, 고객들은 후발주자들이 실제적으로 선도기업들을 압도할만한 능력을 갖추지 못했음을 알게 될 것이고, 그들은 실패의 길을 걷게 될 것이다.

따라서 시장의 선도기업에게 있어, 친환경 마케팅프로그램의 빠른 도입은 경쟁적 이득은 물론 후발 기업들을 시장 경쟁에서 제거할 수 있는 수단을 제공한다. 즉, 친환경프로그램의 도입은 시장의 선도기업이 경쟁 시장 내에서 자신의 위치를 확고히 하고, 장기적으로는 시장점유율 향상을 안겨다 줄 것이다.

8.2.4 이익 향상

기업은 점차 친환경 마케팅프로그램이 더 높은 수익을 이끌어 낸다는 결론을 내리게 된다. 많은 사례에서도 더 낮은 비용과 더 높은 수익의 직접적인 관계가 같은 시점에 발생하는 것을 볼 수 있다.

많은 소비자들은 실제로 높은 가격을 형성하는 고품질의 친환경 제품들을 위해 기꺼이 가격을 지불하고자 한다. 이는 재활용 인사카드, 유기농 생산, 친환경 목재 등 여러 실생활 사례를 통해 소개되어 왔다.

그러나 여전히 일관성 있는 친환경 메시지를 생성하거나 소비자에게 전달할 수 있는 능력을 갖춘 친환경 마케팅을 수행하고 있는 기업은 많지 않다. 이러한 기업들은 흔히 친환경 제품에 관심이 없는 소비자들에게 비난을 받을 수 있다.

반대로 코카콜라와 같은 기업은 친환경 인증을 수행하고 있지만, 실제 고객들에게 홍보하고자 하는 핵심 메시지가 분산될 것을 염려하여 친환경 인증에 대해 소비자에게 알리는 것을 등한시 하기도 한다.

둘 중 어느 경우나 친환경 마케팅을 통해 수익을 증가시킬 수 있는 기회를 상실하고 있다는 것은 분명해 보인다.

기업은 종종 그들의 전체 공급과 생산 프로세스 그리고 기반시설에 대해 친환경적인지 여부를 재조사하도록 압박을 받고 있으며, 또한 모든 종류의 폐기물을 최소화하려는 시도를 하고 있다. 많은 사례에서 이러한 기업들은 낭비를 줄이고 몇몇 원자재에 대한 필요성을 감소시키는 높은 수준의 생산 프로세스를 개발할 것이다. 예를 들어, 폴리염화바이페닐(PCB)에 오염된 기름(처리하는 데 비용이 드는)과 같은 환경적으로 유해한 물질로 만들어지는 제품의 생산을 줄임으로써 전반적인 비용들이 감소될 수 있다. 그러나 다른 경우 폐기물을 최소화하는 대신에, 그들의 부산물을 판매할 수 있는 시장을 찾아 내는 등 생산 공정의 마지막 단계에서 발생하는 폐기물을 다른 조직의 생산 투입물로 사용되도록 할 수도 있다. 이러한 예시는 부산물로 나오는 산성폐수를 원자재의 중성화를 위해 사용하는 다른 기업에 판매하는 기업의 사례를 통해 이해할 수 있다.

기업은 친환경 마케팅을 통해서 높은 수익률을 보장받는다. 많은 예에서 볼 수 있듯이, 친환경 마케팅의 도입은 높은 수익과 낮은 비용을 보장한다.

8.2.5 혁신을 위한 욕구

친환경 마케팅을 위한 추진요인은 많은 혁신적 기업에 내재되어 있는 혁신에 대한 욕구이다. 혁신의 결과로 기업은 새로운 상품과 서비스, 사업군의 개발이 지속적으로 이루어지고, 친환경 소비자를 위한 시장을 공략할 수 있다. 이러한 일들은 주어진 많은 방법들과 몇몇 사례들에 나타나 있다. 어떤 기업은 폐기물을 제거하고 이를 다른 기업에 판매하기 위한 기술을 기발한다. 많은 관련 사례들이 있는데, 처음에는 기업 내부적으로 사용하기 위한 개발을 시작하지만, 향후에는 시장에서 다른 사용처를 확보하여 외부 시장에 팔게 된다.

폐기물 재활용이나 제거 산업은 부가적 단계인 서비스에서 시작되었다. 예를 들어, 냉각기에서 쓰이는 기름을 청소하는 기업은, 그 기름을 바꿔 주고 처리해 주는 일을 맡게 되고, 이것은 냉각기를 관리하는 데 드는 비용을 줄여 주는 동시에 기름청소 조직에 수입을 제공해 주는 기회가 되었다.

친환경 마케팅 전문가들을 육성하면서, 친환경 공급사슬 전문가와 환경 컨설팅 기업들은 친환경화를 위한 기업의 노력을 보조하는 촉진 서비스를 추진하고 있다.

8.3 친환경 마케팅의 도전 과제

친환경 마케팅이 성공하기 위해선 반드시 극복해야 하는 몇 가지의 잠재적 문제들이 있다. 주된 문제들 중 하나는 기업들이 친환경 마케팅을 사용하면서 그들의 활동들이 소비자와 산업에 유익하며, 어떠한 환경규제나 법률에도 위배되지 않는다는 것을 환경적 마케팅을 통해 보증할 수 있어야 하고, 친환경 마케팅 환경적 이점들에 대해 명확하게 설명해야 한다.

기업이 빈번하게 마주치는 또 하나의 문제는 소비자의 인식이 때때로 옳지 않다는 것이다. 예를 들어, 맥도날드의 사례를 볼 수 있는데, 맥도날드는 기존에 사용하던 폴리스테린이 환경에 유해하다는 소비자들의 불만에 따라, 플라스틱과 코팅된 종이를 사용한 포장으로 포장패키지를 변경하였다. 하지만 과학적인 증거들을 통해 살펴보면, 실제적으로는 폴리스테린이 환경적으로 덜 해롭다. 이 사례에 따르면 맥도날드는 고객의 요구에 따라 환경에 더 해로운 것을 선택한 셈이다. 여기서 강조되어야 할 것은 합리적 의문을 증명하기 위한 철저한 연구와 분석을 수행해야 한다는 점이다.

과학적 증거를 강조하는 것, 또한 다른 문제로 야기될 수 있다. 관리자나 소비자들은 환경적 영향을 뒷받침하는 과학적 증거에 대해 종종 혼란을 느끼기 때문이다. 이러한 이유 때문에 환경적 영향정보가 생성되고, 분배되는데, 누가 이러한 일을 수행할 것인가는 매우 중요하다. 종종, 과학계, 정부, NGO들 그리고 기업들 사이에 존재하는 차이는 자신들 스스로 더 많은 이점을 얻으려고 노력하는 현상으로 나타나게 된다. 이러한 결과는 방대한 양의 잘못된 정보와 허위정보 혹은 조작된 과학적 증거를 제공해 빈번한 거절이나 잘못된 결론을 양산한다. 이러한 혼란의 결과로 인해 많은 기업들은 딜레마에 빠진다.

기업은 현재 활동이 미래의 환경에 해로운 결과를 가져올 수 있다는 위험성에 직면하고 있다. 예를 들어, 살충제 분무기 산업은 CFCs(프레온 가스)에서 HFCs(수소화불화탄소)로 전환하였다. 하지만 미래에 HFCs가 더 많은 온실 가스를 배출한다는 사실을 알게 되었다. 이러한 사례는 왜 코카콜라, 월트 디즈니 월드와 같은 몇몇 기업이 친환경 기업이 되려고 노력하는가에 대해 알려 준다. 그들은 과거에 그들이 잘못 결정하여 미래에 잠재적으로 발생할 수 있는 부정적 반발로부터 자신들을 보호하려고 노력하는 것이다.

정부 차원에서도, 환경을 다루는 하나의 중심부서가 없이 무분별하게 대응한다면, 불필요한 여러 규제와 지침을 양산해 낸다. 게다가 이러한 규제가 잘못된 과학적 조사로부터 생성된 허위정보에 근거해 만들어졌다면 이는 역효과를 불러 올 수 있고, 환경적 재앙을 악화시킬 수 있다. 정확한 정보를 기반으로 규제를 도출하는 능력이 부족하다면, 모든 환경적 이슈를 통해 문제 해결을 하는 것은 가능하지 않다.

기업들은 선도기업들을 단순히 따라가는게 언제나 좋은 전략이 아니란 것을 깨닫게 될 것이다. 미국의 큰 정유기업은 경쟁 관계 속에서 생분해성의 비닐 쓰레기봉투를 소개한 바 있다. 기술적으로 이것은 생분해성을 띄고 있으나, 실제적으로 버려졌을 때는 생물학적인 분해가 나타나지 않아 문제가 되었다. 이 때문에 실제와 다른 사실을 허위광고했다는 혐의를 받게 되었고, 미국 법원에 회부되었다.

결국 비용을 줄이고 이익을 높여야 하는 압력 때문에 기업이 환경적 영향을 감소하고자 하는 중대한 이슈를 따라가지 못하게 된다. 몇몇 편법에 의한 해결책들은 실제적으로 폐기물을 감소시키지도 못하면서 문제를 다른 곳으로 돌리게 된다. 물론 단기적으로는 이러한 방법을 통해 수익성을 보장받고 환경성이 좋다는 평가를 들을 수 있지만, 장기적 관점에서는 본질적인 환경문제를 다루지 못한다. 궁극적으로 더 많은 폐기물이 생산되고 폐기물이 계속해서 누적되게 된다.

8.4 친환경 마케팅의 구성요소

친환경 마케팅이 환경적 특성을 가진 제품의 홍보나 광고를 벗어나는 부분이라는 잘못된 인식이 지속되고 있다. '인산 없음', '수은 없음', 100% 재활용가능, 100% 프레온 가스 없음, 오존 친화적임, 환경친화적임 등과 같은 이러한 표현들이 대다수의 기업에서 친환경 마케팅 계획의 핵심으로 취급받고 있다. 그러나 친환경 마케팅은 훨씬 더 넓은 개념으로 제조, 소비재, 산업재, 서비스 분야 등 다양한 산업에 동등하게 적용될 수 있다. 전 세계의 서비스 산업 중에서 극단적인 예를 하나 들자면 스스로를 "친환경 관광" 리조트라고 홍보하는 리조트를 들 수 있다. 이들은 가능한 자연의 경험을 제공하는데, 환경적 영향을 최소화하는 방식으로 운영하는 동시에 안락함과 호화로움을 제공할 것을 약속한다.

친환경 마케팅에서 수행되어야 할 활동과 고려사항의 전범위는 아래의 그림 8.1에 나타나 있다. 우리는 그림 8.1를 통해 친환경 마케팅에 대해 종합적으로 토론하는 동시에 이러한 프레임워크상에서 일어날 변화를 예상하고, 공정하게 적용되도록 한다. 또한

그림 8.1 친환경 마케팅 프레임워크

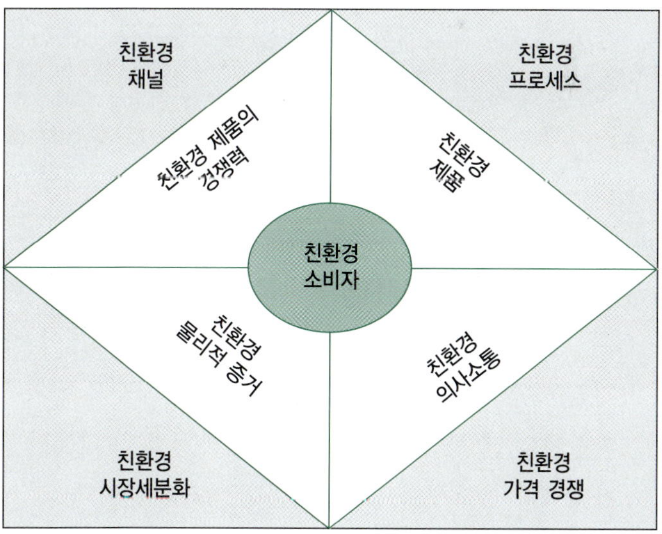

어떠한 기업도 이 프레임워크를 따르면, 적어도 "그린워싱"은 피할 수 있게 된다고 본다. 이와 동시에, 이것이 적절하게 적용되었다면, 대부분의 기업들은 순자산 효과를 결과로 얻을 수 있을 것이다.

친환경 마케팅의 정의는 다음과 같을 수 있다.

"지구의 환경에 대한 부정적인 영향을 최소화하면서, 인간 욕구나 요구가 반영된 형태로 변화를 꾀하고, 이를 확신시키기 위해 계획되고 실행되는 일련의 활동들의 집합"

여기서 강조점은 지구의 환경에 부정적인 영향의 최소화이다.

다른 핵심사항은 제품 자체나 형태보다, 소비자들의 요구사항과 욕구의 만족에 초점을 맞춘다. 이것은 이러한 요구사항과 욕구들이 해로운 제품에서 해롭지 않은 제품으로 대체하는 것을 통해 충족될 수 있다.

이제 친환경 마케팅의 구성요소에 대해 더 자세히 설명하겠다.

■ 친환경 소비자

친환경 마케팅 활동의 핵심 고려 사항은 친환경 소비자이다. 다른 이해관계자들도 중요하고 욕구를 잘 충족시켜야 하는 것은 맞지만, 친환경 마케팅 그리고 친환경 공급사슬 실행의 근본 원인이 환경에 대한 부정적 영향을 최소화하는 범위 내에서 친환경 소비자의 욕구와 요구를 충족시키는 것이기 때문이다.

친환경 마케터들은 친환경 소비자가 어떤 생각을 가지고 있는지 이해하기 위해 많은 돈을 투자하였다. 그들은 이제 이러한 소비자 집단을 이해하고, 그들의 구매과정에도 영향을 미친다. 하지만 반대로 많은 비즈니스 리더들과 공급사슬 리더들이 그들의 기업 만은 예외이길 바란다. 이러는 동안 그들은 친환경 마케팅을 통해 소비자들을 만족시키고 엄청난 수익 증가의 기회를 놓쳐 버린다.

친환경 소비자를 둘러싼 핵심고객들이 직면한 친환경 요소들은 다음과 같다.

- 친환경 제품
- 친환경 판매직원
- 친환경 의사소통
- 친환경 물리적 증거

각각의 고객 응대를 위한 친환경 요소들은 다음의 조직적 구성 요소를 가진다.

- 친환경 상품을 위한 친환경 프로세스
- 친환경 판매직원을 위한 친환경 판매경로
- 친환경 의사소통을 위한 친환경 가격설정
- 친환경 물리적 증거를 위한 친환경 세그먼트

우리가 위에서 여러 번 살펴본 것처럼, 친환경 마케팅이 실제 지향하는 것은 그린워싱을 넘어서 명확히 기업의 비즈니스 운영 방향과 방식을 변화시키는 것이다.

■ 친환경 프로세스와 친환경 상품들

친환경 프로세스와 상품은 친환경 마케팅의 핵심을 이루고 있다. 조달, 생산, 물류를 포함하는 전체 공급사슬 프로세스를 친환경 프로세스가 처리한다. 친환경 제품이 단지 친환경 프로세스의 활용을 통해서 만이 제조되고 서비스되는 것이 아니라, 실제로 이를 사용하는 친환경 고객들에 의해 정의되어진다.

우리는 이 책의 나머지 부분에서 친환경 프로세스에 대해 좀 더 자세히 다루고, 전통적 프로세스와 친환경 프로세스 간의 명백한 차이 그리고 제품의 "친환경" 인증에 대한 몇몇 의구심에 대해 설명하고자 한다.

상품, 포장, 상품 디자인, 배송 그리고 상품의 다른 측면에 "친환경"적 이미지를 더하는 방법은 전통적 방식으로 만든 상품과 친환경 방식의 상품의 차이점을 강조하기 위해 다양해질 수 있다. 그러나 친환경 프로세스의 근본적 기반이 없다면, 이러한 노력이 단순히 그린워싱으로 전락할 수 있고, 역효과가 발생할 수 있다.

■ 친환경 채널과 친환경 제품의 경쟁력

만약 조직의 고객 대응 부서가 친환경 목적에 전적으로 동화되지 않는다면 친환경 프로세스와 제품으로의 변화를 위한 모든 시도가 헛수고된다. 고객에게 이르는 전통적인 유통망과 이를 운영하는 직원들은 친환경적인 마인드를 갖추고 고객들과의 의사소통을 하기 위해 필요한 정보를 전달하기 위한 실질적인 재교육이 필요할 것이다. 간혹 기존의 유통망과 친환경적인 개념이 적절히 부합되지 못하는 경우도 발생하는데, 이러한 경우 새로운 유통망의 개설이 필요하다.

친환경 판매인력은 친환경 유통 채널보다 훨씬 더 중요하다. 왜냐하면 판매 인력이 실제로 친환경적 메시지를 전달하지 못한다면, 친환경 프로세스와 제품의 중요성이 명확하게 전달되지 못할 것이기 때문이다.

만약 판매 인력이 자신들의 메시지에 관심을 가지지 않는다면, 친환경 프로세스와 복잡하고 난해한 제품의 모든 세부사항들을 이해하고 전달하는 데 어려움을 느낄 것이고, 자신들의 믿음과 메시지 사이에 발생하는 부조화를 고객들에게 처음부터 끝까지 드러낼 것이다. 그리고 나아가 메시지, 제품 그리고 조직의 신뢰성까지 부정적인 영향을 끼칠 것이다.

■ 친환경 가격 책정과 친환경 의사소통

친환경 가격 책정은 소비자들에게 질적인 면에서 매우 중요한 신호를 보내고, 환경에 주의를 기울이게 하며, 기업 내의 혁신적인 사고를 불러일으킨다. 우리가 여러 번 질문받았던 내용들: 과연 소비자들이 친환경화에 대한 추가적인 비용을 지불할 것인가?

우리는 그러한 질문에 맞서 다음의 두 가지 질문을 할 수 있다.

1. 당신은 친환경화에 더 많은 비용이 소요된다는 결론을 어떻게 내렸는가?
2. 당신은 최근에 당신의 제품이나 소비자로부터 얻는 수익을 최대화하기 위해 어떤 가격전략을 사용하고 있는가? 그리고 당신은 친환경 제품과 소비자들을 다루기 위해 어떻게 이러한 전략을 적용할 수 있는가?

일반적으로, 이 두 가지 질문에 대한 대답은 매우 근본적인 답이 될 수 있다.

그러나 때로는 가격 전략에 대해 약간의 혼동이 발생한다. 이러한 경우에 증가하는 친환경 제품비용이나 이익에 대한 불명확성이 혼란을 가중시킬 것이다. 이를 명확하게 만들기 위하여 우리는 기본적인 수요 · 공급 결정에 대한 분석(이러한 분석은 책의 범위를 넘어선다) 및 제품 비용, 경쟁, 소비자 등 가격 책정과 관련된 요소들에 대한 철저한 분석이 필요할 것이다. 그러나 우리는 기업의 평판이나 신뢰 그리고 수익을 강화하기 위하여 가격 결정의 신호를 잘 읽어 내는 것은 매우 중요하며 이를 주의 깊게 조화시키도록 해야 할 필요가 있다.

반면에, 친환경 의사소통은 적절한 매체를 사용하고 목표 고객(친환경 고객)들에게 전달할 적절한 메시지를 적절한 채널과 미디어를 통하여 전달하여야 한다(미디어는 친환경 채널, 판매력, 미디어, 전통적인 미디어, 또는 새로운 미디어를 뜻함).

조화로운 의사소통 전략을 세우고 실행하기 위하여, 미디어의 선택과 메시지 성격을 선택한 미디어와 적절히 조합하는 것은 지극히 중요하다.

색깔, 글꼴, 포장 재료, 인쇄 재료, 문구 또는 중립적인 느낌 등의 형태가 없고 잠재의식과 관련된 의사소통 역시 중요하다. 친환경 의사소통과 관련이 있는 친환경 프로모션이라는 것은 판촉활동과 친환경 제품의 채택을 가속화시킬 수 있을 것으로 예상되는 노출전략의 전 범위를 다룬다.

■ 친환경 시장세분화와 물리적 증거

전통적인 STP 전략(시장세분화, 표적시장선정, 포지셔닝)은 잠재적인 고객을 유사한 특징을 통해 그룹화하여 구분하는 방법이다. 때문에 STP 전략을 통해 고객들에게 맞춤 제품을 제안할 수 있고 그들의 흥미를 불러일으킬 수 있다.

친환경 시장세분화는 친환경 고객들을 유사한 특징을 가진 사람들끼리 세분화하는 것으로 첫 번째 단계를 거치게 되는 데, 이를 통해 제품, 프로세스, 의사소통 그리고 채널 등이 세분화되어진 각각의 그룹에 맞도록 조정할 수 있다. 한 가지 예를 아래에서 살펴보면, 페인트 제조를 위한 친환경 시장세분화의 시도가 나온다(그림 8.2 참조).

이 예시에서 불가치론자와 구두쇠는 환경적인 민감도가 낮고 잠재적 고객과 관련된 두 개의 카테고리에 해당하고, 친환경 옹호론자와 가치추구론자는 환경적인 민감도가 높고 잠재적인 고객과

그림 8.2 친화경 시장세분화(예, 페인트 산업)

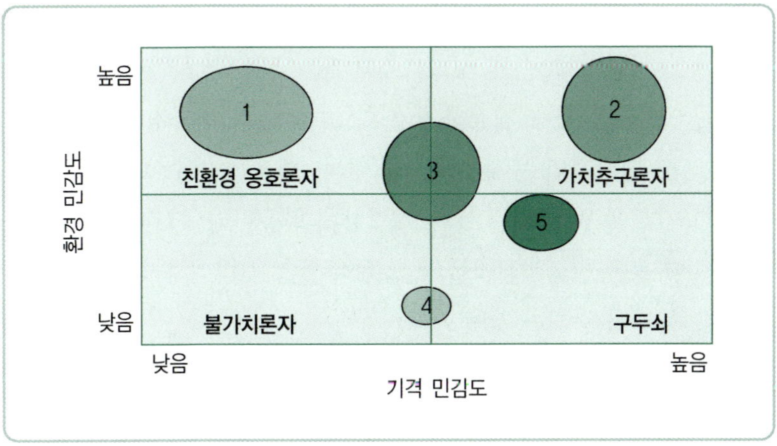

관련된 두 개의 카테고리에 해당한다.

고객의 전체 영역이 고객의 심리에 기초하여 분류될 때, 4와 5 영역의 소비자들은 상당히 작은 부분을 차지하며, 친환경 제품에 대해 큰 관심이 없는 집단이라는 것을 알 수 있다. 하지만 1, 2, 3 영역의 소비자들을 보면, 각각 상당히 큰 비중을 차지하고 있고, 이에 따라 가격과 의사소통의 관점에서 매우 다른 마케팅 전략이 필요함을 알 수 있다. 예를 들어, 1영역의 소비자들은 가격적인 부분에서 훨씬 더 민감한 반응을 보이는 2, 3영역의 소비자들과 비교하여 더 많은 돈을 지불할 것이고, 다른 유통경로를 필요로 할 것이다.

위의 예시에서 보는 것과 같이 친환경 소비자들을 포함한 모든 소비자들이 똑같이 생각하고 있기 때문에 동일한 마케팅 전략을 통해 가치를 전달할 수 있다는 것은 잘못된 생각이다.

나아가, 이러한 기술은 메시지의 오염 없이 적절한 가치 제안과 의사소통을 디자인해야 한다. 최종적으로, 이러한 기법을 통해 세분화 기반의 마케팅 전략을 실행할 수 있다.

충분한 물리적 증거가 친환경 소비자에게 제공하는 것이 단지 그린워싱에 관한 시도라기보다는 진정한 친환경 가치를 친환경 소비자들에게 제공하게 된다. 대부분의 친환경 소비자들은 상당히 철학적인 동시에 회의적이며, 쉽게 속임수에 넘어가서 왜곡된 진실을 믿게 되는 것에 기민하게 반응한다. 그러므로 친환경 소비자들은 친환경론자들의 모든 주장을 뒷받침하기 위해 지속적으로 물리적 증거를 찾게 된다.

CHAPTER 09

공급 루프
(Supply Loops)

이 책에서 우리는 한 프로세스의 결과물이 다른 프로세스의 투입물로 들어가는 공급사슬모델을 묘사하기 위하여 '공급 루프(Supply Loops)' 라는 용어를 종종 사용해 왔다. 이제 공급 루프에 대해 좀 더 상세히 살펴보고자 한다. 공급 루프가 무엇인지, 어떻게 형성되는지, 우리가 얻을 수 있는 것들은 무엇인지, 친환경 공급망에서 얼마나 중요한 역할을 하는지를 이해하는 것은 독자들에게 매우 중요한 항목들이다.

"공급 루프"라는 용어는 같은 공급사슬 또는 다른 공급사슬로부터 만들어지는 물질, 제품, 또는 부산물을 재활용하고 재사용하는 공급사슬의 한 부분을 의미한다. 좀 더 자세히 살펴본다면, 대부분의 공급사슬이 몇 개의 공급 루프로 구성되어는 있지만 "공급 루프"라는 용어의 사용은 현재 사용되는 것보다 더 유용하게 확장

될 수 있다고 말하는 것이 맞을 것이다.

완전히 똑같은 공급사슬은 없으며, 또한 완전히 똑같은 공급 루프도 없다. 모든 조직은 현재의 요구를 충족시키기 위해 공급사슬을 구성하며, 효과적인 비용관리가 필요할 때 공급 루프를 사용한다. 하지만 단순한 비용 절감의 관점을 넘어 상호관계를 형성하고 있는 비용과 서비스, 비용과 가치 등과 같은 두 개의 좋은 예시에서 볼 수 있듯이 비용은 단지 하나의 요소일 뿐이다. 적합한 친환경 공급사슬을 구성하기 위하여 지속적이고 열성적으로 생각하지 않거나 지식이 부족하다면, 현재의 생각에 사로 잡혀 결국은 공급 루프의 개념은 거의 사용하지 못하는 현실을 받아들이게 될 것이다.

9.1 공급 루프의 예시

아래에는 산업의 공급사슬에서 빈번히 볼 수 있는 공급 루프와 관련한 3개의 일반적인 예시는 다음과 같다.

- 제조공정 공급 루프
- 정방향 물류 공급 루프
- 정방향/역방향 물류 공급 루프

9.1.1 제조공정 공급 루프 예시

제조공정 공급 루프에서는 부산물이나 폐기물이 어떠한 방식으로도 재사용될 수 없을 때까지 한 공정의 부산물은 다음 공정의 투입물이 될 것이고, 발생되는 폐기물은 친환경적인 방법으로 최종 처리된다. 이러한 종류의 공급 루프가 적용되는 산업은 수없이 많으며, 특히 화학 산업, 일용품 산업, 석유 산업, 의약품 산업, 농업 등을 포함한다.

물론 각각의 산업, 각각의 기업은 그 특성에 맞게 공급사슬로 구성되고 사용될 것이다

그림 9.1은 공급 루프의 일반적인 형태를 보여준다.

그림 9.1 제조공정 공급 루프의 구조

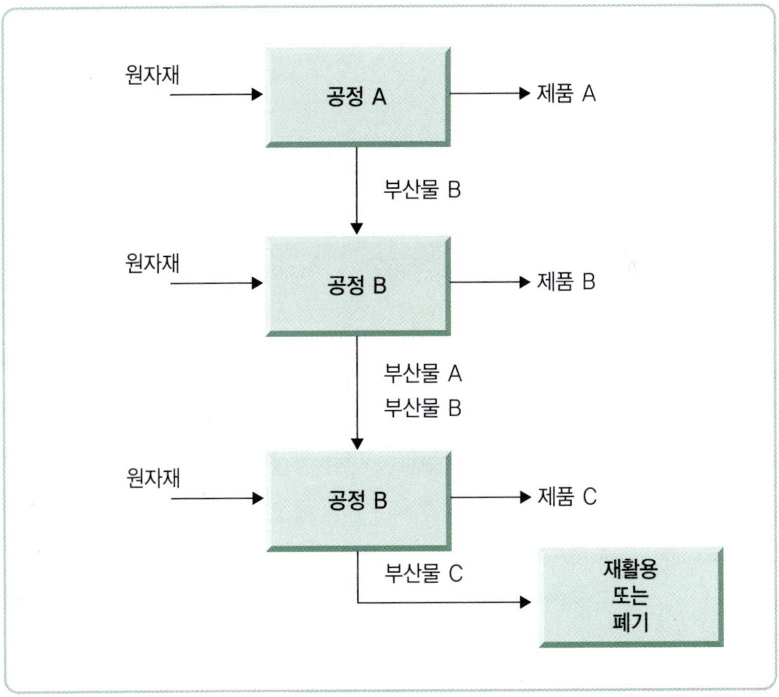

그림 9.2 정방향 물류 공급 루프의 구조

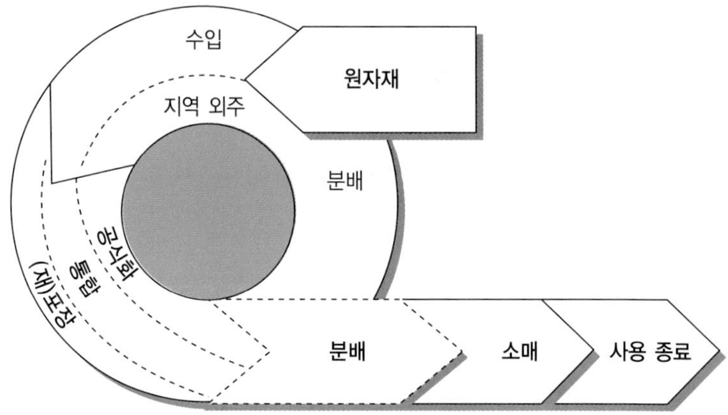

9.1.2 정방향 물류 공급 루프 예시

정방향 물류 공급 루프는 한 공정의 산출물이 직접적으로 하나의 제품이 되거나 추가적인 재포장, 재작업 또는 가치를 추가하는 단계를 거쳐서 최종소비자에게 전달되는 단순한 공급 루프를 의미한다.

이때 완전히 다른 제품을 만들기 위한 목적의 새로운 공정의 최종산출물을 이용하기 위해 많은 제조과정을 거치면 안 된다. 일용품 산업 또는 화학 산업은 이러한 종류의 공급 루프와 관련된 예이다.

앞서 설명된 바와 같이 이러한 예시들은 각 기업에 따라 다를 것이며, 정방향 물류 공급 루프와 다른 형태의 공급 루프의 조합은 일반적으로 사용되고 있다. 그림 9.2는 전문적인 화학 산업에서의 사례 연구를 참고하여 도식화한 것이다.

9.1.3 정방향 /역방향 물류 공급 루프 예시

정방향 /역방향 물류 공급 루프는 한 공정에서 발생한 불량품을 다른 공정의 투입물로 이용하기 위하여 다양한 계층에서 다양한 방향으로 이동시키는 통합된 공급 루프이다.

점점 더 많은 산업의 기업들은 친환경 공급사슬에 초점을 맞추는 현산업의 관심들과 비용압박으로 인하여 통합된 공급 루프를 생각하기 시작했다. 이를 위해 "우리 공정의 투입물로 필요한 물질이 될 수 있는 어떠한 부산물들이 버려지고 있는가?"와 같은 질문을 하게 된다. 예비적인 분석과 조사를 통해 얻은 결과에 대하

그림 9.3 정방향/역방향 물류 공급 루프 구조

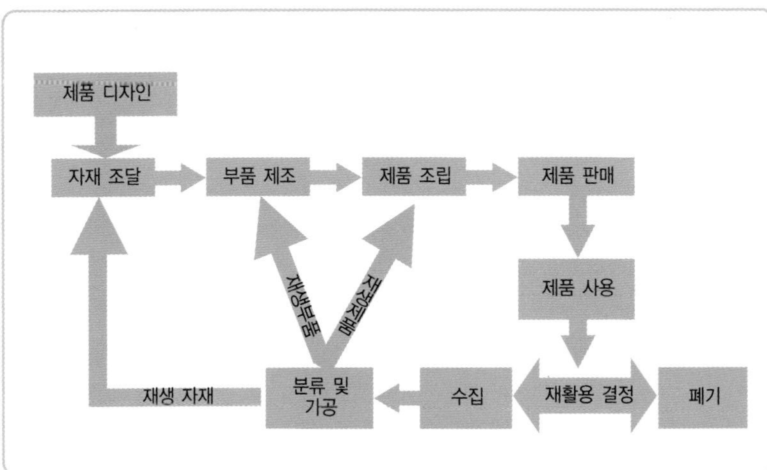

여 추가적으로 고민하고 상상력을 동원한 새로운 사고를 한다면 전체 공급망 내의 루프 속 루프를 만들기 위한 새로운 형태의 공급 루프의 적용은 실현가능하다.

최적화된 다계층/다방향 공급 루프를 만들기 위해서는 지속적인 개선에 대한 사고방식이 필수적이다. 이러한 공급사슬은 하나의 단계로 만들어지지 않는다(그림 9.3 참조).

새로운 기술이 이용가능하고, 부산물을 활용하기 위한 새로운 방법들이 개발됨에 따라 그리고 새로운 자재원이 발견됨에 따라 공급사슬은 환경적으로 가장 건강한 수준을 유지하기 위해 지속적으로 점검되고 조정되어야 할 것이다.

9.2 공급 루프의 구성요소

위의 세 가지 사례들은 각각의 공급 루프가 다른 면이 있지만 대부분의 공급 루프들 사이에는 공통적인 요소들도 있다는 것을 보여주고 있다.

- *순환공급사슬*: 공급사슬의 여러 부분을 의미
- *역방향 물류*: 공급사슬의 일부 단계에서 재순환 또는 재사용을 위해서 중요한 결정이 요구됨
- *분해 라인*: 부산물 또는 수명이 끝난 상품의 분해과정이나 자원 이동을 용이하게 해 주는 발달된 공정과 기반시설

9.2.1 순환공급사슬

순환공급사슬은 한 공정으로부터 나오는 산출물(부산물, 생산 잔여물 또는 실제 상품 등)이 완전히 다른 공정의 중요한 투입물로 사용되는 공급사슬들을 총칭한다.

따라서 순환공급사슬에서 사용된 용어들 사이의 여러 차이점들을 구별하는 것은 매우 중요하다. 표 9.1에서 이러한 용어들을 확인할 수 있다. 다른 용어들이 유연하게 사용될 수도 있고, 가끔은

표 9.1 순환공급사슬 용어 구분

용어	설명
재생산	중고품에서 나온 자재나 새로운 자재를 이용하며, 제품생산을 위해 전체 공정이 가동된다. 예를들어, 휴대폰이나 이와 유사한 제품들은 새부품들이 반품된 자재와 함께 조립되어 재생산된다.
수리	부품을 전부 분해하지만 전체 공정을 거치는 것은 아니다. 기본 구조는 동일하게 유지한 상태로, 오래되거나 결함이 있는 부품은 제거하고 새것으로 교체하며, 오일을 보충한 후 재조립 및 검사 공정을 진행한다. 예를 들어, 보쉬(Bosch)는 기계나 도구들은 수리한 후, 제품보증과 함께 싼가격에 판매한다.
재단장	상품의 기본 구조는 건드리지 않으며, 간단한 수리, 도색, 청소, 얼룩 및 스크레치 제거와 같은 작은 변화로 새제품 같은 상태로 만든다. 가구의 재단장이 한 예이다.
재공정	한 공정의 결과물이 원하는 수준이 아닌 경우, 이를 반복하여 공정에 다시 투입되는 것이다.
회수	공정 후 오일이나 액체는 한 번 사용된 이후, 새로운 공정이나 같은 공정에 사용하기 위해 회수된다.
보수	상품을 다시 사용가능하도록 만들기 위해 결함이 있는 부품을 교체하는 것이다.

재활용	중고품 또는 결함이 있는 상품을 수집하여, 똑같은 형태나 다른 형태로 다시 사용하는 것이다. 예를 들어, 나이키(Nike)는 재사용 신발 수집소나 행사장에서 낡고 훼손된 운동화를 수집한다. 재활용 공장에서는 이러한 신발들을 분류하고 잘게 조각내어 세 종류의 원자재로 만든다. 밑바닥의 고무, 운동화 중간단의 발포고무, 운동화 상단의 섬유로 구분되며, 이를 총괄하여 나이키 그라인드(Nike Grind)라고 한다. 나이키 그라인드는 운동장, 트랙, 농구코트 등에 사용된다.
재사용	상품을 변형하거나, 또는 변형하지 않고 그대로 재사용하는 것이다(예, 포장재, 토트, 팔레트. 등). 또 다른 예로, 영국 Daventry 지역의회에서는 백색가전제품의 재사용을 위해, 가정의 폐기물수집의 일부로서 세탁기, 식기세척기와 같은 백색제품을 수거한다. 이들 제품은 확인 및 수리절차를 거쳐 가전제품이 필요하지만 구매여력이 없는 저소득층에게 나눠진다.
처분	더 이상 활용이 불가한 자제는 쓰레기매립지로 버려진다.
분해	중고품에서 손상이 없는 부품을 분리하는 것이다. 이러한 부품들은 나중에 재활용 또는 재사용되며, 제품의 나머지 부분도 재사용되거나 폐기 처리된다.

서로 바꿔서 사용가능하다. 이들 용어에는 분명한 뉘앙스의 차이가 있을 뿐만 아니라 공정, 장비, 기반시설 그리고 산출물에서도 차이점이 있다.

이러한 예들은 매우 많으나, 이 중 어느 것도 가능한 만큼 활용되지는 않는다. 또한 각 공정에 사용되는 에너지나 시간의 양은 엄청나게 다르며, 결과적으로 친환경 공급사슬에서 발생되는 비용적인 결과도 다르게 나타난다. 이러한 관점에서 공정형태는 제품변화의 정도와 관련이 있음이 분명하다(그림 9.4 참조).

그림 9.4 순환공급사슬 – 변화 정도

원제품의 변화 정도 ↑

재활용 – 중고품으로부터 자제를 제거하거나 제조공정에서 분산물을 제거하여 신제품을 생산하는데 제거된 자제, 부산물을 사용

재공정 – 신제품의 상태로 만들고 상품의 원기능대로 사용하기 위해 낡고 손상된 부품을 교체하여 중고품을 복구

재사용 – 제품과 자제를 최초의 형태 또는 약간 변형된 형태로 같은 목적으로 다시 사용하는 것

재단장 – 클리닝, 도색 등을 통해 제품의 외관을 변화시키는 것, 주요 부품, 구조는 유지

수 리 – 신제품처럼 만들기 위해 이전의 상태로 변화 또는 복구

보 수 – 결함을 고치고 사용

재공정 – 공정 후 재사용

9.2.2 역방향 물류

역방향 물류란, 이름에서 알 수 있듯이 재공정, 재생산, 보수, 재사용, 재활용, 분해 또는 처분이 가능하도록 상품이 목적지에서부터 원산지로 역으로 이동하는 것을 의미한다.

여기서 '상품'은 원자재, 재공/반제품 재고, 완제품을 의미한다. 또한 '목적지'는 원자재 생산 공장, 재고 창고 그리고 완제품의 소비자, 소매업자, 유통업자를 말한다.

또한 역방향 물류 공정은 잉여재고뿐만 아니라 반품, 설비 기계의 관리와 판매를 모두 포함한다. 이는 반품관리라고도 한다. 물류가 상품을 고객에게 가져다 주는 것과 관련 있는 것처럼, 역방향 물류는 중고품, 결함 상품, 배송이 잘못된 상품을 고객으로부

터 공급자에게 가지고 오는 것과 관련이 있다. 이때, 고객은 환불 규정에 따라 최종소비자가 되기도 하고, 소매업자 또는 유통업자가 되기도 한다. 그리고 공급자는 상품의 구매장소와 방법 그리고 환불규정에 의해 소매업자, 유통업자 또는 생산자가 될 수 있다. 그러나 이것만이 반품 관리가 아니며, 환불 방지, 게이트 키핑(gate keeping), 물품 수거, 처리 활동 그리고 제품수명의 종료에 대한 관심 등이 모두 포함된다.

그러므로 역방향 물류는 공급 루프에서 매우 중요한 부분을 차지하며, 이는 다음에 좀 더 구체적으로 논의될 것이다.

■ 역방향 물류 활동

역방향 물류에서 효율적인 게이트 키핑은 매우 중요하다. 이는 역방향 물류 공정으로 상품이 들어가는 시점이며, 반품된 상품이 결함이나 손상이 있는지 또는 부적절한 반품인지 철저한 검사가 요구된다. 일반적인 환불정책은 고객을 끌어들이고 판매를 올리기 위해 만들어졌지만, 그 정책이 적절히 적용되지 않으면 고객들에 의해 남용될 수도 있다.

일단 상품이 회사로 반품되면 다양한 처리방법이 고려될 수 있다. 그림 9.5는 적용 사례를 보여준다. 사업의 특성, 시장에 공급되는 상품의 종류, 사용자의 특성에 따라 다양한 변형이 가능하다. 제품의 결함이나 채널 오버로드(재고조사 후 유통단계가 지나치게 많아 이러한 상품들이 구식 상품으로 여겨질 경우 소매업자들은 공급자에게 상품을 반품)와 같이 상품 반품에는 많은 이유들이 있다.

위의 예에서의 고객들은 완전한 환불을 위해 공급자에게 반품하며, 만일 사용되지 않은 상품이라면 다른 고객에게 재판매하거

그림 9.5 역방향 물류

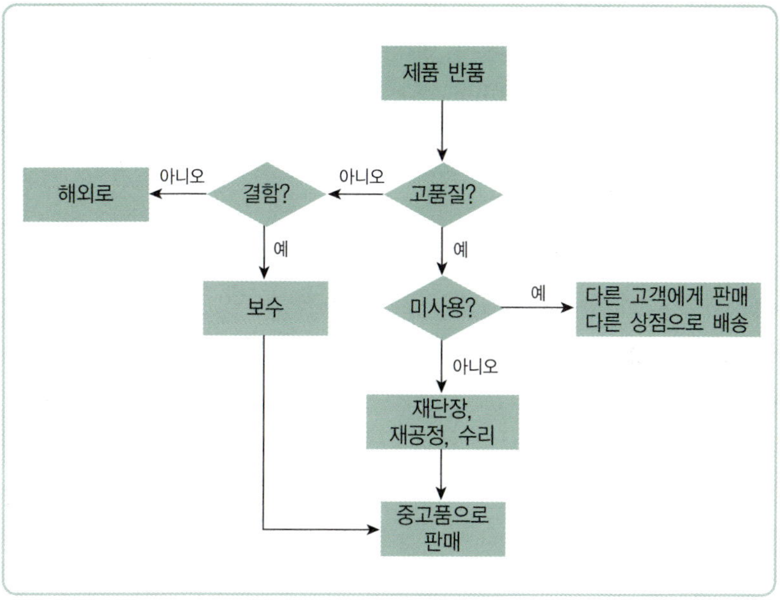

나 아웃렛을 통해 판매될 수도 있다.

다음과 같이 다른 경우들도 있다.

- 만약 품질이 좋지 않다면, 저품질의 상품판매가 가능한 해외 시장으로 판매할 수 있다.
- 사용가능한 중고품일 경우, 이 상품을 직접 판매하거나 중고품 판매점에게 넘기기 전에 수리, 보수, 재공정할 수 있다.
- 상품에 결함이 있을 경우, 이 상품은 보수하고 재판매할 것이다.
- 상품의 기능을 발휘하지 못하거나 사용이 불가능한 경우, 환경에 영향이 적은 적절한 비용효과적인 처분방법을 선택한다.

상품을 처분하기 전에는 다음 사항을 준수해야 한다.

- 포장재, 토트, 팔레트와 같이 재사용가능한 자재는 재사용되어야 할 것이다. 부서진 토트나 팔레트는 수리할 수 없을 정도로 부서지기 전에는 여러 번 수리해서 재사용할 수 있다. 일단 수리할 수 없는 상황이 되면 그때 처분한다.
- 모든 재활용 자재는 처분하기 전에 제거되어야 한다.
- 이후, 남은 것들은 매립지에서 처분할 수 있다.

■ 반품 유형

그림 9.6과 같이 기업은 공급사슬 파트너 또는 고객으로부터의 반품을 받고 있다. 다음과 같이 반품에는 다양한 이유가 있다.

그림 9.6 반품 관리

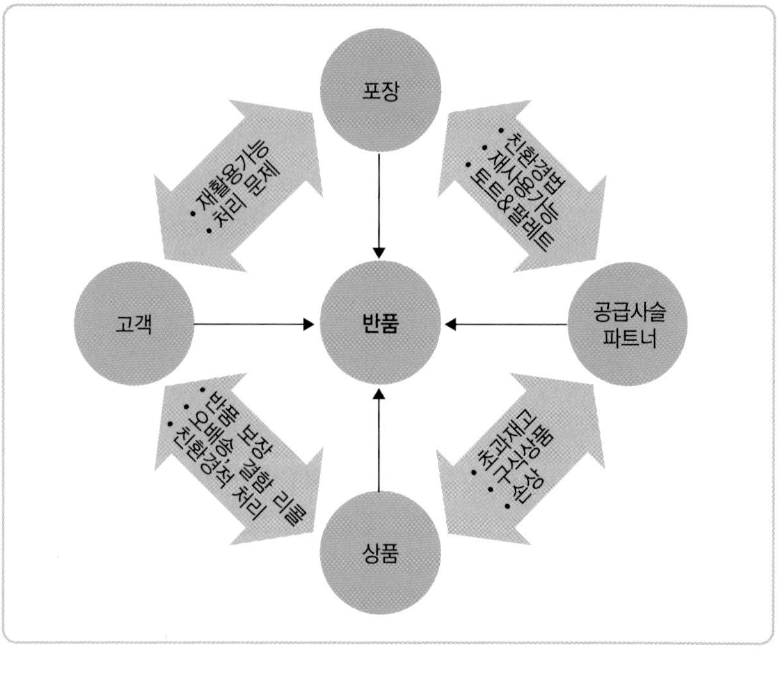

■ 역방향 물류의 난관 ; 소매업자와 생산자와의 갈등

소매업자와 생산자의 활동이 서로 다른 목적에 의해 이루어지는 만큼 반품관리를 하기는 쉽지 않다. 소매업자와 생산자의 의견 불일치는 상품의 가치와 관련이 있을 수 있고, 상품의 상태 또는 반품시기와 관련이 있을 수 있다. 소매업자들은 반품되는 품목에 대한 확실한 보증을 원하지만 공급업자는 충분히 환불해 줄 수 없는 이유들이 있다. 공급업자에게 되돌아온 상품의 상태에 관하여 서로 간의 의견차이가 있을 수 있다.

만약 공급업자가 손상된 상품을 받았다면, 공급업자들은 소매업자가 손상된 상품을 보낸 것이라고 믿을 것이다. 반면에 소매업자들은 처음부터 손상되어 있었고 반품하는 과정에는 하자가 없었다고 주장할 것이다. 또한, 소매업자들은 즉시 환불을 받기 원할 것이고, 공급업자는 나중에 신용 환불하기를 원할 것이다.

■ 반품의 비효율적인 관리

많은 기업들은 정방향 물류를 위해서 사용하는 자원들이 있으나 역방향 물류에는 아무것도 없다. 무엇보다도 역방향 물류는 우수한 게이트 키핑이 없으며, 상품이 반품되면 그것을 수리해야 하는지, 재활용해야 하는지, 혹은 매립지로 처리해야 하는지 잘 모른다.

기업들은 반품을 처리할 충분한 자원을 가지고 있지 않을 수 있으며, 반품에 할당된 인력이 잘 훈련되어 있지 않거나 의사결정 규칙이 명확하지 않을 수도 있다. 따라서 직원들이 의사결정하는데 종종 시간이 지연되고, 그만큼 역방향 물류 사이클은 더 길어질 것이다.

■ 정보시스템

기업이 역방향 물류 실행과 관련하여 직면하고 있는 가장 일반적인 문제는 상품 정보시스템의 부재이다. 자동화된 반품 공정이 있는 기업은 거의 없으며, 이용가능한 좋은 역방향 물류 정보시스템도 많지 않다. 또한, IT 시스템을 구축하기 위한 기업의 우선순위에 역방향 물류는 포함되어 있지 않다. 역방향 물류시스템은 매우 유연해야 하며, 기업 외부와 내부의 다양한 조직 사이에서 운영되어야 한다. 그러므로 관련된 모든 다른 시스템과 인터페이스가 가능한 시스템을 개발하기 위해서는 현재 운영중인 시스템과 통합되도록 개발되어야 하기 때문에 이는 상당히 복잡하고 어렵다.

■ 통합 공급사슬시스템

상품들이 역방향 물류 유통단계를 거쳐 되돌아올 때 상품의 이동을 추적할 수 있는 통합 공급사슬시스템이 아직은 많지 않다. 이러한 문제 때문에 종종 많은 기업들은 역방향 물류가 공급사슬 계획분야에서 나중에 생각할 문제로 취급하고 있다.

9.2.3 분해 라인

20세기 후반에 친환경 물류에 많은 관심을 이끈 혁신 중의 중요한 한 가지 요소는 분해라인이다. 이는 본질적으로 조립라인과 비슷하며, 수명을 다한 제품으로부터 사용가능한 부품을 체계적이고 비용효율적인 방식으로 분해하는 것을 말한다.

산업공학자들은 산출량의 최대화라는 목적을 통해 적절한 작업

순서와 라인 균형을 만들기 위하여 상당히 복잡한 분해라인 모델에 대하여 연구하고 있다. 이러한 작업순서와 라인 균형은 같은 상품에 대한 조립라인 과정과는 매우 다르다. 실제로 요청에 의한 분해 또는 JIT 원칙을 활용하기 위한 분해와 같이 다양한 분해시스템이 존재한다.

그러나 본질적으로 또는 제품의 구성에 있어서의 변화는 분해라인을 복잡하게 만들고 있으며, 이는 작업 순서와 라인 균형의 재조정을 필요로 한다. 더욱이, 분해를 통해 얻는 제품의 품질이 빈번하게 변화한다는 것은 수명을 다한 제품의 특성이다. 이러한 높은 변동성은 공정 작업 시간이 크게 변화하는데 영향을 미친다. 예를 들어, 통계적 공정관리나 6시그마를 활용하기가 매우 어렵다. 게다가, 분해공정에서는 높은 열과 힘 또는 다른 엄청난 요소들을 필요로 할 수 있으며, 이는 공정을 구성하고 관리하기 어렵게 만든다.

9.3 공급 루프 설계의 동인들

9.3.1 반품정책과 경쟁에 대한 압력

대형 소매점의 반품정책은 더욱 개선된 역방향 물류 관리와 이를 통한 공급 루프를 이끌고 있다. 한편으로 반품이라는 조건은 소비자들을 매장으로 이끌고 소비를 많이 하도록 유인하지만, 다른 한편으로는 역방향 물류의 짐이 되기도 한다.

현재 역방향 물류로 인한 엄청난 비용에 직면한 많은 기업들은 반품의 양을 엄격히 제한하고 있다. 예를 들어, 대부분의 기업들은 정해진 기간 내에 반품될 경우에만 전액을 환불해 준다. 하지만 만약 상품을 정해진 기간 후에 반품한다면, 전액을 환불해 주지 않고 크래딧 노트(credit note, 상점에 물건을 반품했을 경우 동일 액수를 다음 물건 구입 시 사용할 수 있도록 현금대신에 써 주는 전표)를 제공하고 있다. 어떤 소매상들은 상품에 문제가 있는 경우 정해진 기간 안에 반품을 해야지만 이를 받아 준다. 만약 정해진 기간이 지나면, 소비자는 제조업자에게 직접 연락을 취하여야 한다. 특정 국가의 소비자 법률에 의하여 이러한 반품정책은 빈번하게 변동되기도 한다.

하지만, 이러한 고객서비스는 어려움에 봉착하고 있다. 예를 들어, 반품정책이 너무 공격적이며, 경쟁자들도 너그러운 반품정책을 펼치고 있다. 일반적으로 너그러운 반품정책은 제조업자에게 더욱 무거운 짐을 안겨 주며, 소비자가 너그러운 반품정책을 소매업자와 공유하게 되면 무엇이든지 반품하려는 "반품 남용"으로 변질될 수 있다. 소매업자와 도매업자는 아마도 공급사슬상의 제조업자에게 반품할 것이며, 제조업자는 반품에서 가장 큰 위험을 떠안을 것이다.

하지만, 아웃소싱이 늘어나는 제조환경의 변화추세로 인하여 반품관리의 전 영역과 이로 인한 공급 루프는 지속적으로 재정의되고 있다.

9.3.2 기업의 사회적 책임

기업의 사회적 책임(Corporate Social Responsibility: CSR)

은 사람과 동물 그리고 환경에 최소의 영향을 미치는 방식으로 기업을 운영하는 것을 뜻한다. 정부의 정책, 경쟁의 압박, 기업의 이미지 그리고 증가하는 소비자 의식은 기업의 사회적 책임을 증가시키는 숨겨진 가장 중요한 요소들이다. 기업이 더욱더 많은 책임감을 갖도록 요구하는 외부적 압력이 증가하기는 하지만, 몇몇 기업들은 박애의 목적으로 그들의 공급순환능력을 활용하고 있다. 예를 들면, 미국 포틀랜드 직거래 소매상인 한나앤더슨(Hanna Anderson)사가 개발한 한나다운즈(Hannadowns) 프로그램이 그 예이다. 한나앤더슨은 아이들이 성장함에 따라 작아진 옷을 버리지 않고 다시 돌려 보내 줄 것을 고객에게 요청한다. 이렇게 수거된 의류는 옷을 필요로 하는 아이들에게 전달되며, 옷을 돌려보낸 고객은 새로운 옷을 구매할 때 사용할 수 있는 20% 할인쿠폰을 받게 된다. 수거된 의류가 학교, 노숙자 보호소 그리고 다른 자선단체에 나눠지는 이 프로그램은 매우 성공적이었다.

9.3.3 고객과 채널의 관계

공급 루프는 채널 관계를 향상시킨다. 모든 산업에서 채널 관계가 중요하긴 하지만, 특히 제품수명주시가 빠른 상품산업에서는 더욱 중요하다. 만약 반품이 잘 이루어지지 않는다면, 판매자들의 재고량은 늘어나고, 자금은 새로운 상품 대신 폐기제품에 사용될 것이다. 대부분의 판매점들은 가족단위로 운영되어 자금이 부족하며, 매우 기본적인 재고관리시스템을 갖고 있다. 만약 자금이 판매되지 않은 재고들로 묶여 있다면, 새로운 상품에 투자를 하지 못할 것이다.

기업들이 관대한 반품정책을 수행한다면, 판매점은 오래된 구식 제품을 처분하고 최종소비자에게 필요한 새로운 제품을 끊임없이 제공할 수 있을 것이다. 그러므로 제조업자는 공급 루프 설계를 통해 궁극적으로 최종소비자에게 더 나은 서비스를 제공할 수 있는 보상을 받게 된다. 새로운 재품을 높은 가격에 팔 수 있고 공급 루프의 이익을 보장할 수 있다. 이는 좋은 고객의 증가, 채널 관계 및 충성도의 증가 그리고 고객 만족을 개선하는데 도움을 줄 것이다.

9.3.4 법률 제정

다른 모든 친환경 공급사슬의 노력과 마찬가지로, 법률 제정은 공급 루프를 추진함에 있어 긍정적인 역활을 한다. 폐기에 대하여 더욱 제한을 두는 방식이 추진된다면, 기업들은 부산물과 잔여 자원을 보다 비용효과적인 방식으로 이용할 방법들을 찾을 것이다.

9.3.5 폐기 이슈

쓰레기 매립비용은 증가하고 있다. 실제 아주 위험한 폐기물의 처리는 비용 지불을 떠나 누구도 꺼려하고 있는 실정이다. 결과적으로 조직은 부산물과 잔여 자원을 활용할 수 있는 더 좋은 방법을 찾아야 할 것이다. 그리고 공급 루프는 혁신, 창조 그리고 비용효과적으로 일하는 방식을 제공할 것이다.

9.3.6 자산 회복

가치를 되찾고 자산을 복구하는 것은 현재 대부분 기업의 중요한 전략이다. 많은 기업들은 그들 순익의 상당 부분이 자산회복프로그램의 결과라는 것을 알고 있다. 관리되지 않았다면 버려졌을 제품에서 추출한 자재들은 기본적으로 비용이 들지 않으며, 이익을 증가시켜 준다.

9.4 공급 루프의 혜택

9.4.1 폐기물 감소

폐기물 감소는 공급 루프의 주요 목표 중 하나이다. 프로세스 내부 또는 외부에서 발생되든 간에 또는 공급사슬 내부 또는 외부에서 발생되던 간에 공급 루프에서 가장 중요한 점은 최소의 활동으로 폐기물을 줄이고, 이를 통해 환경적 영향을 줄일 것이다.

9.4.2 부산물의 사용과 재사용

부산물의 사용과 재사용 역시 하나의 공정 또는 제조 사이클에서 자재 활용을 최대화하고 낭비요소를 최소화하는데 도움을 줄 것이다. 앞서 언급한바와 같이, 부산물은 같은 공장, 같은 공급사슬 또는 전혀 다른 공급사슬에서 다른 상품을 제조하는데 사용될 수 있다. 가끔은 모든 부산물이 다 사용될 수도 있으며, 한두 가지 부산물만 이용되고 나머지는 폐기될 수도 있다.

9.4.3 비용 절약

재활용된 자원을 사용하면 제조공정에서 발생되는 총비용을 줄이는데 도움이 된다. 또한 자재의 재활용은 전체 폐기비용을 줄여준다. 우리는 이미 제조 이력과 상품 요구 사항에 관련되 비용이 줄어드는 것에 대하여 논의하였다. 이는 왜 공급 루프가 거의 모든 분야에서 큰 성공을 거두고 있는지를 설명해 주는 가장 중요한 이유이다.

9.5 공급 루프의 실행

공급 루프를 실행하는 것은 근본적으로 창의적인 과정이다. 따라서 공급 루프를 지향하는 이들을 돕기 위하여 다음과 같은 몇 개의 가이드라인을 제시한다.

9.5.1 작게 시작하라

공급 루프를 실행하는데 있어 관리자들에게 가장 큰 장애는 아마도 예상되는 작업의 규모일 것이다. 우리는 "당신이 어떻게 코끼리를 먹을 수 있겠는가?"에 대한 대답은 "한 번에 한 입씩 먹는 것이다"라는 점을 말해 주고 싶다.

이와 같이 "작은 요소들로 나누어라"라는 전략에는 많은 이유가 있다. 그 중 가장 중요한 이유는 창조적인 과정이 과거의 성공을 바탕으로 만들어진다는 점이다. 이는 또한 몇 번의 반복이 있어야 하며, 이러한 반복은 변화의 주도자로서 예상되고 환영받아야 한다. 결국, 모든 여정은 첫발을 내디딤으로써 시작된다.

9.5.2 가설 도출, 시험 그리고 확정

조직에서의 다양한 기능, 부서의 전문가를 모아 보자. 그리고 공급 루프에 관련된 가설을 만들기 위하여 브레인스토밍 시간을 가져 보아라. 이러한 과정을 거쳐 다음과 같은 몇몇 기본적인 질문에 대한 답을 해 보자.

- 누가 부산물 또는 잔여물을 활용할 것인가?
- 우리는 어떤 부산물과 잔여물을 활용할 수 있는가?

도출되는 모든 아이디어를 기록하고, 데이터를 이용하여 시험해 보자. 이러한 가설의 개념을 확인한 후에, 실제로 실행하기 전에 그들의 작업에서 수행되는지 확인하기 위한 시험을 하여야 한다.

9.5.3 기술을 활용하라

올바른 방식으로 이용할 수 있는 많은 과학기술이 존재한다. 이들은 역방향 물류이든, 분해라인 또는 재활용에서든 정밀하게 적용되어야 한다. 하지만 대부분의 기업들은 다양한 이유로 정교한 기술 자체와 이들의 적용 방법을 잘 모른다. 기업은 친환경 공급사슬 내에서 더 좋은 공급 루프를 만들기 위해 비용효율적인 가장 좋은 기술을 지속적으로 활용해야만 한다.

9.5.4 경쟁자, 공급자, 고객 그리고 다른 것들로부터 배워라

이는 공급사슬과 기업 내에서 지식을 배울 수 있는 가장 좋은 방법이다. 기업은 반드시 적극적이고 열린 생각을 갖고 있어야 한다. 그렇게 한다면, 그들은 비슷한 상황에서 공급 루프를 성공적으로 실행한 외부 기관들로부터 배울 수 있을 것이다.

9.5.5 지속적으로 확장하고 개선하라

이는 9.5.1절에 지적된 내용에 의한 필연적 결과이다. 작은 것부터 시작하여, 전체의 이익을 얻어 내기 위해서 이는 필수적이다. 기업은 자신의 친환경 공급사슬에서 더 큰 공급 루프를 더 많이 만들어 내기 위한 가장 좋은 방법을 늘 찾아봐야만 한다. 그러면 기업은 공급 루프의 완전한 이익을 얻을 수 있고 친환경 공급사슬의 리더로 남을 수 있다.

제 5 부

탄소 관리

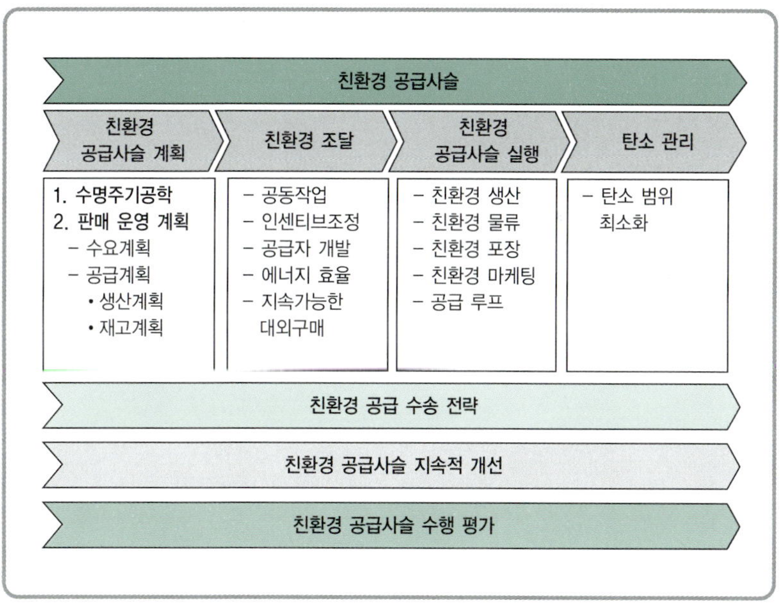
친환경 공급사슬
친환경 공급사슬 계획
친환경 조달
친환경 공급사슬 실행
탄소 관리
1. 수명주기공학
2. 판매 운영 계획
– 수요계획
– 공급계획
• 생산계획
• 재고계획
– 공동작업
– 인센티브조정
– 공급자 개발
– 에너지 효율
– 지속가능한 대외구매
– 친환경 생산
– 친환경 물류
– 친환경 포장
– 친환경 마케팅
– 공급 루프
– 탄소 범위 최소화
친환경 공급 수송 전략
친환경 공급사슬 지속적 개선
친환경 공급사슬 수행 평가

CHAPTER 10

공급사슬에서의 탄소배출 최소화 *(Carbon Footprint Minimization across the Supply Chain)*

아마도 공급사슬관리의 가장 중요한 주제 중 탄소관리에 관한 주제가 탄소배출 책임과 관련성이 가장 높다고 볼 수 있다. 이는 최근 발표되고 있는 관련 논문들과 연구간행물 그리고 각종 설문 조사 결과에도 잘 나타나고 있다.

더 이상 탄소관리는 어느 기업도 간과할 수 없는 영역이다. 더욱이 최근 만들어지고 있는 많은 환경규제들로 인하여, 대부분의 기업은 결국 탄소관리에 대한 영향을 받게 될 것이기 때문이다. 그러므로 기업은 이에 대해 특별히 신경쓰고 주의를 기울여야 함은 자명한 사실이다. 실제로, 탄소관리와 관련된 정보량과 정보수준은 비즈니스 세계에 대한 많은 의구심을 갖게 한다.

우리는 본 장에서 독자들의 이해를 최대한 돕기 위해 보다 쉽게 주제에 접근해 보고자 한다. 결국에는, 이해와 함께 신속한 실행을 하도록 유도하는 것이 이 책의 주요 목적이기 때문이다.

아직도 탄소관리와 친환경 물류는 같은 의미라고 생각하는 많은 사람들을 위해 명확한 구분이 필요하다. 분명한 것은, 두 가지 개념은 서로 다른 것이다. 탄소관리는 그 자체가 전체적인 친환경 공급사슬 구조의 큰 부분집합에 속한다. 예를 들면, 많은 기업들은 기업이 속해 있는 국가의 규제 영역을 벗어난 다른 지역에서 탄소생산 활동의 대부분을 아웃소싱할 수 있다.

이는 자유무역을 통한 아웃소싱 활동으로 탄소배출에 대한 어떠한 책임도 지지 않고 전체적인 비용 보상을 거둘 수 있음을 의미한다.

하지만, 이에 대한 친환경 공급사슬에서 명백한 대답은 기업이 속해 있는 공급사슬상에서 발생되는 탄소배출에 대해 모든 책임을 져야 한다는 것이다.

그렇다면 탄소관리는 무엇이며 왜 중요한가?

많은 사람들이 현재 탄소관리에 대한 많은 논쟁을 하고 있지만, 미래의 규제방향을 이해하기 위해서는 역사적 관점에서 생각하는 것이 중요하다. 우리는 가까운 미래에 국내외적으로 다양한 규제들이 생겨날 것을 알고 있다. 또한 이러한 규제는 국제적 수준에 맞는 미래 경제 환경 정책을 반영하게 될 것이다. 상품이나 서비스의 시장가격이 외부 요소비용이 포함되어 있지 않음을 인식하는 데 오랜시간이 필요했다. 예를 들어, 제품 또는 서비스의 생산으로 인해 공기나 수질오염 발생, 공장 주변의 소음공해, 교통체증 등 사람들에게 피해를 주는 외부요소들이 존재한다.

기업들이 제품이나 서비스 생산으로 인해 피해를 받는 사람들을 파악하고 이들을 보상한다는 것은 불가능하다. 만약 기업들이 보상 활동을 하려고 시도한다면, 매우 오랜시간이 소요될 것이다.

그러나 2008년과 2009년에 많은 경제학자들은 시장에서의 실패 원인으로 외부적인 요소들의 문제를 지적했다. 최선의 시장기반 거래는 거래 방식에 외부적인 요소를 내부로 흡수하는 것이다. 이는 자유 거래시장 속에서 기업이 자본이나 노동력을 할당하는 것을 가능하도록 하였다. 이 책에서 자유시장의 많은 경제학자들을 별도로 언급하지 않은 것은 기업들은 단지 정부지원이나 간섭에 의해 존재하기 때문이다.

가까운 미래에 외부적인 요소들의 문제점에 대한 기존 자유시장 경제해결책이 바람직하지 않다는 것을 정책결정자들이 인식하게 될 것이다.

이러한 인식으로 말미암아, 국내 관련법 및 제도와 국제적인 협상 사이에 온실가스 배출이나 지구온난화에 대한 의견충돌이 발생될 수밖에 없다.

규제에 대한 강제력을 지닌 구조가 자리잡은 지는 거의 20년이 지나갔다. 또한, 다음 세대에도 규제의 틀이 검토되기 위해서는 여전히 남아 있을 것이다. 환경 규제는 더욱 빠른 속도로 다가오게 될 것이고, 기업들은 이를 대응하기가 더욱 어려워질 것이다.

수정된 규제는 탄소관리의 4대 핵심원리를 가지고 있다.

1. 탄소 측정
2. 탄소 최소화

3. 탄소 관찰
4. 탄소 기록

처음 두 가지 항목은 온실가스 감소를 핵심으로 하고 있다. 나머지 두 항목은 지정학적인 측면에서 경제적, 정치적 변화에 따른 반복된 협상이 생길 수 있음을 의미한다.

영리한 기업은 어떻게 해서든지 위의 네 가지 항목을 동등하게 잘 준비할 것이다. 하지만, 대부분의 기업들이 그렇지 못하므로, 다음과 같은 이유로 처음 두 가지 기본적인 항목에 초점을 맞출 것이다.

첫째, 처음 두 가지 항목은 온실가스 배출문제를 경감시키기 위한 노력보다는 이 문제를 정면으로 해결하고자 하는 데 초점을 두고 있다.

둘째, 미래에 더욱 강화될 규제의 기본항목으로 남게 될 것이기 때문에 이를 지키지 않는 것은 사실상 불가능하다. 다시 말해, 탄소배출문제는 기록 또는 관찰과는 별도의 방법으로 논의되어야 한다.

만일 전 세계가 코펜하겐에서 제시된 탄소기록 또는 탄소발생 최소화를 위한 방식에 동의하지 않게 되면, 정부차원의 적극적 간섭이 더욱 심화될 것이다.

만약 탄소배출문제를 막는 것을 부당하게 여긴다면, 직접적인 규제가 요구될 것이다.

친환경 공급사슬 주제에 맞게 우리의 목적을 달성하기 위해서는 그림 10.1에서와 같은 모델이 필요할 것이다.

그림 10.1에서 보는 바와 같이 탄소관리를 위한 주기는 (1) 탄소

그림 10.1 탄소 관리

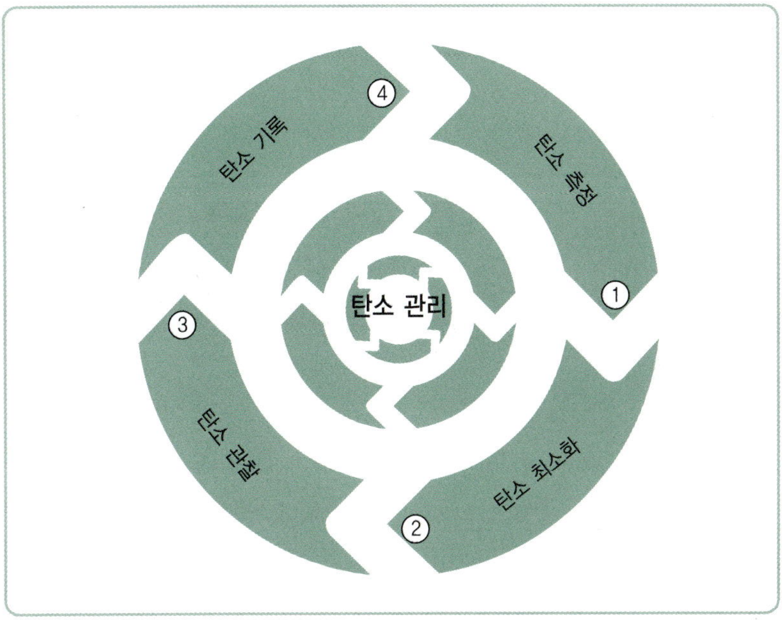

측정, (2) 탄소 최소화, (3) 탄소 관찰, (4) 탄소 기록 등의 4단계로 구성된다.

10.1 탄소 측정

우리는 최초로 사회에서 일어나는 모든 활동에 의해 발생되는 탄소가스를 측정하는 일을 시작했다. 물론, 몇몇의 활동들, 예를 들어 동물이 숨을 쉬면서 발생하는 탄소 등과 같은 것은 자연적으로 발생하기도 한다.

이론적으로는 전 세계에 배출되는 모든 온실가스를 측정하는 것이 가능하며 이것을 각 개별 생산 또는 서비스로 인한 배출로 할당할 수 있다. 이는 다양한 생산 또는 서비스의 탄소이력(개인이나 단체에서 직간접적으로 발생시킨 온실가스의 총량)을 입증하는 것을 가능하게 할 것이다. 관련된 많은 연구자들은 고객에게 비슷한 가치와 만족을 제공하는 서비스와 상품에 대해 탄소이력이 가치있는 정보를 제공한다고 언급하고 있다.

하지만, 우리가 탄소이력을 수립하기 전에 하나의 생산이나 기업에 국한되게 초점을 맞춘다면, 파생된 의구심들이 정확히 해결되는 것이 아니라, 문제를 더욱 복잡하게 할 것이다.

10.1.1 기업의 경계선은 어디서 시작하고 어디서 끝을 맺을까?

첫 번째 질문인 "기업의 경계선은 어디서 시작하고 어디서 끝을 맺을까?"에 대한 답이 필요하다.

만약 우리가 기업의 탄소이력을 측정한다면, 기업이 차지하는 범위를 이해하는 것이 필요하다. 오늘날의 글로벌 시장 구조 속에서는 더욱더 이 질문에 대한 대답은 거의 불가능하다. 대기업들은 생산을 하청업체에 주거나 또한 제 3자 서비스 제공자에게 자체 생산활동의 일부를 아웃소싱하고 있다. 그들의 탄소이력에서 이러한 것들을 포함되어야 하는가? 또는 포함되지 말아야 하는가?

계약된 합의, 관리정도, 아웃소싱되는 활동들의 지리적 위치 그리고 다른 대부분의 기준을 결정할 때 포함하여야 할지, 포함시키지 말아야 할지에 대한 결정은 모두 다를 수 있다. 또한, 어떠한 환경에서는 기업의 탄소이력을 측정하는 활동들이 의미 없는 것일 수도 있다. 예를 들면, 펩시 회사가 오렌지주스 한 상자를 생산하기 위하여 탄소 발생량을 측정하길 원할 때 다음의 하위항목들을 고려해야 한다.

- 활동비용 고려. 예를 들면, 오렌지를 짜는 활동
- 오렌지가 자라는 동안 발생되는 탄소
- 상자를 생산할 때 발생하는 탄소
- 빈 상자와 오렌지를 공장으로 이동하는 동안 발생하는 탄소
- 오렌지주스로 가득 찬 상자를 공장에서부터 물류센터 그리고 소매점포까지 이동하는 동안 발생하는 탄소

대부분의 생산활동들은 제 3자 제공업체들을 고려해야 한다. 예를 들면, 오렌지 재배업자, 상자 제조업자, 운송업자 그리고 창고 운영자 등이 있다. 전체적인 관점에서 본다면, 탄소는 이러한 모든 서비스 제공자들로부터 발생한다는 것은 명백한 사실이다.

펩시의 사례에서 보는 바와 같이 개별 기업의 탄소이력보다 전체 공급사슬의 탄소이력을 살펴보아야 한다. 탄소이력은 오렌지 수스를 판매하는 소매상들도 같이 포함해야 한다. 예를 들면, 월마트 또는 플로리다에서 오렌지를 재배하는 업자, 또는 상자 제조업자 등이다.

이것이 바로 공급사슬 전체의 탄소이력을 측정하는 것이 가장 정확하고 총체적인 방식이라는 것을 강조하는 이유이다.

10.1.2 전체 공급사슬상에서 탄소이력의 측정은 누구의 책임인가?

두 번째 질문인 "전체 공급사슬상에서 탄소이력 측정은 누구 책임인가?"에 대한 답이 필요하다.

앞선 펩시사의 예와 같이 공급사슬 내에서 기업이 자체 브랜드를 소유하고 있는가 아니면 월마트와 같이 전체 공급사슬상에 큰 영향을 미치는 기업인가? 또는 가장 많은 온실가스를 배출하는 공급사슬의 참여자는 누구인가?

이러한 질문에 대한 명확한 대답은 없다. 사실 이 질문에 대한 대답은 매우 어렵다. 왜냐하면 우리는 전체 공급사슬상에 있는 기업들이 탄소배출량에 대한 책임을 갖는 것과 탄소이력의 최소화를 위한 책임감 있는 회계관리를 하는 노력들은 한낱 속임수에 불과할 것이라고 믿기 때문이다.

현실적으로 접근한다면, 전체 공급사슬상에서 대부분의 영향을 미치는 기업이 리더십을 갖고 탄소배출 최소화에 대한 책임을 갖아야 한다. 그리고 이러한 영향력은 의무로 바뀌어야만 한다. 만약 기업들이 그들의 영향력을 인식하지 못한다거나 또는 수행을 거절한다면, 그들은 금세 그들의 영향력이 소비시장에서 그리고 그 외의 다른 장소에서 파워가 약해지는 것을 알 수 있을 것이다.

10.1.3 탄소이력은 어떻게 측정하는가?

세 번째 주요 질문은 "탄소이력을 어떻게 측정하는가?"이다. 어떤 사람은 각각의 활동에 대해 한 가지 대답과 함께 비교적 간단

표 10.1 탄소 측정 방법론

기관 이름	설명	Website
Carbon Footprint Business Calculator	모든 이력의 방출을 수집할 수 있도록 종합적인 견적을 제공한다. 경험이 많은 환경 컨설턴트는 추적가능한 매트릭스를 이용하여(예: DEFRA) 이력을 평가한다. 그리고 고객에게 이해하기 쉬운 요약보고서를 제공한다.	www.carbonfootprint.com
Emission Statement	모든 배출보고서 감사는 GHG 프로토콜 기업보고서 지침을 따르며, ISO 표준 14064-1을 고수하고, 국가 온실 및 에너지 시스템에 기반한다. 체계적인 처리방법으로 탄소검사 프로세스, 해당하는 검사 출력량, 사업 시설 또는 전체 공급사슬에서 에너지 소비활동과 연관된 배출의 세부적인 계산을 수행하고 있다.	www.emissionstatementcom.au
Carbon Trust	기업의 탄소 이력을 계산하는 것을 돕기 위한 온라인 탄소배출 계산기가 개발되어 있으며, 기업의 기본적인 탄소배출이력 장치를 통해 대략적인 배출량을 산정한다.	www.carbontrust.co.uk
Carbon Credit Environmental Services	탄소 계산에 사용되는 방법론에 대한 정보 없음	www.getcarboncreditco2.com
Carbon Conscious	탄소 계산에 사용되는 방법론에 대한 정보 없음	www.carbonconscious.com.au
Native Energy	탄소 계산에 사용되는 방법론에 대한 정보 없음	www.nativeenrgy.com
Carbon UK	DEFRA에 의해 발행된 변환 자료를 사용하였으며, 상대적으로 어렵기는 하나 정확한 값을 산정한다.	www.carbonuk.co.uk

CarbonMe	탄소 계산에 사용되는 방법론에 대한 정보 없음	www.carbonme.org
Pure the Clean Planet Trust	사업 계산을 위한 Pure 방법은(현재 Excel 스프레드시트) 당신의 기업 이력을 쉽게 확인하고, 당신의 운영과 관련해서 몇 가지 질문에 응답하도록 개발되었다.	www.puretrust.org.uk
SAI Global	탄소 계산에 사용되는 방법론에 대한 정보 없음	www.saiglobal.com
The Green Office	온라인 탄소배출 계산기는 유엔 기관과 기후 변동에 관한 정부 사이의 패널(Intergovernmental Panel on Climate Change)에서 간행된 자료를 주요 기반으로 한다. 미국의 평균 자원소비량은 미국 교통부, 미국 에너지부, 로렌스 버클리 연구소, 오크리지 국립 연구소 및 미국 특수 커피 협회와 같은 여러 관련 그룹에 의해 제공된 자료를 통해 결정된다.	www.thegreenoffice.com
Verteego Carbon	Verteego Carbon은 Bilan Carbon ADEME 방법론뿐만 아니라 GHG 프로토콜 기반이며, 에너지 소비, 생산 폐기물, 수송, 부동산, 상품의 라이플 사이클과 관련된 배출의 식별을 가능하게 한다.	www.verteegocarbon.com
The Carbon Neutral Organization	가장 널리 허용된 측정 프로토콜은 WRI/WBCSD Green house Gas 프로토콜(www.ghgprotocol.org)과 ISO 14064이다. Greenhouse Gas 프로토콜은 ISO 14064보다 더 오래되었으며, 대부분의 대기업에 적용되어 있다. 또한 우리가 고객평가를 위해 사용하는 표준이기도 하다.	www.carbonneutral.com

Terra Pass	A Terra Pass Carbon Balanced Business advisor는 과정 전체에 대해 안내할 것이다. 기업의 에너지 사용, 출장, 출퇴근에 관하여 제공된 정보를 근거로 기업의 탄소 이력을 분석할 것이다. 이후 회사의 각 구역으로부터 CO_2 배출에 관한 보고서를 받을 것이고, 결과적으로 탄소이력을 줄일 수 있는 방법을 찾도록 도울 것이다.	www.terrapass.com
Renewable Choice Energy	Business Carbon Calculator는 기업의 책임과 지속가능성의 목표를 충족시킬 수 있도록 하는 최초 GHG 검사를 제공한다.	www.renewablech-oice.com
Carbon Advice Group	탄소 계산에 사용되는 방법론에 대한 정보 없음	www.carbonadvic-egroup.com

한 과학적 방법론일 것이라고 예상한다. 하지만 유감스럽게도 세상은 그리 간단하지 않다. 현재 탄소배출량을 측정하기 위해 배포된 다양한 방법론이 있으며, 이것들은 각각 장단점이 있다.

표 10.1은 현재 활용중이고, 향후 그 활용이 더 높을 것으로 기대되는 다양한 탄소배출량 계산 방법론을 소개하고 있다.

맥주병을 제조하는 간단한 프로세스에 대해 각각의 방법론에 의한 결과 도표를 보여주고 있으며, 많게는 300%까지 배출량의 차이가 발생하는 것으로 나타났다. 도표에서 사용되는 탄소 계산 방법론들은 배출에 영향을 미치는 요인들을 매우 명확하게 설명하고 있다.

가장 간단하지만 잘못된 분석방법은 탄소이력 계산을 시작할 때와 중간 그리고 마지막에 측정하기 쉬운 각기 다른 방법론을 사용하는 것이다.

또한 어떤 기업들은 언론의 주목을 받기 위해서 그린워싱(greenwashing)과 같은 것에 의지하기도 한다. 하지만 당연히 실제공정상에서 일정기간 동안 지속적인 노력을 통해 탄소배출이 감소했다는 것을 증명해 줘야 한다.

모든 방법론의 공통된 과제는 탄소이력을 계산하기 위한 활동과 탄소배출량에 대해 자세히 이해하는 것이다. 몇몇 소수만 이해하는 것은 계산과정이나 방법을 간단히 해 줌으로써 다소 정확성이 떨어질 수 있더라도, 많은 사람들이 이해하는 데 지름길이 될 수 있다.

그러므로 각 기업은 이해도를 높이기 위한 가장 적합한 방법론을 설정해야 하며, 그 이후에 기업에 맞는 탄소이력 산정방법을 정의하고 계산방법을 사용해야 한다. 여기서 가장 중요한 것은 측정 방법론의 일관성을 보장받기 위해서는 시간과 공간에 대한 비교가 있어야 함을 명심해야 한다.

개별 제품 수준에서의 친환경 공급사슬 접근은 상당한 탄소배출량 감소의 기회를 찾을 수 있는 가능성이 있으며, 제품의 탄소이력을 감소시켜 줌으로써 큰 재정적 이익을 가져온다. 또한 기업이 속해 있는 공급사슬 내의 다른 기업들이 탄소배출을 이해하는 데 도움을 줄 수 있으며, 그들에게 배출량의 추가 감소를 얻을 수 있는 지역을 우선 고려하도록 하는 것이 가능하다.

상품 제조, 구매, 유통 물류, 상품 개발과 같은 공급사슬에서 탄소배출이 생성될 때마다 존재하는 비용과 부채를 고려함으로써 궁극적으로 더 좋은 정보로 의사결정하도록 도울 것이다.

또한 고객태도의 변화에 따라 새로운 시장을 사로잡을 저탄소 상품의 개발로 미래를 생각하는 기업으로 인식될 수 있으며, 일정한 시간이 경과한 후에는 수익성이 더욱 높아질 것이다.

10.2 탄소 최소화

탄소관리의 핵심은 전체 공급사슬의 탄소배출을 최소화하는 것이다. 탄소 최소화는 배출량 축소/감소, 상쇄, 포집하는 것과 같은 영향을 포함할 수 있다.

공급사슬에서 상품의 탄소이력을 감소하는 것은 기업이 수행할 첫 단계가 분명하다. 기업이 에너지 비용을 줄이고, 기후변화 완화에 있어 그들의 역할을 수행할 필요를 인지하는 것이 통합된 공급사슬 분석에서 탄소배출량을 줄일 수 있는 가장 논리적인 방법일 것이다. 이와 같은 움직임을 위한 몇 가지 주요 추진요인이 있다.

- 유류에 대한 불안감의 부족과 에너지 비용의 변동성
- 법률제정: 탄소배출을 통제, 과세, 한도를 정하거나, 탄소거래에 대한 정치적 추진요인
- 소비자: 더욱 친환경적인 상품을 원하는 수요의 증가
- 사회: 더 깨끗한 세상을 바라는 수요의 증가

전 세계적으로 탄소를 규제하는 것은 탄소를 적게 배출하면서 고객이 원하는 것과 필요로 하는 것을 제공하기 위함이다. 에너지 효율과 저탄소 에너지 공급이 항상 중요한 항목이지만, 이보다 더

근본적인 해결책 또한 필요하다.

우리는 전체 공급사슬의 탄소이력을 측정하는 것이 필요하며, 그 안에서 어느 한 기업이 아닌 전체 공급사슬 수준에서 탄소이력을 최소화하는 것이 필요하다는 것 또한 이미 알고 있다(어떤 사람들은 이러한 접근을 탄소수명주기분석, CLCA 또는 그냥 LCA라 부른다).

전통적으로 한 기업 또는 특정 장소를 분석하는 탄소관리계획을 갖고 있는 조직의 주요 추진요인은 에너지 효율이다. 앞에서 언급했듯이, 공급사슬에서 탄소배출이 측정되고, 최소화되고, 감시되고, 보고되기 위해서는 전체 탄소이력(full carbon footprint) 관리를 허용해야 한다.

기존의 탄소 최소화 접근방식과 친환경 공급사슬 접근방식의 비교는 그림 10.2a와 10.2b에서 보여준다.

그림 10.2a 기업의 탄소 최소화

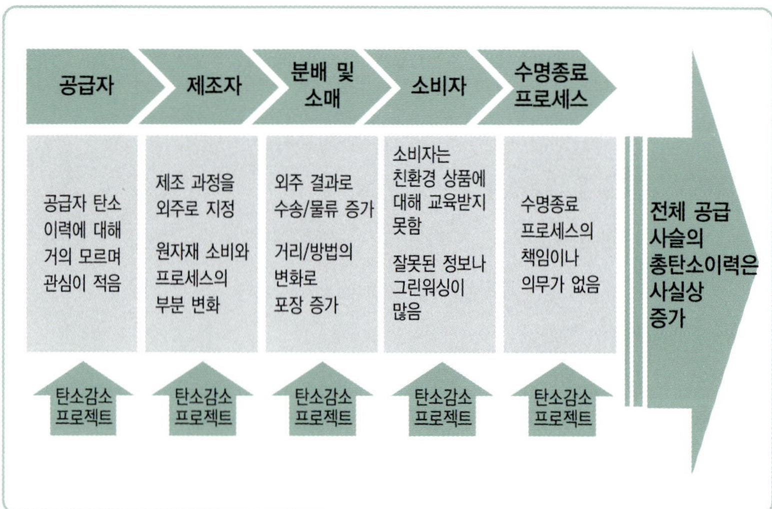

그림 10.2b 전체 공급사슬의 탄소 최소화

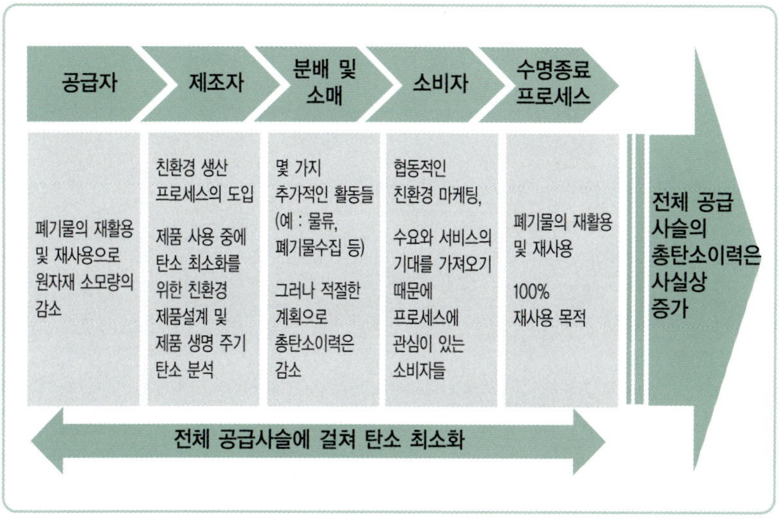

전체 공급사슬에 걸친 탄소 감소 프로젝트의 결과는 그림 10.3과 같이 보일 것이다.

그림 10.3은 어떤 활동이 탄소 최소화를 위한 노력인지, 전체 공급사슬에서 누가 노력을 집중시키는 것이 가능한지를 분명히 보여준다. 물론 이러한 노력은 전체 공급사슬에서 분석 및 최소화 노력과 함께 모든 구성원이 전부 참가한다면 가능할 것이다. 이것이 전체 공급사슬에서 가장 영향력 있는 사람이 프로세스 내에서 리더십과 책임을 가져야 하는가에 대한 이유이다.

그림 10.3 **탄소 감소 프로젝트의 결과**

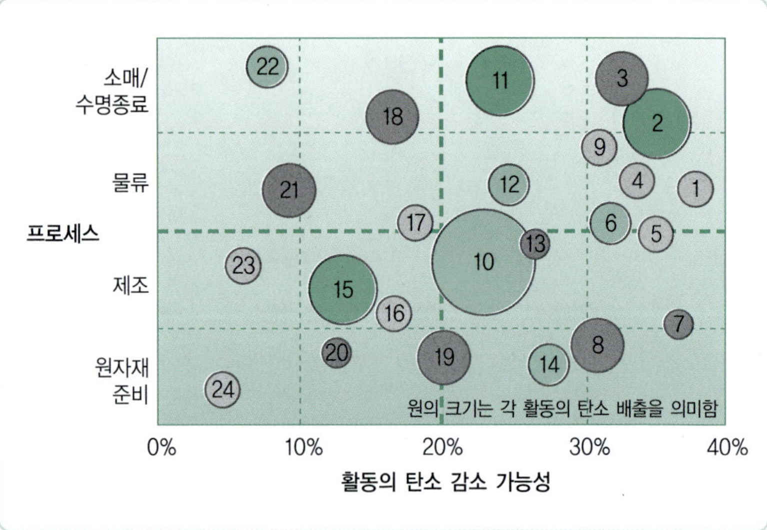

10.2.1 탄소 상쇄

탄소의 배출을 상쇄시키는 것은 탄소 프로젝트 펀드를 통해 공기중에 이산화탄소 배출을 제거하거나 방지하는 것으로 설명되어질 수 있다. 이러한 프로젝트는 다음의 것들을 수반한다.

- 온실가스 배출의 방지
- 온실가스의 공기 중 배출 억제
- 생물학적이나 물리학적 절차에 따라 이산화탄소를 견고한 자재에 저장하거나 격리

맑고 청정한 지구 그리고 미래를 위한 포럼(The Clean Air-Cool Planet and Forum)에서는 양질의 상쇄효과가 정말 탄소배출의 감소로 이루어질 것이며, 이들이 탄소중립전략에 있어 매우 중요한 역할을 하게 될 것이라 믿는다. 일반적으로 기업에서는 탄소이력을 관리하고, 배출을 감소시키는 활동을 통해 배출을 상쇄한다.

실제적으로 탄소 상쇄는 온실가스 배출감소 프로젝트의 결과로 인해 만들어질 수 있다. 여기서 온실가스 배출감소 프로젝트는 신재생 에너지, 폐기물을 에너지로의 전환 그리고 산림 증가 등의 다양한 기술을 포함한다. 이러한 프로젝트는 예를 들어, 좀 더 많은 화석 연료로 집중적 활동을 통하거나, 대기중의 온실가스 배출을 직접적으로 감소시키는 활동을 통해 배출감소를 실현할 수 있다.

장기적인 개발이 필요한 자원에서 배출을 없애는 것은 중요한 자본 투자, 혹은 행동적 변화 그리고 무엇보다도 많은 시간을 필요로 한다. 예를 들어, 어떤 기업이 건물을 좀 더 에너지 효율적으로 향상시키고 싶어한다고 해도 한 번에 이것을 구축할 충분한 자본이 없다.

하지만 상쇄는 내부 측정지표를 사용하는 것만으로 감소시키기 힘든 탄소이력을 균형화하는 데 탁월한 방법으로 단기간에 환경적 효과를 볼 수 있다.

이것은 또한 몇몇 기업들이 자발적으로 상쇄전략을 개발하도록 장려하는 데 적합할 수 있다. 탄소 기록는 기업이 그들 자신의 탄소배출을 상쇄하기 위한 방법인 배출권을 구입하는 데 있어, 환경 프로젝트를 함께 진행할 수 있다. 이러한 프로젝트는 이산화탄소

배출과 전 세계의 다른 온실가스 등을 감소시키는 역할을 한다. 몇몇 서비스 산업이나 고객을 직접 상대하는 기업들은 탄소배출 상쇄를 통해 PR 활동을 하거나 기업의 사회적 책임의 이득을 얻을 수 있다.

상쇄전략이 성공하기 위해서는 추가적으로 배출을 감소시킴으로써 검증된 프로젝트로와 양질의 상쇄 요건이 필수적이다.

10.3 탄소 관찰

전체 공급사슬에서 탄소가 측정되고 또한 최소화되기 위해서는 공급사슬의 친환경화로 인한 이점들의 중요성을 인지하는 것이 중요하다. 즉, 이러한 변화의 영향을 알기 위해서는 탄소배출 활동들의 강도나 방법론에 입각하여 변화를 주기적이고, 지속적으로 모니터링하는 것이 요구된다. 단지 이를 통해서만 기업이나 공급사슬이 법률가나 사람들에게 최신의 정보를 제공해 줄 수 있다. 이것은 또한 미래에 역방향 물류 프로젝트들에서 얻게 될 탄소 감소에 대한 근거를 통해 그린워싱의 협의를 피하기 위해 중요하다.

모니터링은 상대적으로 간단한 작업이다. 왜냐하면, 우리가 현재 행하는 모든 것은 지난 번 우리가 측정한 값으로부터 변화된 점을 측정하는 것뿐이기 때문이다. 이 말은 이러한 측정치들이 좀 더 엄격하고, 자주 행하기 어려운 활동들로 대체되어야 한다는 의미는 아니다. 하지만, 모니터링 매커니즘은 최초의 측정 프로세스가 제대로 착수될 때, 쉽게 만들어질 수 있다. 그리고 첫 번째 측정 프로세스가 진행되는 동안에 모델, 측정치 그리고 활동들이 명확히 확인되어야만 지속적인 모니터링이 유용해질 수 있을 것이다.

10.4 탄소 기록

서로 다른 이해관계자들은 서로 다른 정보 요구사항들을 갖고 있다. 환경규제담당자가 준수/비준수 여부에 대한 간단한 정보를 요구하는 반면에, 몇몇 학식이 높은 고객들은 기업이 기후변화를 완화시키기 위해 어떤 활동을 하고 그 결과는 어떠한지 세밀히 알고 싶어한다.

많은 기업의 커뮤니케이션부서에서는 다양한 이해관계자들의 탄소 정보 요구사항을 알아 내려고 부단히 노력중이다. 사실, 그들은 아직까지도 정보에 대한 어떤 과도한 선순환이 기후변화에 미치는 영향에 대해 알고자 하는 여러 이해관계자들을 이해하려고 노력중이다. 하지만 대부분의 무지한 소비자들에겐 이러한 것 모두가 그린워싱처럼 보인다.

많은 국가들은 그들의 온실가스배출이나 탄소이력에 대한 충분한 정보를 제출하는 의무적 보고 체계의 법률제정이 필요하다는 것을 제안하고 있거나, 이미 제안하였다. 이러한 의무적 보고 체계의 요구사항들이 만족스럽게 진행되는 동안, 기업은 법을 잘 준수하고 있음을 보여주기 위해서 의무적 정보를 누락하거나 법적 근거(정보)를 보고하는 것을 게을리 해서는 안 될 것이다. 만약 필요하다면, 정당하게 협의내용을 밝혀 내기 위하여, 신뢰성 없는 보고나 그린워싱을 가려 낼 수 있는 측정방법을 개발할 수도 있을 것이다.

제 6 부

적용 전략

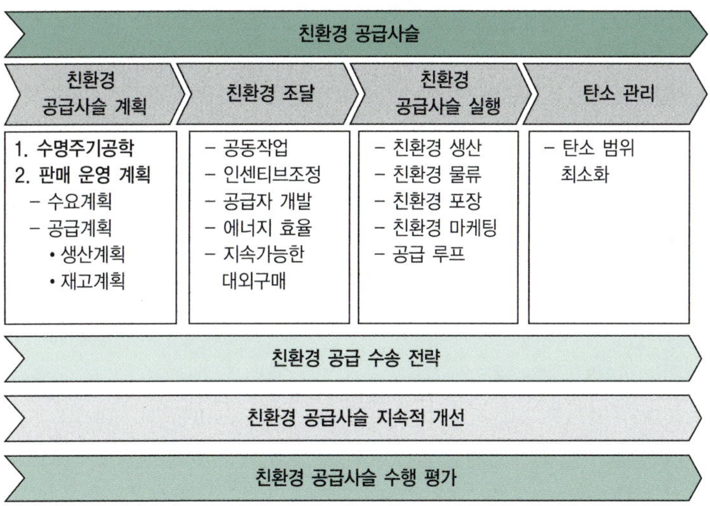
친환경 공급사슬
친환경 공급사슬 계획
친환경 조달
친환경 공급사슬 실행
탄소 관리
1. 수명주기공학
2. 판매 운영 계획
– 수요계획
– 공급계획
• 생산계획
• 재고계획
– 공동작업
– 인센티브조정
– 공급자 개발
– 에너지 효율
– 지속가능한 대외구매
– 친환경 생산
– 친환경 물류
– 친환경 포장
– 친환경 마케팅
– 공급 루프
– 탄소 범위 최소화
친환경 공급 수송 전략
친환경 공급사슬 지속적 개선
친환경 공급사슬 수행 평가

CHAPTER 11

친환경 공급사슬 적용 전략

앞장에서 논의된 친환경 공급사슬의 구성요소들에 이어서, 이번 장에서는 큰 기업들이 전통적인 공급사슬에서 친환경 공급사슬로 변화해 갈 수 있는 프로그램을 어떻게 구성하고, 관리하며, 구현할 것인지에 대해 다룰 것이다.

이미 언급된 바와 같이 친환경 공급사슬로 변화해 나가기 위해서는 전체 공급사슬의 모든 참여자들이 협력해야 할 것이다. 제품의 전체 수명주기를 고려하여 제품을 설계하기 위해 모두가 서로 밀접하게 일을 진행해야 한다. 그렇게 함으로써 탄소이력과 낭비를 최소화하면서 최대의 산출물을 만들 수 있다. 이는 단기간에 가장 친환경적인 성과를 보장해 줄 것이며, 성과 창출을 위한 비용도 감소시킬 것이다.

우리가 대답해야 할 핵심적인 질문들은 다음과 같다. "어떻게 공급사슬 참여자들의 협력을 얻어 낼 것인가?" 그리고 "그들의 사업과 사회에 도움이 된다는 것을 보여주기 위해서 그들을 어떻게 사로잡을 것인가?"

우리는 5장에서 잠깐 다루었던 효율적 친환경 리더십(Efficient Green Leadership: EGL)을 사용할 것을 권장한다. 좀 더 구체적으로 살펴보자.

■ 효율적 친환경 리더십(EGL) 모델

EGL 모델은 친환경 공급사슬을 만들어 내고 논의하며, 궁극적으로는 이를 적용하기 위하여 공급사슬 참여자들이 빠르게 협력하도록 고안된 방법론이다. 이 모델은 공급사슬에 참여한 여러 기업 내에서 같은 기능을 수행하는 팀들이 함께 비용대비 효과와 환경적 효과가 가장 큰 해결책을 만들기 위한 개방적이고 투명한 협력이 가능하게 해 준다. 이 모델을 채택한 공급사슬은 서로 다른 기업에서 같은 일을 하는 사람들이 모인 협의체를 만들어 준다. 그들은 같은 용어로 의사소통하고, 같은 목표를 위해 일하며, 처음부터 같은 생각을 갖고 있기 때문에 그러한 협력이 가능하다.

이와 같은 방식은 단순히 기능적인 요인에 의해 형성된 전통적 공급사슬(예를 들어, 조달을 위한 공급사슬) 구성원들이 가진 사고방식과 극단적으로 대조적이다. 다음 그림 11.1에서 보여준 공급사슬에는 3개의 조직이 있다. 물론 전체 공급사슬에는 훨씬 많은 조직이 속해 있을 수도 있겠지만, 쉽고 간단한 설명을 위해 3개의 조직만 생각해 보자.

EGL 모델 사용의 이점으로는 지식의 빠른 확산, 조직 상호간의 탁월한 신뢰, 쉬운 구현, 프로젝트팀의 열정 등을 꼽을 수 있

그림 11.1 **효율적 친환경 리더십 모델**

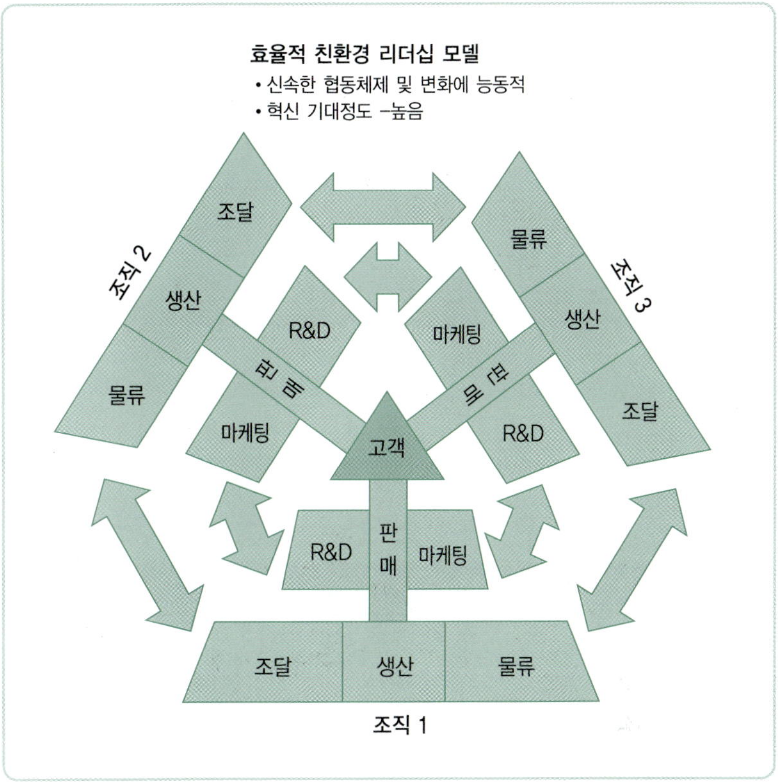

다. 하지만, 기업들은 그들이 달성하기 위해 합의한 큰 목표 대신 그들 각자의 제품만을 위해 일을 하는 관료주의 의식을 만들어 내지 않도록 그 징후를 각별히 감시해야 한다.

그렇다면 우리는 어떻게 친환경 공급사슬을 창출하기 위한 EGL 모델을 도입할 수 있을까?

일단 팀이 형성되고 책임소재와 그에 따른 보상이 철저한 합의를 통해 이뤄졌다면, 나머지 노력들은 크게 다음의 5개의 전략적 요소들로 나눠질 수 있다.

- 프로세스 식별
- 성과를 측정하기 위한 시스템 개발
- 공급사슬 관리시스템
- 일의 우선순위 할당
- 절차의 개선

이러한 것들은 그림 11.2의 적용 전략 프레임워크에 나타나 있다.

그림 11.2 친환경 공급사슬 적용전략 프레임워크

	프로세스의 식별	성과측정치표의 개발	공급사슬 시스템을 측정	우선순위화와 대안 개발	개선계획의 수립
조달과 공급	• 계획 • 훈련 • 적용	• 혼합된 계약과 관계된 적은 소비 하에서의 많은 이익 • 의사결정프로세스에 공급자들을 참여	• 증가하는 성과 주문의 프로세스 스템의 우선순위화		• 지속적 개선을 위한 조직적 연계 • 공급자 및 판매회사를 의사결정에 참여 • 준법 감사와 성과 재검토 • 공급자와 물류업체 사이의 명확한 의사소통 • 연계된 인센티브
생산	• 환경 비용 회계 • 생명주기비용산출 • 프로세스 디자인 • 생명 주기 공학	• 환경 비용의 식별 및 범주화 • 환경 및 경제 친화적 프로세스의 개발	• 프로세스 소유자와 공급자들의 인터뷰를 통한 프로세스 개선		
포장	• 자원 최소화 • 감소된 위험요소 • 재활용과 에너지 회복	• 재무적 절약 • 지역과 전반적인 환경 이점	• 재사용 및 재활용 가능한 포장의 사용 • 고객 협력 • 낭비 감소		
제품판매와 마케팅	• 친환경 제품을 정착시키기 위한 소비자의 인지 창출	• 소비자가 친환경 제품을 구입	• 환경 친화적 제품을 조직의 중요 목표로 설정		
물류	• 이송장치를 이용한 방법 • 3자 물류 성과 평가	• 철도 운송수단의 더 많은 이용 • 3자 물류 협력체계	• 물류 최적화 • 친환경 원료의 사용 • 최적화된 트럭 상차		
제품 수명 주기 관리	• 제품 디자인 • 공급 루프 효과성	• 제품 수명의 재프로세스	• 경제적 가치 회복을 위한 낭비 자원 수집		

그림 11.3 친환경 공급사슬의 적용을 위한 접근방법

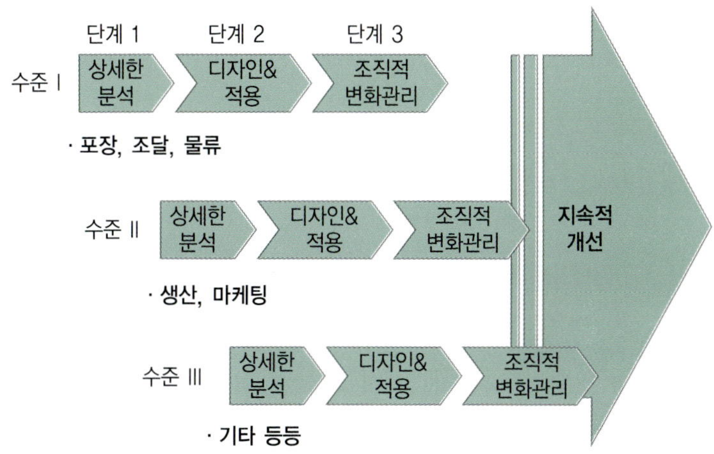

뒷장의 하단에 그림 11.3에 잘 설명된 것처럼, 현재의 공급사슬을 친환경 공급사슬로 변화시키기 위해서는 다음의 단계를 포함하는 3×3 접근방법론을 사용하기를 제안한다.

- 각 3단계로 구성된 적용의 3수준
- 각각의 수준은 18개월 이상이 소요됨
- 각각의 단계는 6개월의 이상이 소요됨
- 각 수준은 공급사슬의 다양한 요소들을 안정되고 통제된 방식으로 변화시키는 데 도움이 되며, 각 요소들은 한 번에 모든 것을 바꾸는 방식보다 쉽게 관리, 통제, 향상시킬 수 있다.
- 개별 공급사슬은 몇 가지 요인에 따라 구성요소들이 어떤 수준에 속할 것인가를 결정해야 한다. 이와 관련하여, 우리는

포장, 조달 그리고 물류가 첫 번째 수준에 생산과 마케팅이 두 번째 수준에 그리고 나머지 구성요소들은 세 번째 수준으로 구성되는 것이 적절하다 생각한다.

11.1. 1단계, 세부 분석

친환경 공급사슬로 변화하기 위한 첫 번째 단계는 변화의 시동을 걸기 위한 꼼꼼한 분석과정을 포함한다. 이 과정은 공급사슬 내의 다양한 이해관계자들 간의 협력절차를 만들고, 공급사슬에 참여한 모든 최고경영자의 지원을 필요로 한다(그림 11.4 참조). 이 두 가지 요소는 친환경화를 진행하는 데 있어서 발생하는 큰 장

그림 11.4 친환경 공급사슬 적용을 위한 1단계 프레임워크

경영참여와 가치

- 친환경 공급사슬을 위해 모든 것들을 이해관계자들로부터 되삼
- 친환경 공급사슬의 목적 수립 및 핵심 이해관계자들에게 내용 전달
- 팀 구성 및 규칙과 책임을 정의 그리고 이해관계자들의 인센티브 조정

이전프로세스 선택을 위해 현재 프로세스 분석

- 이전을 위해 현재 프로세스/상품/서비스의 철저한 분석 실시
  - 어떻게 현재 프로세스가 작동하는가?
  - 어떻게 투입과 산출이 친환경이 될까?
  - 상품의 에코디자인 필요성과 툴을 선택한다.
  - 친환경 요구사항의 만족을 위해 데이터 및 능력이 부족한 영역을 찾아 낸다.
- 현재단계에서 친환경 특성을 가질 수 있는 공급사슬의 요인을 찾아본다.

미래 상태와 Gap 분석

- 미래상태를 정의하고 도달하기 위해 필요한 친환경 요소 정의
- 각각의 상품과 서비스 처리 과정의 환경적 프로파일링을 한다.
- 현재 상태와 미래의 Gap 분석을 한다.
- 신뢰있는 데이터와 행동을 얻기 위해 규제와 호응성 검사를 실시한다.
- 이해관계자들에게 분석에 대한 동의를 얻는다.

애물들이다. 친환경 공급사슬을 도입하기 위해서는 목표를 수립하고 지속적인 개선을 진행하는 동안 핵심 이해관계자들의 경영 의지가 요구된다; 이를 위해서 필요한 사항은 다음과 같다.

- 환경 보호, 근로자와 지역의 안전과 건강을 보장하기 위한 가시적인 경영 의지, 효과적인 의사소통, 교육 훈련
- 조직이 균형된 방식으로 친환경 공급사슬로 나아가는 측정 가능한 목표
- 공급사슬의 참가자, 근로자와 하청업체들은 친환경 공급사슬이 기업운영의 가장 중요한 요소 중에 하나이며, 단순히 환경주의자들이나 고객들에게 좋게 보이기 위한 립서비스나 홍보도구가 아님을 인식해야 함
- 사회제도 및 정부규제, 관련된 산업표준을 따르는 방식으로 시작하고, 경쟁력 있는 공급사슬이 되기 위한 친환경 공급사슬 기준을 제시할 수 있도록 변화
- 대중들과 근로자에게 유용한 정책을 실행하기 위해 적절한 자원을 제공
- 잠재적으로 영향을 미칠 수 있는 모는 부서들의 참여
- 주된 목적과 목표를 설정하고 표현
- 이러한 프로그램을 만들고 구현할 책임 있고 능력 있는 사람을 선정
- 다른 프로젝트와 상호 간섭을 방지하는데 필요한 기술적, 경제적 방법 발굴
- 환경관련 위원회 및 단체들과의 관계증진
- 진행 과정을 감시하고 평가

전 단계에서 분석을 위해 선정된 개별공정의 환경적 영향은 다음 단계에서 분석된다. 이를 위해 다음의 사항이 필요하다.

- 선택된 공정을 분석하고, 투입물과 처리과정 그리고 결과물을 연구한다. 예를 들어, 생산을 위한 조달공정을 분석한다면 구매된 원재료의 종류와 품질, 원자재 조달에서 발생한 공해량, 공급자의 친환경 정책과 실행, 원자재 소비 후 발생하는 잔여물의 폐기방식 등을 연구할 것이다. 또한, 분석 변수들은 공정마다 다를 것이다. 예를 들어, 조달 공정은 포장과는 다른 분석 변수들이 있을 것이며, 포장을 위한 변수들은 조달과는 다를 것이다.
- 이미 하고 있는 것이 아니라면, 투입물과 처리과정 그리고 결과물을 문서화하여 나중에 이해관계자들이 보거나, 환경 매트릭스의 기초를 만들기 위한 다음 단계에서 사용될 수 있다.
- 자료나 자원이 없거나, 공정의 이해부족으로 환경적 영향을 명확히 파악하기 어렵거나 충분한 정보가 없는 부분들을 찾아 내고 문서화한다.
- 다른 단계에서 환경적인 영향을 미칠 수 있는 현재의 투입물, 공정, 완성물과 관련된 주요 위험 요소와 영향을 파악한다. 이는 환경친화적인 방법으로 제품을 재활용하거나 처분할 때 발생가능한 이슈를 포함한다.
- 핵심 영역의 공급사슬 참여자와 핵심 조직을 파악하고, 그들의 친환경 성과를 평가한다.
- 그들의 환경적 성과와 보고를 개설하기 위한 방안을 마련하기 위하여 공급사슬 참여자와 협력한다.

- 생산담당자에게 적절한 환경적 척도를 제공하여, 그들이 각 공정상황을 보고할 때 환경적 평가를 포함할 수 있게 한다.

현재 공급사슬 객체(상품, 공정, 서비스)의 기능성에 대한 상세한 분석이 끝나면, 그 다음 단계에서는 원하는 친환경 수준을 정의하고 현재 상태와의 차이를 살펴본다. 이는 다음의 사항들을 수반한다.

- 친환경에 관련된 법적 요구사항, 조직의 친환경 정책, 의지와 목적을 고수하면서, 친환경 공급사슬 객체를 만들어 갈 수 있는 특징과 요소들을 구체화하여 지양하고자 하는 상태를 정의한다.
- 미래에 달성하려는 친환경 이미지에 맞도록 객체의 각 구성요소들이 가져야 하는지 환경개요서를 작성한다. 한정된 자원의 사용, 폐기물 관리 및 다른 적용가능한 요소의 측면에서 각 구성요소들이 어떻게 친환경 요구를 맞출 수 있는지 문서화한다
- 객체들의 각 특성을 구체화한 미래의 상황과 현재의 상황 사이에 발생하는 차이를 절저히 분석한다. 그 분석을 통해 앞으로 친환경 요구에 맞춰서 변화할 것인지 아니면 현재 상태를 유지할 것인지 결정한다
- 친환경 공급사슬로 변화하는데 소요되는 비용, 책임 및 공급사슬의 내/외부 참여자의 교육에 대한 요구, 관련된 위험 요소, 친환경 규제을 준수하는 정도, 다음 단계를 위한 지침이나 행동를 파악하는 친환경 변화 제안서를 작성한다.
- 분석활동에 참여하는 모든 이해관계자들의 동의를 얻어야 한다.

11.2 2단계, 설계 및 구축

우리가 제안한 3×3 접근 방법의 2단계는 친환경 공급사슬을 위한 지속가능한 설계와 변화를 포함한다. 이 과정은 재생산을 최적화하고 폐기물을 재사용/재활용할 수 있도록 공정을 변화시켜 자원을 최소로 사용하고 이윤을 최대화하도록 수요를 맞추는 데 초점을 둔다. 결국, 이 단계에서는 지속가능한 상품조달, 물류, 포장 등이 설계되고 구축된다.

2단계에서 가장 먼저 해야 할 일은 공급사슬에 참여한 모든 이해관계자들이 전적으로 참여하는 것이다.

그림 11.5 친환경 공급사슬 적용을 위한 2단계 프레임워크

공급사슬 파트너의 조정 및 통합

- 재활용 및 재사용이 가능한 물건을 사용하기 위해서 제품 및 원재료 공급업자와 조정하라.
- 환경적 영향모형의 최적화를 위해서 판매자(SCP, 배송 관리, 제3자 물류관리자, 전략적 네트워크 디자인)과 IT집단을 참여시켜라.

친환경 공급사슬 상품의 디자인

- 친환경적이 되기 위해서 단계 1에서 실시한 Gap분석과 재변경 및 재설계에 대한 동의된 분석들
- 공급사슬의 환경적 요구사항을 대변하는 대안들을 만들거나 우위에 둔다. 그리고 가장 좋은 옵션을 선택한다.
- 각 공정별이 친환경이 되기 위해서 기본라인의 환경적 영향을 평가하기 위한 매트리스를 설계하거나 정의한다. 또한 정기적으로 그런 영향을 평가한다.
- 낭비를 줄이려는 노력과 자원을 줄이려는 노력을 반드시 모든 공정에서 이뤄져야 하며 이런 일들은 반드시 모든 공급사슬파트너에게 교육시켜야 한다.

과정의 개선을 정리하다

- 좋은 산출물과 상품을 개선하기 위해서 전략의 변경이 필요하다.
- 성과측정시스템을 개발하기 위해서 기본 디자인과 컨셉디자인을 분석해야 한다.

- 공급사슬 객체를 위한 새로운 친환경 요구사항을 만족시키기 위하여, 워크샵이나 의사소통을 할 수 있는 다른 선호되는 방법을 이용하여 조율하고 협력한다.
- 친환경 목적을 달성하기 위해서 공급사슬 파트너의 공정 변화에 필요한 계획 및 제안서를 만든다
- 공급사슬 참여자가 추진일정과 같이 할 수 있게 하고 동의된 주기에 따라서 진척사항을 업데이트한다.
- 친환경 계획과 설계과정에 관련된 당신의 조직과 다른 참여자들의 핵심 이해관계자로부터 승인을 얻어야 한다.
- 공급자는 온실가스의 배출과 감축을 어떻게 줄이는지에 대해 보고하는 방법에 동의가 있어야 한다. 이는 당신의 보고 시스템과 매끄럽게 인터페이스 가능한 구성을 보여야 한다.
- 당신의 산업에 적합한 환경인증을 얻어라.
- 설계와 구축을 할 수 있는 팀을 구성하며, 이 팀은 실행을 통해서 친환경 변화를 수행할 수 있다.

2단계의 두 번째 과정은 설계단계이다.

- 1단계에서 실시한 Gap 분석을 바탕으로, 차이를 줄일 수 있도록 공급사슬 객체를 재구성하고 재설계한다. 이를 위해 관련된 이해관계자들이 모두 참여해야 하며, 그들의 전문성을 활용하는 노력이 요구된다.
- 객체들의 친환경 실현을 위한 모든 가능한 대안은 비용 효율적인 면과 장단점이 있는 시간의 소비의 측면이 고려되어야 한다. 이는 비용, 구축 시간, 충족된/충족되지 않은 요구 사항

들, 부작용, 미래에 더 확대가능한 범위 등을 포함해야 한다. 만일 모든 대안들이 준비되어 있고, 모든 사람들이 이 대안들을 알고 있다면, 비용 효율적인 방식으로 환경적인 요구사항을 만족하는 대안이 선택되어야 한다. 이를 위해서는 너무 비싸고 시간이 많이 소요되기 때문에 버려지는 대안은 없어야 한다는 마음이 필요하다. 그렇게 보이는 대안일지라도 미래에는 결국 이익이 될 것이라고 증명될 수도 있기 때문에 대안에 대한 완벽한 이해와 영향분석은 반드시 필요하다.

- 소위 지속가능성과 친환경 설계라 불리는 것들은 객체 내부, 공급사슬 내부 그리고 사회 전반을 포함하는 친환경에 초점을 맞추어야 한다. 이는 기업 내의 공정의 변화만을 포함하는 단편적인 접근인지, 다른 공급사슬 참여자들까지 포함하는 일치된 접근인지에 전적으로 달려 있다. 설계의 선택 역시 공급사슬 참여자들의 준비와 속도에 달려 있다.
- 채택된 설계는 공급 루프나 6시그마와 같이 앞서 논의되었던 개념을 수용하고 이용해야 한다.
- 객체의 변화 이전과 이후의 친환경 정도를 측정할 수 있는 내부적 지표를 정의하고 설계한다. 주요 이해당사자와 공급사슬 참여자들 간에 소통이 이뤄져야 하며, 구성, 설계 또는 보고의 측면에서 시스템의 모든 변화는 시기적절하게 이뤄져야 한다. 다음은 이러한 평가시스템을 설계하는데 관심을 둬야 할 항목들이다.

  –재활용되거나 새로운 자재의 양

  –유해물질의 이용

–물과 재생가능한 에너지의 사용
–포장용지의 사용 및 재사용
–처리시간의 증가와 감소
–배출 정도와 조정
–탄소사용정도
–자산의 이용
–기계 사용
–재고 수준
–발생한 폐기물의 양과 종류 그리고 폐기 관리의 방법

- 디자인에 대한 공동의 합의 후, 다음 단계로 이동

다음의 단계에서 우리는 친환경화된 공급사슬 객체의 설계가 향상되고, 이와 관련 있는 수행평가 및 보고시스템이 개선되는 것을 살필 것이다.

- 객체와 평가시스템 모두를 위한 원형을 만들고 실험해 본다.
- 원하는 친환경 결과가 이뤄질 때까지 원형을 다듬는다.
- 시스템의 변화를 문서화시키고, 이를 내/외부에서 볼 수 있게 한다.
- 객체의 친환경화로 인해 생겨날지 모르는 절차를 새롭게 개발한다.
- 관련 분야의 사람들과 의사소통하고 교육을 시킨다.
- 새로운 친환경시스템으로 변화시킨다.

11.3 3단계, 조직적인 변화 관리

변화관리와 친환경 활동에 대한 평가의 목적은 새로운 친환경 시스템을 도입한 후에도 여전히 발생하고 있는 부정적인 환경영향을 조사하여, 앞선 단계에서 드러난 환경적인 영향을 계속해서 향상시켜 나가는 것이며, 환경 관리의 유효성에 대해서 내외부적인 조사를 통해 피드백하는 것이다(그림 11.6 참조).

친환경 공급사슬의 구축 이후, 모든 사람들이 진행과정, 행동사항, 이례적인 내용들을 계속적으로 인식하고, 지속적으로 성과를 측정하는 것은 특히 중요하다. 따라서 3단계에서 처음으로 해야 하는 것은 변화관리 및 친환경 성과측정에 관련되어 있다.

그림 11.6 친환경 공급사슬 적용을 위한 3단계 프레임워크

변화 및 적용

- 친환경적인 요소를 위한 전반적인 공급사슬에 대해 환경관리시스템을 시행
- 녹색 성능 평가를 위한 규칙적인 내외부 감사
- 탄소 기여금의 더 중대한 시정과 관리, 방출 규모 자산 그리고 장비 사용, 재고 가용성 그리고 친환경적인 성과에 영향을 미치는 공급사슬의 특성 측면
- 공급사슬 개체에 대해 환경적인 영향력을 가지는 도구들(예, 낭비하거나 부품표를 평가하는 도구들)의 발전

성공의 공유

- 친환경 공급사슬 실행으로 인하여 발생한 주요 친환경 활동들과 업체들을 유지하기 위한 책임자와의 정기적인 정보 회의
- 환경적인 공급사슬관리와 안내자에 도전하고 더 향상시키기 위해 협력해라.
- 로드맵을 발전시키고, 공급사슬 파트너와 친환경 공급사슬의 다차원적인 기업 계획, 실행 그리고 자원 소비, 낭비 관리 등의 합동 공급사슬 결정을 위한 협동을 약속해라. 이것은 거래 파트너 전반에 걸쳐 구축될 수 있다.

지속적인 개선

- 기업 문화의 한 부분으로써 지속적인 개선의 프로세스 발전

- 구축 이후에 친환경 요소들을 적절히 관리하기 위하여, 친환경 공급사슬 관리시스템을 설치해야 한다. 내/외부적으로 모든 주요 인사들은 시스템에 적절하게 접근할 수 있어야 하며, 친환경 목표를 이루기 위한 모든 진척 상황은 시각적으로 보여야 한다.
- 지속적으로 새로운 친환경 규제들을 찾아보고, 친환경 객체들이 규제를 벗어나지 않는지 확인하라.
- 친환경의 원칙과 규정 준수를 보장하기 위하여, 친환경 객체들을 규칙적으로 감사해야 한다.
- 친환경 요소들에 발생하는 의외성을 확인하고, 최고경영자와 친환경 위원회에 이슈를 제기하며, 문제해결을 위한 승인을 얻고 해결하라.
- 공급사슬 참여자들의 친환경 성과를 관찰하여라. 공급사슬 파트너들로부터 얻는 친환경 성과 자료는 정기보고서의 자원이 될 것이다.
- 일, 주, 월 그리고 분기단위로 친환경 보고서나 잡지를 만들어 적절히 배부하라.

함께 성공하고 노력을 인정하는 것은 장기적인 발전을 이루는데 필수적이다. 이와 관련된 내용들은 다음과 같다.

- 친환경 활동에서의 성공을 공유하기 위한 정보 회의를 주최하고 이벤트를 주관하라.
- 성공적인 친환경화 성취에 기여한 개인과 팀의 노력을 인정하라.

- 성과금을 제공하고, 지속가능성의 주제와 관련한 혁신을 촉진시키기 위한 기반을 제공하라.
- 지속가능성과 관련된 공급사슬의 관심사와 친환경 수행지표에 관련하여 결정권자와 의논하여라. 더 높은 수준의 친환경화를 위해 협력하라.
- 모든 공급사슬 참여자들이 공동으로 실행할 수 있는 친환경 공급사슬 활동의 로드맵을 발전시켜라. 이는 친환경 변화의 다음 수준을 위한 디딤돌이 될 것이다.
- 공급사슬 참여자와 내부의 중요한 책임자 간의 피드백을 통해 친환경 프로세스의 효과를 실험하라.

마지막으로 조직 내의 지속적인 친환경 개선의 문화를 개발해야 한다. 사회의 환경과 복지를 발전시키기 위해 조직이 진정으로 참여할 수 있는 조직활동을 개발하여라.

성과 측정과 지속적인 개선은 친환경 공급사슬로 변화를 위한 전략과 전반적인 변화 관리프로그램에서 가장 중요한 두 가지 요소이다. 따라서, 7부의 12장과 13장에서 성과 측정과 지속적인 개선에 대해 더 상세히 다룰 것이다.

제 7 부

지속적인 개선과 수행평가

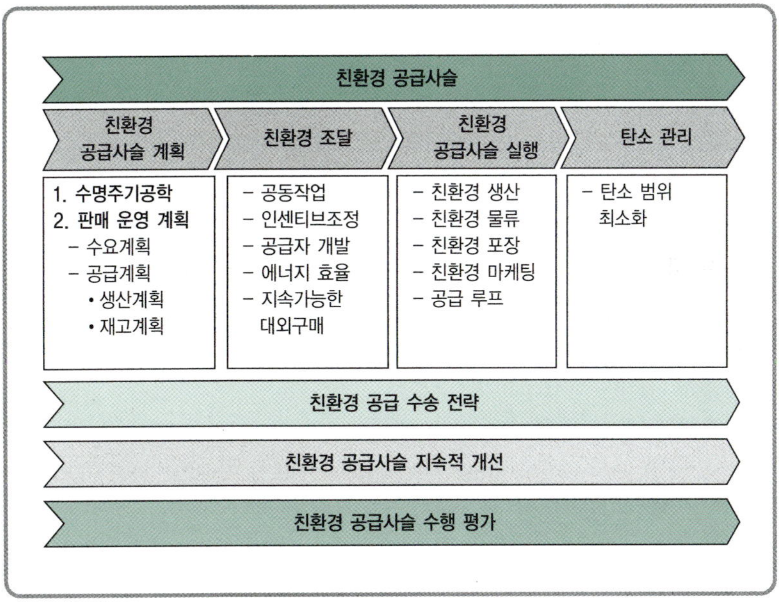

CHAPTER 12

친환경 공급사슬의 지속적인 개선

제목에서 내포하듯이, 지속적인 개선은 기업이 이전 친환경 전략이 완전히 실행된 후에 오랜기간 동안 친환경 공급사슬상에서 지속적으로 노력한다는 사실을 확인하는 것과 같다. 이는 친환경을 위해 고민했던 사항, 아이디어나 개선을 위한 가설, 이러한 가설을 실험하고 확인하는 절자, 이러한 아이디어에 기초한 활동계획을 세우는 것, 또한 활동계획을 실행에 옮기는 것 등과 관련한 프로세스가 초기에 친환경 공급사슬프로그램으로 개발된 이후부터 미래까지 지속적으로 이루어져야 함을 의미한다.

우리의 경험에서, 친환경 공급사슬의 개념은 아주 새롭고, 정보는 여전히 부족한 상태여서 친환경 공급사슬에 대한 갑작스러운 접근은 불가능하다. 전 범위에 걸쳐 관련된 고유한 어려움을 인식할 때, 대부분의 기업들은 그들이 최선을 다했음에도 불구하고,

당혹감을 드러내고, 종종 나태함을 보인다. 문제는 오보와 그릇된 정보가 함께 증가함으로써 더욱 악화된다.

우리는 심지어 단기간의 결과가 차선의 방법일지라도 그러한 진퇴양난의 상황은 없어야 한다고 믿는다. 결국, 모든 여정은 한 단계씩 나아가며 이러한 이유로 인해, 우리는 지속적인 개선 전략에 의해 철저히 규명되었던 3수준 기반의 변화프로그램(11장 참조)을 추천한다. 그러므로 본 장에서, 우리는 지속적인 개선과 친환경 공급사슬을 구축하기 위한 결과 지향적인 활동계획의 불가결한 전략을 다루고자 한다.

12.1 친환경 공급사슬에서 지속적인 개선의 혜택

■ 시간경과에 따른 주요 돌파구 강구

지속적인 개선은 한 번에 하나씩 장기간에 걸쳐 취해지는 많은 작은 조치들이 서로 조화를 이루며 주요 돌파구를 이끌어 낼 수 있기 때문에 중요하다.

■ 예산에서 더 쉽게끔 하기 위하여

지속적인 개선의 실천은 중요한 프로젝트, 비용, 투자 그리고 지출이 예산범위 내에서 관리되도록 한다. 대조적으로 빅뱅 접근(a big bang approach)은 착수 단계에서 모든 분석과 전략들이 하루아침에 이루어질 것이라는 희망과 함께 엄청난 비용을 수반할 것이다. 지속적인 개선에 앞서 선행된 단계적인 변화를 취함으로써 기업들은 훨씬 더 책임감 있는 방법으로 그들의 개선 사항들을 관리한다.

■ 비즈니스에 방해가 덜 되도록

빅뱅 접근과 비교하여 지속적인 개선에 의해 수반되는 3수준 접근은 보다 적은 혼란을 일으킨다. 점진적인 변화로 인해, 비즈니스 목표는 친환경 공급사슬을 위한 헌신이 점진적인 진전을 보이는 것을 확인하는 동시에 항상 최전선에서 지속적으로 유지된다.

■ 위험 관리

지속적인 개선은 불안한 비즈니스 환경에서 직면한 조직적인 변화에도 불구하고 안전한 위험관리를 위한 훌륭한 방법이다. 지속적인 개선의 한 부분으로써, 이전의 조치에 대한 영향이 명백하고 평가가 가능할 때 그 영향은 다음 단계로 넘어가기 전에 고려될 수 있다. 이것은 매우 강건한 위험 관리 전략을 이끈다.

■ 공급사슬을 배우도록 확립

지속적인 개선의 전체적인 철학은 친환경 공급사슬을 만들기 위하여 전체 공급사슬과 관련해 깊이 내재되어 있는 지식을 공론화하는 것에 의존한다. 이러한 방식으로 기업은 환경적으로 부합하는 친환경 공급사슬로 변화가능한 공급사슬을 배우도록 체계를 확립할 것이다.

12.2 지속적인 개선의 전제조건

기업에서 지속적인 개선은 오직 기업 철학에 깊숙이 뿌리내리고 있을 때 가능하다. 예로 많은 일본 기업은 모든 사람들이 두 가지 책무를 갖고 있다고 말한다. 첫 번째 책무는 직업 그 임무 자체를 충실히 하는 것이고, 두 번째 책무는 그 임무를 개선시키는 것이다.

이처럼 지속적인 개선을 위해서는 많은 전제조건들이 있으며 지속적인 개선을 위해서는 다음과 같은 사항이 필요하다.

- 지속적인 개선의 중요성 재인식
- 최고위관리자의 의지
- 잘 편성된 팀 및 명확한 책임부여
- 변화전략과 팀, 정보의 연결
- 작은 개선들이 모이면 큰 발전을 이룬다는 문화
- 목표와 전략을 재정립하기 위한 정기적인 업무평가와 보고

12.3 지속적인 개선의 방법론

지속적인 개선 방법들이 성공하기 위해서는 다음과 같아야 한다.

- 모든 조직원들이 적극적으로 참여할 수 있도록 종합적인 프로그램으로 설계되어야 한다.
- 기업에 잘 맞게 설계 및 수행되어야 한다.

- 전체적인 기업 전략과 맞게 설계되어야 한다.
- 데이터와 매트릭스로 검증된 전략과 연결되어야 한다.

친환경 공급사슬의 지속적인 개선프로그램은 이러한 요구사항에 예외를 두지 않는다. 지속적인 개선을 위한 인정된 방법들이 많이 있으며 친환경 공급사슬의 지속적인 개선을 위해 다음의 방법론을 잘 표현하기 위해 위에 언급된 요소들을 적용하고 있다.

12.3.1 친환경 공급사슬의 지속적인 개선 주기

지속적인 개선이 어떻게 친환경 공급사슬관리에서 끊임없이 사용되는가를 이해하기 위해서 우리는 주로 Deming' Cycle을 Plan-do-study-act(PDSA)에 적용한다. PDSA는 좀 더 친환경적인 공급사슬을 위한 끊임없는 노력의 과정에서 네 가지 주요 단계를 구체화한다.

첫 번째 단계는 "Plan"이다. 이 단계는 변화, 분석, 결과 예측을 위한 사전계획으로 구성된다. 또한 이 단계는 체계적인 팀에 기초한 방법으로 기업의 모든 수준으로부터 아이디어와 가설을 만드는 것에 관한 단계이다. 이 아이디어는 이때 평가되어야 하고, 이 점들은 실행 전에 측정되어야 한다.

두 번째 단계는 "Do"이다. 이 단계는 계획을 실행하고 통제된 상황에서 작은 조치를 취하는 것들로 구성된다. 아이디어의 그 자체가 중대한 변화를 가져오지는 않지만 일제히 실행된 수많은 계획과 조치들은 충분히 큰 영향을 만들어 낸다. 동시에 수많은 아이디어들은 결과적으로 시스템이 항상 상황변화 예를 들어, 기술,

공급자, 시장, 제품, 고객, 수요, 공급사슬 파트너의 능력 또는 우선사항에 잘 맞춰진다는 것을 확신케 한다.

세 번째 단계는 "Study"이다. 이 단계는 결과를 확인하고 분석하는 단계이다. 이는 그들이 하고 있는 것이 지속가능성과 일관성이 있고 환경적인 헌신이라는 것을 확신하는 단계이다. 기업은 또한 친환경 공급사슬이 최초로 기대한 것과 상응한다는 것을 확신해야 한다.

네 번째 단계는 "Act"이다. 이 단계는 공정을 표준화하고 개선하는 조치를 하는 단계이다. 기업은 이러한 조치가 지구에 대한 기업의 공급사슬 영역의 직접적이거나 간접적으로 환경에 미치는 영향을 줄이기 위한 잠재력을 가지고 있음을 확신해야 한다.

지속적인 개선을 이해하기 위해 중요한 것은 지속적인 개선은 실제로 완전히 끝이 나는 것이 아니라는 점이다. 일단 한 주기가 진행되면 새로운 주기가 다시 시작된다. 왜냐하면 상황이 변하고 있거나 이전 프로젝트의 일부 업무가 여전히 처리되지 않고 있기 때문이다.

12.4 친환경 공급사슬 벤치마킹

지속적인 개선공정의 또 다른 요소는 벤치마킹이다. 벤치마킹에 대해 아주 자세하게 다루고 있는 비즈니스 책들이 많이 있다. 그러나 벤치마킹 사례가 지난 수십 년 동안 너무 과용되어(그리고 오용되고 있음) 많은 기업들은 오히려 벤치마킹 피로를 갖고 있다. 그러나 올바른 의도로 철저히 벤치마킹을 실행한다면 이는 상당한 개선의 기회를 제시할 수 있다.

인터넷의 영향으로 인한 정보의 폭발적인 증가는 벤치마킹을 효과적으로 실행하는데 용이하게 하였다. 모든 공정에 대해 신속한 커뮤니케이션과 정보 증가의 영향으로 세계의 벤치마킹 우수사례를 찾기는 훨씬 더 쉬워졌다. 그러나 이러한 지식으로부터 이익을 얻기 위해서는 여전히 많은 노력이 필요하며 배움의 자세가 필요하다. 또한 우리가 의문을 가져야 할 핵심은 "이 공정에서 세계의 가장 우수한 사례는 무엇이며, 그들로부터 우리 회사에 적용하고 사용할 수 있는 것은 무엇인가?"이다.

여기서 우리가 가져야 할 의문사항이 "왜 우리는 그들과 다르고 우리는 왜 그렇게 할 수 없는가?"가 아니라는 것을 알 수 있을 것이다. 그 상황을 정당화하기를 원하는 것이 아니라면 이러한 질문에 답하는 것이 유용한 일은 아니기 때문이다.

분명히 친환경 공급사슬 벤치마킹은 친환경 공급사슬의 중요한 부분에 집중되어야 할 것이다. 예로;

1. 친환경 공급사슬 계획
2. 친환경 조달
3. 친환경 공급사슬 실행
4. 탄소관리
5. 친환경 공급사슬로의 변화
6. 친환경 공급사슬로의 지속적인 개선

벤치마킹의 목적은 세계에서 최고 수준으로 핵심 영역 또는 핵심 하부 요소들 중 하나를 수행하고 있는 기업을 찾는 것이다. 기밀정보를 공유하는 것에 대해서는 약간의 이해할만한 긴장감이 있지만 우리는 친환경 공급사슬 프로젝트에 관한 정보를 다른 벤치마킹 프로젝트에서 발견되는 정보보다 훨씬 쉽게 찾는다.

일단 적당한 벤치마킹 파트너가 확인이 되었다면 올바른 사고방식으로 그들에게 접근해야 하며 그들의 신뢰와 믿음을 얻는 것이 필수적이다. 일반적으로 우리가 알고자 하는 핵심질문은 "우리에게 도움이 되는 것이 무엇이 있는가?, 우리 회사에 어떤 방식으로 해가 되는가?"이다. 우리는 첫 번째 질문이 환경에 도움이 될 수 있는 기회, 다른 비경쟁 공급사슬을 도울 수 있는 기회, 긍정적인 홍보 등을 지적함으로써 좀 더 쉽게 해결될 것이라는 것을 안다. 두 번째 질문은 오직 각자가 그들의 구체적인 상황을 신중하게 고려함으로써 해결할 수 있다.

마지막으로 일단 벤치마킹 활동이 진행되면 그 기업은 열린 마음으로 그리고 배우는 자세로 접근해야 한다. 이는 다른 기업의 성공을 묵살하기도 쉽고 그리고 왜 그들의 방법들 중 어느 것도 여러분의 기업에 적용할 수 없는지 그 이유를 알기도 매우 쉽다. 그러나 여기서 핵심은 여러분이 똑같이 하기 위한 방법을 찾는 것이 아니라 그들의 방법을 변화시키고 생각을 발전시켜서 여러분의 공급사슬 모델에 잘 적용할 수 있을지 아이디어를 찾는 것이 중요함을 기억하라. 만약 벤치마킹하기 위해 세계에서 가장 훌륭한 사례를 선택하고 당신이 그 벤치마킹을 하도록 그 기업으로부터 인정을 받았다면 여러분은 당신의 기업에 사용할 가치가 아무것도 없다는 것을 알게 될 것이며 이는 주로 여러분의 팀이 부적절한 의문을 가졌기 때문이다. 그러나 이러한 확률은 많지 않아야 한다. 왜냐하면 이런 경우 여러분은 벤치마킹했던 그 기업으로부터 신뢰를 잃어버릴 것이기 때문이다.

12.5 파레토 분석

파레토 분석은 최종결과물에 대한 영향을 기반으로 다양하고 지속적인 개선프로젝트의 중요성을 결정하는데 매우 유용하다. 파레토 원리 또는 80/20 규칙은 일반적인 규칙으로서 한 변수의 80%는 다른 변수의 20%로부터 발생한다는 것을 나타내며 예로 문제의 80%는 20%의 사람들로부터 나온 것이며 이는 작은 비율의 사람들이 중요한 문제를 일으킨다는 것을 의미한다.

그러므로 파레토 차트는 다른 요소의 상대적 중요성을 보여주는데 도움이 될 수 있으며 그리고 이는 문제가 있는 팀이 문제의 가장 중요한 원인 또는 가장 중요한 문제에 집중할 수 있도록 한다. 앞에서 언급한 것처럼 파레토 분석은 여러분이 사소한 문제들에 연연하는 것보다 중요한 문제에 집중할 것을 강조하고 있다. 친환경 공급사슬의 지속적인 개선에 이 원리를 적용하면 그 팀이 환경적인 영향을 줄이는 관점에서 최고의 결과를 낼 수 있도록 문제의 영역을 신속하게 구분할 수 있다. 이러한 목적 때문에 근본원인 분석, 원인과 결과 다이어그램(fishbone diagram)과 같은 다른 수많은 기술이 매우 유용하다. 원인과 결과 다이어그램은 문제에 도움이 되는 가능한 요소들의 맵을 발전시킬 수 있도록 한다. 이러한 분석은 문제를 더 잘 이해할 수 있도록 하고 문제에 도움이 되는 가능한 요소들을 나타낸다.

12.6 친환경 공급사슬의 지속적인 개선의 예

이제 한 기업이 어떠한 방법으로 친환경 공급사슬의 지속적인 개선을 실행하고 있는지 알아보자.

월마트, 세계에서 가장 큰 소매업자이며 세계에서 10번째로 큰 이 기업은 친환경 공급사슬에 대한 지속적인 개선전략을 적용했다. 기업의 사회적 책임감과 비영리단체로부터의 압박으로 그들은 친환경 공급사슬의 지속적인 개선조치를 취하였다.

지난 몇 년 동안 월마트는 지구 환경에 대한 기업의 영향을 최대한 줄이기 위해 전면적인 비즈니스 지속가능 전략을 제시했다. 그리하여 월마트는 세계에서 가장 경쟁력 있고 혁신적인 기업이 되었다. 우리는 그들을 위한 계획이 전략적인 의도와 함께 큰 목표로 설정되었다는 것을 관찰할 수 있다. 실제로 그들은 재사용가능한 에너지로 100% 공급되기를 원하였고 폐기물을 제로화하고 회사의 자원과 환경을 지속할 수 있는 상품을 팔기 원하였다. 그리고 그들은 "Do" 단계로 넘어갔고 계획을 실행하였다. 글로벌 온실전략, 대체에너지, 에너지 설계 그리고 재사용가능한 에너지를 사용하기 위한 구조 등 수많은 프로그램이 시작되었고 실행하였다. 최초 결과를 점검하고 분석하는 "Study" 단계에서는 그들이 친환경 공급사슬 프로그램을 통해 환경에 대한 영향을 지속적으로 줄였고 성과도 있었다. 매년 7,500만 달러의 비용이 절감되었고, 40만 톤의 이산화탄소 발생을 줄였다. 마지막으로 "Act" 단계에서는 그들의 절차를 표준화하고 개선하려고 노력하였다. 월마트는 이것이 다방면의 무한반복 순환공정이라는 것을 강조하기 위해 그들의 첫 단계에서 우수한 결과를 성취하였다고 멈추지 않았다. 게다가 그들은 새로운 계획으로 친환경 공급사슬의 지속적인 전략을 다시 시작하였으며 그 계획에서 그들은 2011년까지 물고기를 남획하지 않는 범위 내에서 해산물을 운송할 것을 약속하였다.

그들이 지속적인 개선을 시도하는 이유는 간단하다. 기업과 지구 모두에게 가치를 더하는 개선의 기회에는 끝이 없기 때문이다.

CHAPTER 13

친환경 공급사슬 수행평가

이 책에서 우리는 줄곧 친환경 공급사슬의 측정과 관리과정에 대해 언급해 왔다. 앞서 언급한 것처럼, 측정할 수 없는 것은 관리도 할 수 없다. 대부분의 경우 우리는 이 말에 동의할 것이다. 물론 팀 정신 그리고 공급사슬 협력 등과 같이 객관적이고 직접적으로 측정하고 평가하기 어려운 부분도 있다. 또한 간접적이거나 주관적인 측정은 조직의 관료주의적인 비상식으로 순수한 활동을 아주 빠르게 악화시킬 수 있다. 그러나 만약 측정방법론이 개발, 적용되어 잘 사용된다면 객관적이고 주관적인 측정 모두가 친환경 공급사슬의 중요한 요소가 될 것이다.

따라서 이 장에서는 친환경 공급사슬 수행평가 방법론을 어떻게 만들고, 적용하고, 사용하는지, 그리고 어떻게 정보를 제시하고 결과를 사용할 것인지 논의할 것이다. 위의 내용을 알아보기 전에, 수행평가 방법론이 왜 중요한지 좀 더 구체적으로 이해하기 위해 이러한 방법론에 대한 이점을 살펴보자.

13.1 수행평가의 이점

■ 상황에 대한 일치된 시각

현재의 친환경화에 대한 관점과 어떻게 친환경 공급사슬을 추진해야 할지에 대한 의견은 모든 참여자마다 다를 수 있다. 하지만 하나의 종합적인 수행평가 방법론 만이 어떤 시점에서도 상황에 대한 일치된 시각을 만들어 낼 수 있다. 측정/평가 방법론과 시점은 사소한 것이라고 간주될 수도 있지만, 일반적으로 대부분의 참여자들은 수행평가의 결과에 동의할 것이다. 이와 같은 동의는 그들에게 어떤 프로젝트를 강화하고 중단하여 자원을 어떻게 할당할 것인지 또는 성과 배분을 어떻게 할 것인지 등의 추가적인 논의사항을 위한 공동의 플랫폼을 제공한다. 이러한 공동의 플랫폼은 조직 내에서 그리고 조직 밖의 공급사슬 파트너와의 토의를 위하여 매우 중요하다.

■ 진행 정도를 측정하라

본질적으로 변화를 위한 프로그램들은 모두 진행 과정에서 상당히 어려운 시기를 맞는다. 철학적으로, 미래는 항상 격동 속으로 향한다고 이야기되기도 한다. 변화하는 동안 총체적인 방법론이 없이는 진행 정도를 측정하기 어렵다. 잘 설계된 친환경 공급사슬 평가시스템은 비슷한 공급사슬 대비, 목표 대비 그리고 초기

상황 대비 얼마나 진척되었는지를 측정할 수 있어야 한다. 이를 통해 그들의 노력이 얼마나 효과적인지를 명확한 청사진으로 제시하고, 효과적이지 않은 부분은 어디인지 강조할 수 있다.

■ 영향력을 최대화할 수 있는 자원에 초점을 맞춰라

기업의 전체 목표를 달성하기 위해 영향력을 최대화할 수 있는 영역에 자원을 집중할 수 있는 능력은 진행 정도의 측정에 맞춰 자원을 조절하는 것에 달려 있다. 이러한 형태의 주기적인 조절은 수행평가 결과와 자원의 사용을 최적화하기 위해 필수적이다.

■ 인센티브 경영

핵심팀 멤버들과 공급사슬 파트너들은 인센티브 할당을 통해 친환경 공급사슬에 완전히 참여해야 한다. 이와 같은 참여가 없는 친환경 공급사슬 변화프로그램은 그들의 잠재력을 완전히 활용하지 못할 것이다. 확실한 수행평가 방법은 인센티브에 동의하고 인센티브를 객관적인 방법으로 분배하기 위해 필수적이다.

■ 외부 보고와 친환경 마케팅

기업의 친환경적인 노력에 대한 상황을 보고하는 것은 이제 법적인 요구사항이나 권고사항이 되고 있다. 따라서 이러한 보고서는 확실한 평가방법론을 바탕으로 잘 작성되고, 입증되어야 함은 명백한 사실이다. 충분한 근거가 없이 주장만하는 보고서는 친환경 홍보에 불과한 그린워싱이나 사실을 오도하는 광고가 될 수 있다. 게다가 거짓 보고서는 법적으로 큰 처벌을 받을 수 있다. 분명한 점은 외부 보고와 친환경 마케팅을 위해 사용되는 보고서, 주장, 광고 그리고 마케팅 메시지는 확실한 방법론을 통해 얻은 데이터에 기초해야 한다는 것이다.

■ 객관적인 감사와 추적

마지막으로 모든 변화관리프로그램은 어느 시점에도 이뤄진 조치와 대응을 입증하기 위한 명확한 감사, 즉 객관적인 데이터의 추적이 요구된다. 확실한 수행평가시스템은 사후에 사용할 수 있는 감사가능한 자료 저장과 같은 기능을 제공할 수 있어야 한다.

13.2 수행평가 방법론

각각의 친환경 공급사슬이 서로 다른 것처럼, 각각의 친환경 공급사슬프로그램들은 서로 다르다. 여러 공급사슬에는 수많은 공통 요소들이 있지만, 개별적인 차이점으로 인하여 각각의 친환경 공급사슬프로그램을 위한 수행평가 방법론들은 그 목적에 맞게 만들어져야 한다. 이를 위해서는 무엇을 어떻게 그리고 누가 측정하는가에 대한 세 가지 중요한 질문에 답변해야 한다.

13.2.1 무엇을 측정해야 하는가?

대부분의 사람들은 친환경 공급사슬 측정과 탄소배출 측정을 동일시한다. 물론 이는 전체 친환경 공급사슬의 중요한 요소이기는 하지만, 완성된 그림을 그리기 위해서는 다른 중요한 요소들도 똑같이 다뤄야 한다. 이 책을 통해 논의되었던 것처럼, 친환경 공급사슬은 여러 핵심 요소들이 함께 움직인다.

- 친환경 공급사슬 계획
- 친환경 조달
- 친환경 공급사슬 실행
- 탄소관리
- 친환경 공급사슬로의 변화
- 친환경 공급사슬의 지속적인 개선

이러한 친환경 공급사슬의 핵심요소 안에는 측정되어야 하는 하위 요소들이 많이 있을 것이다. 이러한 하위요소들은 프로그램이 진행됨에 따라 변화하게 된다.

측정팀의 첫 번째 임무는 수행평가프로그램의 일부로써 측정되어야 할 핵심 하위요소를 결정하는 것이다. 이는 각각의 요소들을 구성하는 핵심공정을 연구하고, 이러한 공정을 측정하는 변수들을 결정하는 것이다. 예를 들어, 친환경 조달을 위한 협력이 이뤄진다면, 둘 또는 그 이상의 기업의 구성원으로 이뤄진 친환경 공급팀의 비율로써 협력을 측정할 수 있다. 지속가능한 구매프로그램을 위한 아이디어를 공동개발하는데 소요된 시간은 협력을 측정하기 위한 또 다른 요소로 사용될 수 있다.

여기서 해야 할 일은 서로 연관이 있으며, 상호독립적이고, 전체를 다 포괄할 수 있는 측정 지표들을 만드는 것이다. 동시에 지표는 애매모호하지 않고 확실해야 하며, 객관적으로 측정하고 보고하기에 충분히 쉬워야 한다.

이 단계에서 우리가 언급해야 하는 한 가지 주목할 점은 일부

평가가 투입요소에 기반을 두고 있다는 것이다. 앞서 예를 들어 설명한 것들은 둘 다 투입요소에 기반을 두고 있다. 반면, 제품 생산을 위해 전체 공급사슬에서 배출된 이산화탄소는 산출물에 기반을 두고 있다. 이 두 가지 측면은 친환경 공급사슬프로그램을 효과적으로 운영관리하기 위해서 필수적이다. 투입물에 기반한 측정은 우리가 올바른 순서에 따라서 올바른 일을 하고 있는지를 판단할 때 도움이 되며, 산출물에 기반한 측정은 우리가 올바른 결과를 얻었는지를 판단할 때 도움이 된다. 비유하자면 투입물 기반의 측정은 우리가 음식 조리법에 따라 올바른 재료를 사용하고 있는지를 보여주며, 산출물 기반의 측정은 최종 요리가 우리의 기대치를 충족하는지를 보여준다.

마지막으로 확실한 측정프로그램은 어느 시점에서도 철저하게 검토되어야 한다. 맞춤형 측정프로그램을 만들기 위해서는 시간, 노력 및 상상력이 필요하다. 이런 이유 때문에 우리는 상업적으로 판매되고 있는 측정프로그램 패키지를 지지하지 않는다. 이론적으로 그들은 그 임무를 하도록 맞춰졌겠지만, 현실적으로는 창의적이고 충실한 측정프로그램을 만드는 것이 쉽지 않기 때문이다. 그리고 프로그램 설계자들이 소유권을 갖게 된다는 점도 매우 중요하다.

13.2.2 어떻게 측정해야 하는가?

여기서 강조하고 싶은 것은 천천히 시작하고, 무엇을 측정하고자 하는지 분명히 알고, 의사결정의 여러 주기 동안 발생한 정보를 사용하고, 평가측정프로그램을 세부 조정하여 가능한 이러한 과정이 자동화되도록 해야 한다는 점이다.

우리는 소프트웨어 판매회사와 측정 패키지 전문회사에 의해 주로 홍보되고 있는 다른 접근법을 알고 있다. 이러한 방식은 주로 한꺼번에 대량의 데이터를 만들게 된다. 그러나 이러한 접근법을 자세히 살펴보면, 철처한 검토를 하기에는 적절하지 않다는 것을 알 수 있다. 이러한 접근법은 모든 단점이 분명히 확인된 후에는 적용하기가 어렵게 된다. 사실 많은 결점들은 상당한 시간이 지난 후에야 그리고 정부단체, NGO 또는 이와 비슷한 기관이 사건이 발생한 후에 보고서를 면밀히 조사해야 명확해진다. 기업들은 발생가능성에 대한 의심 없이 오도하는 광고나 잘못된 보고서를 마련하기도 한다.

수행측정이나 평가프로그램은 친환경 공급사슬프로그램의 요구를 만족시키기 위해서 세부적으로 조정되고 정기적으로 업데이트되어야 할 것이다.

13.2.3 누가 측정할 것인가?

관련된 모든 참여자들이 측정 관련 업무를 해야 할 위치에 있지만, 일반적으로 서비스를 제공하는데 리더십 역할이 있는 우월적인 공급사슬 파트너가 이러한 업무를 담당하게 된다. 물론 측정의 완결성을 위해서는 친환경 공급사슬의 변화 관리팀과 성과 측정이 구분되어져야 할 것이다. 공급사슬의 내외부 이해당사자들이 신뢰할 수 있는 객관적이고 투명한 방식으로 측정 서비스를 제공하는 외부의 제 3자가 수행평가를 하는 것도 좋은 방법이다.

13.3 수행평가 결과 제공

수행평가를 위한 측정프로그램으로부터 정보를 제공할 때는 이러한 정보가 유용하고, 객관적이고, 적절한 방법으로 제공되는 것인지에 주의를 기울여야 한다. 현재의 목적과 관련이 없는 정보는 모두 삭제하거나 별도의 참조 문서로 관리해야 한다. 도표는 동일한 축으로 작성되어야 하며 제목과 설명은 분명해야 한다. 사용자들은 더 깊게 살펴볼 능력이 있어야 하며, 전체 측정에서 각각의 사건들의 원인과 결과를 추적할 수 있는 능력을 갖춰야 된다.

마지막으로 많은 것들이 너무 많은 정보에 가려진다. 정보를 제공할 때 우리가 주문하는 것은 "짧고 간단하게" 그리고 "적은 것으로 더 많은 내용을" 제공해야 한다는 것이다.

다음은 사례들을 살펴보자.

그림 13.1은 레이다형 도표를 통해 전체 친환경 공급사슬프로그램을 보여주고 있다. 그림에서와 같이 친환경 공급사슬 요소 중 하나인 친환경 조달은 10점 만점 중 6.7점을 보이고 있다. 도표에서 주목할만한 점은 친환경 공급사슬의 지속적인 개선이 아직 적극적으로 시작되지 않았음에도 불구하고, 탄소관리와 친환경 조달이 6개 요소 중 가장 높은 점수를 받았다는 것이다. 친환경으로의 변화는 여전히 진행중이며, 핵심적인 친환경 공급사슬 계획과 실행은 단지 절반정도 진행된다는 것을 예상할 수 있다. 또한 이 기업의 목표는 10점이라는 척도로 측정되며, 프로그램의 모든 진행 과정을 측정하고 있다는 것을 인식해야 한다.

그림 13.2는 그림 13.1의 "친환경 조달"이라는 한 요소의 하위 항목들을 같은 방식으로 평가하고 있다.

그림 13.1 **친환경 공급사슬 수행평가 예**

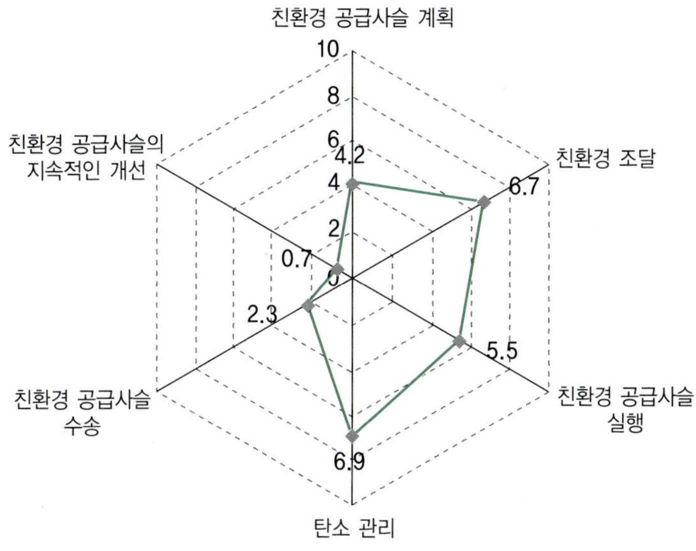

그림 13.2에서 알 수 있듯이, 친환경 조달의 여섯 가지 하위요소들은 10점 만점을 기준으로 최저 3.2점에서 최고 8.8점의 범위로 평가되고 있다. 하위요소 중의 하나로, 6.2점을 보이고 있는 협력은 그림 13.3에서 더 살펴볼 것이다.

다음의 그림 13.3은 협력의 다양한 변수들을 같은 범위로 측정한 것이다. 최고관리자의 의지와 기업 간에 구성된 팀은 제위치에 도달하였고, 협력개발 시간과 공동 원자재프로그램은 6.2점으로 협력의 주된 방해가 되고 있다는 것을 알 수 있다.

이러한 각각의 변수들은 상당한 내용을 내포하고 있지만, 명확하고 간결한 방식으로 정보를 보여주는 것이 행동을 더 촉진시킬

그림 13.2 친환경 조달 수행평가 예

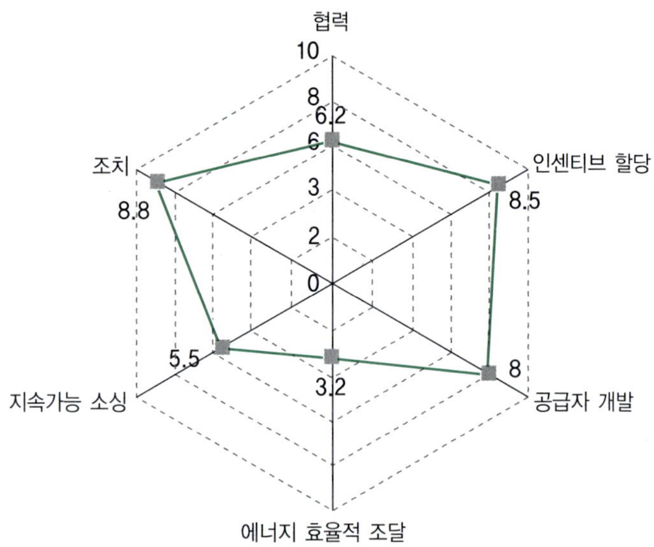

수 있을 것이다.

다음으로, 지금까지 설명한 것들은 핵심적인 요소이며, 의사결정을 위해 이러한 정보가 어떻게 사용되는지 살펴보자.

13.4 성과 평가 결과를 이용한 의사결정

우리는 레이더형 도표와 친환경 공급사슬의 성과 정보를 표시하였다. 이는 엄청난 양의 정보이며, 대부분의 실무자들은 정보를 판독하고 이를 바탕으로 적절한 의사결정을 하는데 문제가 없어

그림 13.3 친환경 협력 수행평가 예

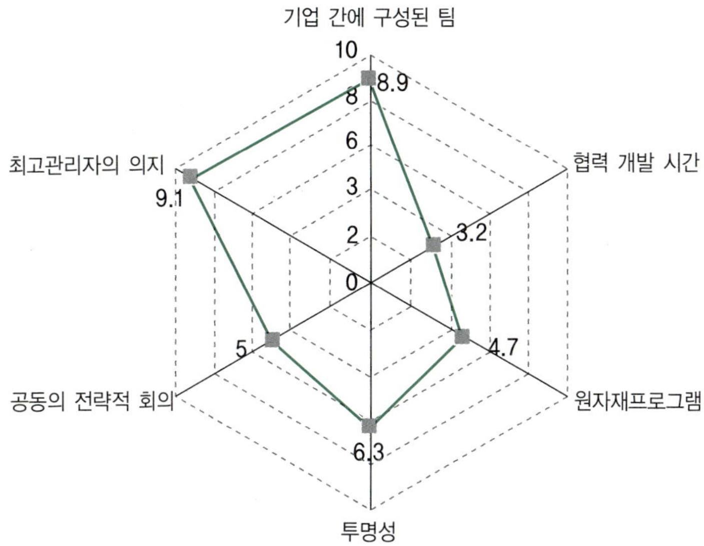

야 한다. 그러므로 다음의 가이드라인은 정보를 최대로 이용하는 데 도움을 줄 것이다.

■ 정보의 정확성과 관련성을 잘 파악하라

명백한 사항이기는 하나, 가끔은 간결한 형태의 레이더형 도표를 뒷받침하는 자료들이 얼마나 탄탄하고 믿을만한지 잊는다. 표현의 양식이 얼마나 좋던지 간에 의사결정은 오직 이를 지원하는 데이터만큼만 좋을 것이다.

■ 모든 의사결정을 위하여 적정한 수준의 정보를 활용하라

의사결정에 불필요할 정도로 자세한 정보 또는 높은 수준의 정보를 사용하는 문제는 빈번하게 일어나고 있다. 전략적으로 보다 큰 그림을 위해서는 높은 수준의 의사결정이 필요하다. 비록 세부사항이 다른 맥락과 연관이 있다 하더라도 의사결정과 관련이 없다면 사용되어서는 안 된다. 다른 한편으로는 의사결정 실행을 위하여 많은 양의 세부내용들이 필요하다. 가정이나 부분적인 정보로 이뤄진 의사결정은 부분 최적화에 불과하며, 이는 더 많은 정보가 쉽게 구해질 수 있을 때 더욱 그러하다.

■ 시기적절한 의사결정; "분석 때문에 중단", "결론으로 비약"을 피하라

어떤 사람들은 매우 정확한 정보들이 100% 모아지기 전에 의사결정을 하는데 어려움을 느낀다. 반면 어떤 사람들은 충분한 정보 없이 의사결정을 한다. 각각의 의사결정은 비록 다르겠지만 중용은 중간 어딘가에 위치하며, 의사결정의 의미에 따라 다양할 것이다. 보다 전략적인 의사결정은 더 좋은 정보를 요구할 것이며, 전술적이거나 실행에 관련된 의사결정은 쉽게 얻을 수 있는 정보면 충분할 것이다.

■ 최종목표를 위한 통찰력을 잃지마라

모든 데이터들이 사용가능해질 때 최종 목표가 무엇인지 잊을 수 있다. 최종목표는 "친환경" 공급사슬을 만들기 위하여 탄소배출과 자원낭비를 줄이는 것이라는 것을 항상 기억하여야 한다.

13.5 측정 도구

국제적인 공급사슬 그룹(Global Supply Chain Group: GSCG)은 특정 공급사슬의 녹색화 정보를 이해하는데 도움이 되는 측정도구를 개발하였다. 응답자들은 각 질문에 대한 다섯 가지 대안 중에 하나를 선택하여야 한다.

넓은 관점에서, 이 도구에 포함되는 영역은 다음과 같다.

1. 친환경 공급사슬 계획
2. 친환경 조달
3. 친환경 공급사슬 실행
4. 탄소관리
5. 친환경 공급사슬로의 변화
6. 친환경 공급사슬의 지속적 개선

각 분야는 더욱 세부적인 분야로 구분되며, 구체적인 질문을 던지는 항목들을 따르게 된다. 친환경 조달을 예로 들면 다음과 같다.

1. 친환경 조달의 인지
   1) 공급사슬 전체에서 친환경 조달이 어떻게 정의되고 있는가?
   2) 친환경 조달에 얼마나 많은 중요도가 부여되는가?
   3) 경쟁자들은 친환경 조달을 어떻게 하는가?
   4) 재활용된 자재를 위한 시장은 무엇인가?

2. 공급자 협력
3. 공급자 보상 조정
4. 공급자 선택

응답자들은 각 질문에 대하여 5개의 대안 중에 하나를 선택해야 한다. 예를 들어, 위의 4)에 대한 대안들을 살펴보자.

1. 재활용 자재를 위한 큰 시장이 존재하며, 잠재성을 지닌 이 시장은 아직 개발되지 않았다.
2. 재활용 상품을 위한 커다란 시장이 존재한다. 몇몇 기업들은 잠재성을 인식하며 시장에서 급속히 확장하고 있다.
3. 재활용 상품은 필요하다. 하지만, 조직의 구조, 공급자의 독점, 최고경영자의 의지와 같은 문제가 시장발전을 제한하고 있다.
4. 소비자가 재활용 상품을 사용하기를 원하지 않는다.
5. 재활용 상품을 위한 시장이 존재하지 않고 있다.

모든 질문에 대해 답을 하면, 최종 점수를 통해 현재의 친환경 상태를 명확히 알 수 있을 것이다. 중요한 점은 향후 개선을 위해 필요한 부분이 어디인지 알려 줄 것이며, 부분별한 개선을 위해 무엇이 필요한지 명확하고 폭넓게 설명할 것이다.

이 측정 도구에 대한 더욱 구체적인 내용은 이 책의 저자인 Vivek Sood를 통해 구할 수 있다.

제 8 부

사례연구

사례연구 1: 공급사슬 구성의 처음과 끝:
GFTN/WWF 계획

사례연구 2: 공급사슬에서의 협력

사례연구 3: 코닥의 사례를 통해 본
친환경 역방향 공급사슬

사례연구 4: 친환경 포장재와 역방향 물류 -
Free Pack Net

사례연구 5: 시카고기후거래소

사례연구 6: 소매부문에서의 친환경 식료품점

사례연구 7: 제품 디자인과 재활용
그리고 Sony

사례연구 8: 신재생 에너지와
지열에너지의 사용

부록

사례연구

부록에서는 사례연구에 관하여 살펴보고자 한다. 공급사슬 전반에 걸친 내용을 설명하고자 한다. 또한 사회적, 친환경적인 공급사슬의 개념뿐만 아니라 공급사슬과 관련한 사업수행의 좋은 예를 제시하고자 한다.

사례연구 1: 공급사슬 구성의 처음과 끝: GFTN/WWF 계획

포괄적이고 총체적인 관점에서 공급사슬은 매우 철학적인 접근이 필요하다. 이는 공급사슬에 대한 접근법이 사람들마다 다른 의미로 해석될 수 있기 때문이다.

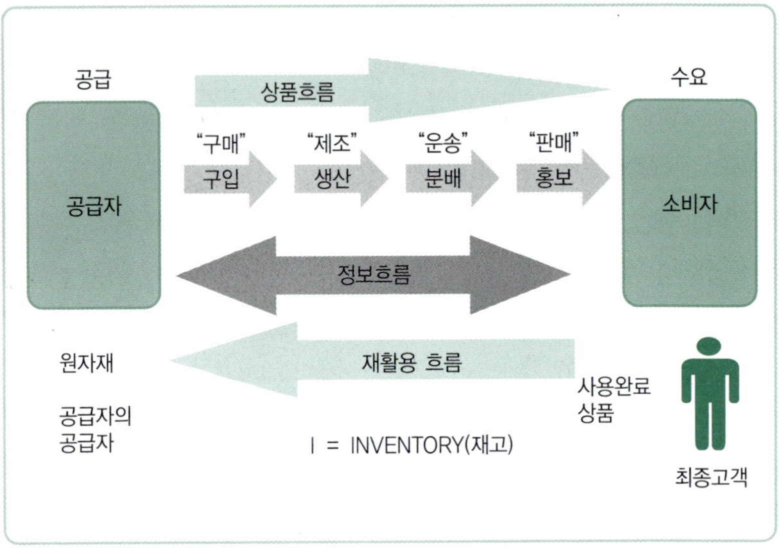

공급사슬관리는 모든 개별적인 공급사슬 프로세스의 계획, 조직, 방향 그리고 관리를 통합적이고 협업적으로 수행하며, 회사의 내외부 공급자/고객에게 가치를 전달하는 것을 관리하는 것으로 정의된다.

그러므로 SCM은 내외부적으로 공급자와 소비자를 포함한 일련의 조직 간의 프로세스들을 관리하는 것을 의미한다. 가시적으로 공급사슬은 다음에 해당하는 모든 항목들을 포함한다.

"공급사슬"은 주로 다음의 요소를 다룬다;

- 공급과 수요 사이의 모든 것.
- 자재/ 재고/ 정보의 이동
- 공급자로부터 기업 그리고 고객에게까지 이르는 과정

- 시기적절하게 소비자의 요구를 수행하기 위한 행동

일반적으로 한 기업에는 최소 한 개 이상의 공급사슬이 존재한다. 그리고 공급사슬 프로세스와 활동은 조직의 비즈니스 비용에 30~70%를 차지하고 있다.

지역에서 국가 단위 그리고 전 세계적으로 확대되고 있다. 모든 공급사슬은 수요에 의하여 진행되며 만약 수요가 없다면 공급도 없게 된다.

모든 생산 공급사슬의 영역은 궁극적으로 다음의 모든 경제 분야를 포함한다.

- *1차산업*: 농업/ 어업(음식, 수자원, 그리고 삼림), 채석/채굴(광물, 석탄, 금속) 또는 착암(기름, 가스, 물)으로부터 가공되지 않은 자원들을 포함한다.
- *2차산업*: 가공되지 않은 자원들을 제품으로 변환, 제분, 제련, 추출, 정제를 통해 기름/ 화학약품/ 제품으로 바꾸며, 구성 부품들을 기계, 가공, 주형, 조립, 혼합, 프로세싱, 구축하며 하위 부품을 조립/설계하고 가구/ 전자제품/ 음식/ 종이/ 금속/ 화학품 그리고 플라스틱을 생산한다.
- *서비스 또는 3차산업*: 비즈니스, 개인 그리고 오락적인 서비스는 공급자로부터 직접적, 도매상 또는 소매상을 거쳐 소비자로 분배되는 과정을 의미한다. 서비스는 포장, 분배, 숙박공급, 음식공급, 금융, 보험, 재정, 교육, 공공시설, 우편, 통신, 소매, 수리 등을 포함한다.

이러한 산업은 전 세계 어디에든지 존재한다. 어떠한 나라도 각 산업분야 전체를 독점할 수 없다. 전 미국대통령 Ronald Reagan는 "우리는 지구촌에 살고 있다"라고 말한 사실은 이미 많은 사람들이 알고 있다(사실 Reagan의 말은 이미 1962년 캐나다의 미디어 평론가 Marshall McLuhan가 언급한 말이다).

공급사슬에 대한 철학적인 접근법은 지역에서 세계로, 모든 정보의 흐름, 상품 그리고 생산 및 서비스의 흐름, 자금의 흐름 그리고 반품, 재활용 또는 역방향 물류 등 모든 것의 통합을 지향하고 있다. 공급사슬은 구성원들이 활동하는 모든 지역을 포함하며, 공급사슬의 성공적인 통합은 철학적인 접근법을 지향하는 기업에게 경쟁력 있는 시장을 선점할 수 있는 인센티브를 제공할 것이다. 또한 공급사슬에 대한 철학적인 접근법은 공급사슬의 가치를 더하고 불필요한 요소들을 제거할 것이다.

공급사슬관리는 공급에 의하여 시작되는 것이 아니라, 항상 수요에 의하여 시작되는 것이다. 이는 궁극적으로 최종소비자의 요구가 모든 것을 결정함을 말한다. 소비자의 최종 요구는 적절한 공급을 위해 2차산업을 거쳐 공급의 끝단인 1차산업으로 거슬러 올라간다.

고객 수요가 시발점이 되는 공급사슬의 한 끝단에서 1차산업 공급자가 존재하는 다른 끝단을 연결하는 글로벌 관리의 관점으로 '처음부터 끝까지' 잘 관리되는 공급사슬의 예를 찾아보기는 힘들다. 이와 같이 글로벌 관점의 관리가 어려운 이유 중 하나는 엄청난 위험부담 때문이다.

하지만 이러한 어려움은 글로벌 산림 및 무역 네트워크(Global Forest & Trade Network: GFTN)에 의하여 성공적으로 해결되어 왔다. 무분별한 목재의 수급을 없애고, 수목과 제지 시장의 국제적인 수요를 변형시키고자 하는 세계자연보호기금(WWF)의 활동은 위협받고 있는 삼림을 보호하기 위함이다.

GFTN은 책임감 있게 삼림을 보호하는 기업들 간의 거래를 활성화시킴으로써 환경보호활동을 수행한다. GFTN은 삼림을 활용하는 사람들과 기업들에 경제적 · 사회적 이득을 가져다 주며 시장상황을 삼림을 보호하는 쪽으로 분위기를 만들어 가고 있다.

GFTN은 공급사슬상에서 책임 있는 삼림관리와 기업들 간의 원활한 거래를 지원하기 위해 필요한 도구로서 독립적이고 다양한 이해관계자를 위한 삼림보증서를 활용한다. GFTN가 거둔 성공적인 성과는 다음과 같이 제시하였다(2009년 4월 기준).

- *범위*: 매년 GFTN을 통해 거래된 거래량은 목제 제품 전체 거래량의 16%에 해당하는 수치이고, 이는 약 62조 달러이다.
- *표본*: GFTN 협력 기업들 사이에서 187건의 거래가 이루어지고 있다.
- *초목*: 215억 헥타르가 넘는 숲이 벌목가능지역이며, 122억 헥타르가 벌목을 진행중에 있으며, 세계적으로 목재와 섬유 거래량의 16%에 해당된다.
- *노동자*: 세계적으로 GFTN의 제품거래와 관련한 사람들이 24억 명 이상이며, 지방자치단체를 통해 670가구가 지원받고 있다.

WWF와 World Bank가 2001년 발표한 보고서에 의하면 이론적으로는 전 세계에 존재하는 삼림으로 수요 대비 충분한 공급이 가능한 상황이라 할지라도 환경파괴 없이 지속적으로 공급할 수 있게 하기 위해서는 전체 삼림의 60%를 철저히 관리함으로써 나머지 40%를 다른 목적으로 활용될 수 있도록 보존해야 한다고 분석된 바 있다.

WWF는 기업이 도전적이고 혁신적인 파트너십에 참여함으로써 지구의 지속가능성에 기여할 뿐만 아니라 그들의 비즈니스의 생존과 성공을 이룰 수 있을 것이라 믿는다.

GFTN과 WWF의 목재 산업 성과는 다른 비즈니스에도 운영방식의 변화를 도모하는데 도움을 주었다. GFTN은 기업들 사이에서 삼림과 거래에 대해 책임감을 갖도록 격려하며, 그들의 방식을 따르는 사람과 기업에게 경제적, 사회적 이득을 제공하고 삼림을 보호하는 시장상황만들기를 권장하고 있다.

GFTN은 이미 증명된 "순차적인 접근법"에 대한 프레임워크를 보급하고 있다. 이는 기업들이 적절한 시간 내에 신뢰할만한 라이센스를 취득하기 위해 필요한 여러 단계들을 서술함으로써 기업의 삼림관리계획을 만들 수 있도록 도와준다. 또한, GFTN은 원치 않는 목재를 사용하는 기업의 생산을 단계적으로 줄이고, 순차적인 접근법을 통해 보증된 자원의 활용을 증가시키는데 도움을 준다. 그러므로 WWF는 지역적으로 기업이 비즈니스 수행을 지속적으로 개선시킬 수 있도록 지원해 준다. GFTN은 34개국에 사무소를 두고 있으며, 전 세계적으로 기업이 삼림관리와 거래에 대한 책임에 충실할 수 있도록 관여한다.

다음에 나오는 사례연구는 GFTN의 접근법과 친환경 공급사슬에서 수요와 공급의 연결을 명확하고 자세하게 설명하고 있다. 한편, 사례연구의 마지막에는 추가적인 보충설명을 포함하고자 한다.

사례연구 가나(Ghana)에서의 GFTN

나무들은 어디에 있을까? 가나의 수도 아크라로부터 남서부의 제재소 마을 삼레보이로 향하는 동안 50년간 무분별한 벌목에 따른 영향과 이 서아프리카 국가의 대규모 벌채에 대한 상황을 볼 수 있다. 아크라에서 북서쪽으로 5시간 떨어진 가나의 두 번째 큰 도시인 쿠마시로 향하는 길에서도 숲을 거의 볼 수 없었다. 열대우림은 한때 가나의 1/3 이상을 덮고 있었다. 하지만 산림파괴와 미흡한 산림관리의 결과로 오늘날에는 10% 미만만이 남아 있다. 이러한 산림의 손실은 무너져 가는 가나의 경제뿐만 아니라 산림에 의존해서 살아가는 사람들의 삶의 터전까지 위협하고 있다.

가나의 산림은 기니(Guinean)의 산림 생태계의 일부이다. WWF는 가나의 산림이 서아프리카 그리고 생태학적으로 가장 중요한 지역들 중의 하나라고 규명하였다. 서식지가 줄면서 침팬지와 하마 그리고 많은 다른 종류의 생물들이 위협받고 있다.

"이미 사라져 버렸기 때문에 이를 다시 복원하는 것은 매우 어렵다"라고 GFTN의 구매관리책임자 Gorge White는 언급하였다.

GFTN과 WWF의 계획은 불법적인 벌목을 제거하고 보존가치가 높지만 훼손 위협이 높은 산림 관리도 효율적으로 개선하는 것이다. 산림보호에 대한 책임을 지고 목표를 달성하는 산림 거래를 기업들 간에 가능하게 함으로써, GFTN은 산림에 의존하는 기업과 사람들에게 사회적, 경제적 이득을 제공하며 세계의 산림을 보존하는데 도움을 줄 수 있는 시장상황을 만들 것이다. GFTN은 시장에서의 산림거래 네트워크와 생산 지역을 찾고 있다. 생산지역은 가치 있고 위협받는 산림에 좋은 영향을 미칠 수 있는 지역을 말한다.

네트워크 합류

2003년부터, WWF와 FOE(Friends of the Earth–Ghana)는 벌목회사와 함께 가나에서 그들의 산림 작업을 향상시키고 확장시키며, 더 많은 야생동물과 산림을 보호하는 것을 돕기 위한 활동을 하고 있다.

가나에서 목재상품 생산업체 중 가장 큰 업체의 하나인 Samartrex Timber가 WWF와 FOE와 함께 159,000헥타르에 달하는 지역을 산림관리 수행을 위한 환경적인 독립지역으로 지정하는 것에 동의함으로써, 2004년 겨울부터 서아프리카의 삼림보호를 위한 돌파구를 찾게 되었다. Samartrex는 GFTN에 동의한 첫 번째 기업이였다. 이 합의 이후로, 가나의 다른 회사들도 삼림보호 네트워크에 합류하였고, 그 중 6개 회사는 삼림보호를 위한 작업의 감사기준을 갖고 있다.

Samartrex는 이러한 활동을 그들의 주요 구매자 Timbmet Silverman(영국 목재 수입업자), Travis Perkins(영국의 건축 자재 공급업자)와 함께 하였다: 두 회사는 UK Forest & Trade Network(UK FTN)의 멤버이다. 두 회사들은 Samartrex와 마찬가지로 목재의 양을 늘리기 위하여 그들이 합법적이고 지속가능한 자원을 구매하는 것에 대하여 확대하였다.

"Samartex의 사례는 GFTN이 수립되었을 때 우리가 목표한 바를 달성한 사례라 할 수 있다"라고 GFTN의 산림관리자 Darius Sarshar는 언급하였다.

환경단체의 압박으로 인하여 합법적으로 관리되는 산림에서 나오는 목재에 대한 수요가 증가하였다. 하지만 증가하는 시장 수요를 하나의 회사가 감당하기에는 충분하지 못하였다. 우리는 Samartrex와 같은 새로운 벌목회사의 합류를 권하고 있으며 이는 수요 대비 공급 부족 현상에 큰 도움을 줄 것이다.

수요설계

잘 알려진 Travis Perkins의 수요사슬은 가나의 산림에 영향을 주고 있다. 이 회사는 건설시장에서 주공급자이며 영국에서 가장 큰 회사 중 하나이다. 최근에 이 회사는 Westminster에 있는 영국 국회의사당 건물의 보수를 포함하는 주정부의 건설 프로젝트에 목재를 사용한 것에 대하여 비판받았다.

"우리는 환경과 윤리적인 경영에 높은 관심을 갖고 있는 대주주들로부터 압박을 받았다"라고 Travis Perkins의 환경관리자 Steve Ford는 언급하였다.

주정부는 회사매출의 15%를 차지하고 있으며 이들은 합법적이며 지속가능한 목재의 사용을 요구하고 있다. 다른 고객들은 주택건설업자들이며 이들 또한 주주들로부터 회사이미지가 안좋게 비춰지게 되는 것에 대하여 고민하고 있다.

Travis Perkins의 주요 공급자는 Timbmet Siverman이며, 가나를 포함한 열대지방으로부터 40%의 목재를 수입하는 영국의 큰 회사이다.

"Timbmet사는 이들의 고객들로부터 그들의 목재가 보증된 것인지 확인하는 질문을 아주 많이 받았다"라고 George White는 언급하였다.

Timbermet의 책임 관리자 Mike Packer는 자사는 환경적 영향을 최소화하는데 충실하며, 책임 있는 관리를 받고 있는 목재 수요를 원한다고 말하였다.

"시장의 수요 없인 세계의 산림을 보호하려는 마음은 없을 것이며 이는 엄청난 영향을 미칠 것이다"라고 그는 말하였다. "우리가 당면한 문제점은 보증된 나무의 공급부족이다. 특히 가치 있는 단단한 견목은 훼손 위협이 높은 열대지방에 대부분 위치해 있다."

공급설계

Timbmet사는 Samreboi에 기반을 둔 Samartex Timber사 그리고 Plywood Co.사와 오랜 거래관계를 맺고 있다. 이 두 회사는 가나정부 소유의 목재에 대한 벌목권을 갖고 있다. Samartex의 제재소는 2,000명 이상이 근무하고 있으며 가나에서 가장 큰 회사이다. 수백 종의 식물군과 침팬지, 산 코끼리 그리고 희귀 빨강 콜로버스 원숭이 등의 서식지인 기니의 열대우림은 Samartex가 목재를 발췌하는 지역이다. 아직 벌목이 이뤄지지 않은 숲의 일부분은 Samartex에 벌목이 허용되었으며 다른 부분은 정부가 "세계적으로 중요하고 다양한 생물의 보호지역"이므로 따로 분리시켜 놓았다.

상업적인 가치가 있는 목재는 이로코 나무, 아프리카 마호가니 나무, 유틸레 나무 그리고 사펠리 나무가 포함된다. 지속적으로 생산되는 나무의 공급을 증가시키기 위한 노력으로, Timbemet사는 Samartex사에 최근 설립된 Ghana FTN에 합류할 것을 권장하였다.

"이것은 훌륭한 네트워크이다. 단계적인 프레임워크와 기술적 지원을 제공함으로써 Samartex가 Forest Stewardship Council(FSC)의 보장을 받아들이는 것처럼 다른 회사를 도울 것이다"라고 Packer는 언급하였다.

"우리는 독립적인 검사와 검증을 원한다. 그리하면 열대우림의 목재를 Travis Perkins에 판매할 때 아무런 의문점이 없을 것이다."

Ghana FTN은 GFTN의 국제적인 네트워크 멤버인 Timbmet과 다른 기업들의 필요성에 의하여 2003년에 설립되었다. FOE에서 일하는 가나의 산림감독관 Abraham Baffoe는 조정자가 되었고 다른 목재 회사들을 끌어드림과 동시에 FSC의 보증이 어떤 효과가 있는지 설명하였다.

"이 보장에 대한 이해와 인식 수준은 매우 낮았다", "기업 운영자는 보증서가 무엇을 의미하며 어떻게 취득하는지 이해하지 못했다"고 Baffoe는 언급하였다.

"Samartex와 다른 가나의 기업들이 수행한 삼림보호를 위한 돌파구는 주구매지를 네트워크에 합류하게끔 격려하는 것이다. 만약 주구매자들이 합류하고 그들이 보증서를 원한다면, 지역의 다른 목재회사들도 흥미를 가질 것이다."

Samartex에게 Timbmet은 가장 큰 고객 중 하나이고 그들이 요구한 보증된 상품은 엄청 중요한 사건이다.

"처음에서 언급하였듯이 이는 비용을 증가시킨다. 만약 우리가 산림보증을 얻는다면, 우리는 비용적 이익을 받아야만 한다"고 Samartex의 산림관리자인 Gilmour Dickson은 설명하였다.

Timbmet은 Samartex에 할증료를 지불하였고 더 많은 비즈니스를 하기를 원하고 있다.

개선 사례

GFTN은 기술적인 지원 및 전문가 비용의 일부분과 인증 과정에서 요구되는 감사를 제공하며, 사용하는 자금은 미국의 USAID와 영국의 DFID에 의해 제공된다.

"솔직하게 말해서, 스스로 FSC 인증을 찾는 것을 포기한다면, 많은 컨설턴트들을 만나게 될 것이며, 인증 절차는 매우 길고, 비용이 많이 발생할 것이다." "우리는 이 과정을 효율적으로 완수할 수 있었다. GFTN에 감사한다"라고 Dickson은 말했다.

Samartex가 GFTN에 참여 후, 네트워크 내에 구매업체로부터 새로운 사업조사를 위해 200만 달러를 받았다.

"FSC 인증을 받은 열대 활엽수(단단한 목재)의 큰 수요가 있는데, 소수의 기업만이 그것을 제공할 수 있다"라고 Dickson은 덧붙었다.

가나가 FTN에 참여할 때, Samartex는 그들의 산림 중 20,000헥타르에 대한 벌목을 중단하고, Samartex가 만든 권리 내에서 지역사회와 함께 성과 공유제 계획을 개발하였으며, 2007년까지 FSC 인증을 얻기 위해 총괄적인 로드맵을 만든다고 발표했었다.

"가나의 산림관리의 심각한 문제는 열악한 벌목과 운송에서 오는 부수적 피해이다. 모든 나무를 벌목하려면, 4, 5번의 작업을 해야 한다" 라고 Baffoe는 말했다.

Samartex가 FTN에 참가한 후, 이러한 문제는 극적으로 사라졌으며, 또한 그들은 효율적인 운송을 위해 도로를 개선하였고, 오래된 운반기계들을 교체하였다.

Samartex는 GFTN과의 또 다른 약속으로 산림 주변의 지역주민들과 함께 지역책임협정(social responsibility agreements)을 체결하였다. Samartex의 관리자와 마을 대표가 함께 하는 위원회가 만들어졌으며, 학교 건물, 상수도, 지역문화센터 등 주민들이 필요한 것이 무엇인지 결정하면 기업은 그것들을 제공하였다. 또한 산림관리 작업 및 제재소를 위해 수천 명의 사람들을 고용한 기업은 그 지역에 살고 있는 사람들이 대체 소득원을 얻을 수 있도록 도와주고 있다.

이 회사의 영업장 중 한 곳과 인접해 있는 약 300가구는 현재 혼농임업 프로젝트(임업을 겸함 농업)에 참여되고 있다. 프로젝트에는 미래 고객을 위해서 빠르게 성장하는 수목 종을 심는 것을 포함한다. 자연 추출물, 저칼로리 감미료, 양봉, 물고기, 달팽이 농사 등으로 토종 식물 종을 경작하는 것이 그 예이다. "분명히, 우리는 다른 종류의 소득 형태를 발견해야만 성공할 수 있다"라고 Dickson은 말했다.

Samartex가 Ghana FTN의 첫 구성원이 된 후, 8개의 다른 기업들은 Samartex를 따라갔으며, Ghana FTN의 구성원으로 참여하였다. 또한 8개 기업 중 2개의 업체는 전체 85,000헥타르 이상의 산림에 대한 감사를 바탕으로 FSC 자격을 획득하기 위한 활동계획을 준비하였다.

2006년 1월, FSC 자격을 승인받은 단체인 Baffoe와 SmartWood의 감사관은 FTN의 자격과 회원신분을 획득하기 위해 가나의 3개 수목 기업 운영에 대한 기준치 검사를 실시하였다.

"가나의 거대한 목재수출기업은 몇 안 되며, 그들 중 대부분은 현재 구성원이거나 지원 중에 있다"라고 GFTN의 Darius Sarshar은 말했으며, "현재 GFTN은 국가의 많은 중소기업에 참여를 요청하는 것에 중점을 두고 있다"라고 덧붙었다. Samartex는 거대한 벌목권한을 가지고 있으며, GFTN의 구성원으로 Samartex가 관리하고 있는 산림은 가나 총산림의 22% 이상으로 추정된다. 다른 기업들이 그들의 감사와 자격을 위해 활동하는 것을 포함하면, 수치는 60%가까이 도달할 것이다.

"이 퍼센트 수치들은 GFTN의 큰 공헌을 보여준다. GFTN은 가나의 남겨진 생산림의 풍부한 생물다양성을 유지하도록 지켜왔으며, 앞으로 몇 년 동안 국가를 위해 그들이 경제적 가치를 만들도록 보장할 것이다"라고 Sarshar는 말했다.

출처: Making markets work for forests and people in Ghana, 26 may 2006, Julia Case on www.panda.org/gftn

사례연구 러시아의 GFTN

러시아는 세계에서 성숙목 산림이 남아 있는 지역이 가장 넓다. 그러나 계속되는 벌목으로 피터대제(Peter the Great) 시대의 수준으로 돌아갔으며, 오늘날 광범위한 완전 벌채 및 불법 벌목으로 성숙목 산림의 크기와 생태계에서의 중요성은 서서히 감소되고 있다.

1990년대 초 구 소련정부가 수목산업을 민영화했을 당시, 국제보호기관 WWF는 러시아 산림산업에 새롭게 형성되는 시장에 보다 환경에 책임을 갖는 모델로 만드는데 도움을 주었다. WWF는 글로벌 산림 및 무역 네트워크(GFTN)를 통해서 러시아의 새로운 산림기업들과 유럽의 주요 구매자가 함께 일하게 하였다. 이를 통해 불법 벌목 및 불법 목재 거래를 단속하고, 산림관리의 전반적인 질을 향상시켰다.

산림관리의 개선을 위해 사용하는 시장 메커니즘 철학을 바탕으로 GFTN은 책임감 있는 생산을 위해 인증된 목공품을 구매하는 것을 기업에게 반드시 지키도록 하였으며 "푸른 숲"을 위한 유럽의 수요증가에 대한 준비를 도와주었다.

"우리는 러시아 불법 벌목이 사라지고, 훼손 위기에 처한 숲의 감시방식이 개선되기를 원한다"라고 WWF의 Global Forests 프로그램의 임원인 Duncan Pollard가 말했다.

열성적인 자원과 책임감 있는 산림관리를 제공하는 기업들 사이에서 통상관계를 가능하게 함으로써, GFTN에 의존하는 기업과 사람들을 위해 경제적이고 사회적인 이익을 제공함과 동시에, GFTN은 산림을 보호하는데 도움을 줄 수 있는 시장 상태를 만든다.

지금까지의 결과는 인상적이다. 산림구역은 Forest Stewardship Council(FSC)와 지속적인 산림관리를 위한 표준을 만든 개인그룹에 의해 인증되었으며, 인증된 구역은 2003년 35만 헥타르에서 2005년 말 736만 헥타르로 기하급수적으로 증가하였다. 2006년 11월에는 1,280만 헥타르로 증가되었다. 2007년 말에는 러시아의 2,500만 헥타르가 FSC 표준으로 인증될 것이다.

유럽의 수요

수입 목재는 성숙목 산림으로부터 공급받고 있었으며, 서식지 파괴의 책임을 갖고 있는 많은 유럽 목재 소매상, 수입사 및 유통회사들은 새롭게 형성된 국제 FTN에 참가하여 점점 증가하는 대중의 우려에 대해서 대응하고 있다.

생산지향적인 참가자들이 산림과 생산시설의 합법적인 관리에 동의하며 구매지향적인 참가자들은 그들의 목재 자원 분석 및 인증된 공급자로부터의 합법적인 구매 증가를 동의할 것이다.

"우리는 인증에 대해 말해 줄 중요한 사람을 얻기 위해 관리해 왔다"라고 GFTN의 구매책임 코디네이터 George White는 말했다.

"우리는 시장과 그들의 공급사슬 내에서 유럽전역에 대한 최적값을 스스로 얻었다. 판매 FSC는 사업을 위한 일반적인 방법이 되고 있다."

오늘날 유럽 FTN 구성원은 Swedish international retail furniture giant, IKEA, British suppliers St Gobain, Travis Perkins 등 몇몇 대기업을 포함한다. 독일의 회원으로는 소비자가 직접 조립하여 제품을 만드는 Hornbach & Bahr Baumarkt이 있다.

... 그리고 러시아의 공급

1990년 후반, 인증된 목재에 대한 유럽의 수요는 러시아에 이르렀지만, 새로운 민영화 기업들 대부분은 공급에 대한 준비가 부족했다.

"인증된 목재나 FSC가 어떤 것인지 아무도 이해하지 못했다"라고 WWF 러시아의 산림개발프로그램 담당자 Elena Kulikova는 설명했다.

기업의 이해를 돕기 위해 1999년 WWF 러시아는 지속적인 산림관리 및 자발적인 산림 인증을 촉진할 러시아 FTN을 설립하였다. 네트워크에 참가한 기업들은 산림관리와 신뢰할만한 산림 인증을 책임진다는 공식 발표를 하였다. 발표 이후, 신뢰되는 자원에서 얻은 목재의 사용이 순차적으로 진행되었고, 불법적이고, 부계획적인 자원이나 출처가 불분명한 목재의 사용은 제외되었다. 또한 WWF 인증센터는 몇몇 러시아 도시에 컨설팅서비스 및 목적을 달성하기 위해서, FIN의 회원 기업들에게 산림감사교육을 실시하였다. 회원을 돕기 위한 또 다른 계획으로 St Petersburg 남쪽에 위치한 FSC 인증 삼림도 있었다.

Kulikova에 따르면 러시아 벌목꾼들은 산림을 비효율적으로 벌목하고 있었으며, 나무를 다시 심는 것에는 관심이 없었다. 반면 모범이 되는 작업장에서는 Scandinavian 방법을 사용하였다. 이 방법은 비용효율적이며, 지속가능하고, 한 걸음 더 나아가 생태계를 보호하였다. 새들의 보금자리를 위해 고목이 된 나무들을 보호하였으며, 또한 특별 보호가 필요한 "보호가치가 높은" 구역을 설정하였다.

"러시아 내에서 FSC가 인증된 산림관리방법의 새로운 모델은 좋은 예이다." "우리는 과거의 방법보다 더 좋은 최신의 지속적인 수행을 보여주어야 한다"라고 GFTN의 산림관리책임자 Darius Sarahar은 말했다.

러시아 북서부에 위치한 가장 큰 목재 기업 중 하나인 Cherepovetsles의 관리자는 2004년 새로운 모델이 적용된 산림을 방문했을 당시 깊은 인상을 받게 되어 러시아 FTN에 참가하였다. 그 이후 Cherepovetsles는 58만 헥타르의 산림에 최신 산림관리 방법을 적극적으로 소개해 왔으며, 현재 땅 전체가 FSC 자격을 갖고 있다.

"FSC 자격은 스웨덴과 네덜란드 내의 자사 파트너에게 인식되기 때문에, 이 자격은 우리에게 매우 중요하다"라고 Cherepovetsles의 여성 대변인 Anastasia Djakovskaya는 말했다.

IKEA의 러시아 공급자 역시 합류하였다. 현재 Swedwood Tikhvin 목재 공장은 산림 권리로 인증된 51,000헥타르와 함께 2004년에 러시아 FTN에 참가하였으며, IKEA의 3개 공급업체가 추가로 참여한 것이 그 사례이다.

"러시아 북서부와 시베리아는 스웨덴 기업에 필요한 소나무와 자작나무를 제공하는 매우 중요한 지역들이다." "우리의 장기목표는 잘 관리된 숲으로부터 모든 목재를 얻는 것이다. 그리고 현재의 목표는 FSC의 인증을 받는 것이다. WWF 그룹의 존재는 우리의 공급자들이 FSC 자격을 준비하는데 필요한 지원을 받을 수 있다는 것을 의미한다"라고 IKEA 러시아의 삼림관리자 Alexey Naumov가 말했다.

동쪽을 보아라

현재 GFTN은 러시아 극동지역과 Amur-Heilong강 유역의 혼합 낙엽 침엽수림에 집중하는데 중점을 두고 있다. 또한 이 지역들은 세계에서 생태계적으로 가장 중요한 산림들 중 하나이며, 멸종 위기에 처한 시베리안 호랑이와 아무르강 표범의 중심지로서 WWF에 의해 인식되고 있다. 기존 자연 서식지가 파괴되는 불법적이고, 지속 불가능한 벌목으로 시베리안 호랑이와 아무르강 표범과 같은 야생고양이 종은 심각한 멸종위기에 직면하였다.

"현재 불법적이고 지속 불가능한 벌목은 심각한 문제이다." "이 산림을 수확하기 위한 거대한 압력이 있다"라고 WWF의 Amur-Heilong의 관리책임자인 Dr Darron Collins가 말했다.

수요가 증가됨에 따라 70%의 정도의 목재거래가 인접해 있는 중국을 향해 이동하고 있으며, 사실상 광대한 양의 목재를 사용하는 몇몇 중국 대형 공장은 Amur-Heilong 지역에서 러시아 국경과 바로 붙어 있다.

"현재 이 지역의 목재 기업들은 환경적으로 민감한 태도 때문에, 벌목한 목재에 대해 시장 내에서 적은 인센티브를 가지고 있다." "중국인들은 목재구매에 어려움을 겪고 있으며, 따라서 그들은 구매조건 등을 따지지도 않는다. 일본과 한국기업의 대부분과 마찬가지로 러시아의 극동지역 내에서 거래하지만, 인증에는 관심이 없다. 인증에 가치를 두는 기업은 거의 없다"라고 GFTN의 George White는 덧붙었다.

GFTN은 10년 전 유럽과 러시아 북서부에서 목재기업들을 이해하며 함께 일해 왔으며 일본과 중국에서 자란 목재에 대해 책임감 있는 수요를 개발함으로써 FSC 자격을 획득하였었다. 현재 러시아의 극동지역은 10년 전 러시아 북서부에서 행했던 것과 최대한 비슷한 방식으로 관리되어지고 있다.

최근 GFTN은 일본과 중국에서 아시아의 소비자들의 인지를 개선해 보려는 노력으로 구매지향적인 FTN에게 확실히 자리매김하고 있다.

"중국 회원 중 대부분은 합법적인 목재를 위한 강한 신호(어떤 일이 일어날 것 같은 암시)와 FSC를 위한 좋은 수요가 있는 유럽과 북미 수출시장에 묶여 있다." "일본 시장 자체가 고객 시장이며, 합법적이고 인증된 제품을 위한 수요 증가의 흔적이 있다"라고 White는 말했다.

한 번에 한 기업씩

2002년 러시아 극동지역에 위치하며, 목재 수출업자의 선두인 Terneyles는 멸종위기의 호랑이 서식지인 원시림을 벌목한 것으로 국제환경단체에 의해 비난을 받았다.

NGO들의 강도높은 비난과 환경적인 목재공급을 원하는 일본 무역파트너 Sumitomo의 압력으로 Terneyles는 WWF에 도움을 얻기 위해 정책을 변경하였다. FSC 인증을 위한 노력의 일환으로, Terneyles는 호랑이 서식지에 영향을 최소화하기 위해 벌목관행을 변경하였다. 또한, 높은 보호가치가 있는 구역에서 나무를 자르는 것을 중단하는데 동의하였으며, Udege 지역 사람들의 사냥과 낚시 영역을 존중할 것을 합의하였다.

오늘날 Terneyles는 FSC 자격을 획득하였으며, 권리가 있는 수천 헥타르와 함께 러시아 FTN의 구성원이다. Terneyles는 자신뿐만 아니라 타사도 프로세스에 참가하도록 하기 위한 적극적인 캠페인으로 대부분의 기업들은 러시아 극동지역이 책임감 있는 산림관리의 시발점이 될 것이라는 견해에 낙관적이다.

"러시아 극동지역은 매우 큰 도전이였다." "우리가 10년 전 러시아 북서쪽에서 시작할 때 했던 것처럼, 우리는 향후 몇 년 동안 정말 많은 진출이 있을 것으로 기대된다"라고 WWF의 Duncan Pollard는 말했다.

출처: Russia's sustainable forestry revolution, 19 February 2007
Julia Cass on www.panda.org/gftn.

사례연구 GFTN과 지속가능한 산림

10년도 더 이전에 영국 소매업체 Homebase Ltd의 수석매니저 Derek Young은 기업이 합판, 단단한 목재, 연한 목재, 문, 가구 등 수천 가지의 모든 제품에 대해서 50만 평방미터의 환경적인 책임이 있는 근원을 찾아야 한다고 깨달았다. 칼리만탄, 인도네시아 그리고 다른 지역들의 열대 우림 파괴에 대해서 외부 경쟁사 매장을 탓하고 있는 것처럼 이미 비정부 기구(NGO) 운동이 외부 경쟁사 매장에서 보여지고 있었다.

"우리는 겁에 질렸고, 우리가 다음 차례라는 것을 알았었다". "우리는 환경적인 책임에 대한 오래된 정책이 있었지만 산림을 잘 관리하면서 수목을 찾는 것을 어떻게 해야 하는지 몰랐었다"라고 Young은 말했다. 이때가 Homebase가 WWF-UK Forest와 Trade Network에 참여할 때였으며, WWF Global Forest and Trade Network(GFTN)의 일원이 될 당시였다.

NGO의 캠페인은 유럽과 북미 회사들의 구매정책에 항의하는데 좋은 이유를 가질 수 있었다. 서양에서 필요한 열대 활엽수(단단한 목재)의 방대한 양을 제공하는 아시아 숲은 위기에 처했다.

필리핀 산림은 사라졌다. 중국은 양쯔강 홍수로 벌목을 엄격하게 금지하고 있다. 세계 거대 열대우림 중 하나인 인도네시아 열대우림은 연간 350만 헥타르 이상의 무서운 속도로 사라지고 있다. 가구 제조업자들은 인도네시아의 공급이 얼마 남지 않자, 인도차이나 내의 목재 공급업체를 찾는 것에 대해 이야기하는 것을 시작하였다.

공급과 수요

세계에서 가장 중요한 산림이 망가지는 동안, 산림 제품의 세계 무역은 급격한 속도로 증가하고 있다. 목재산업과 관련해서 매년 전 세계에서 소비하는 양은 대략적으로 16억 입방미터에 해당하며 이러한 소비로 인해 2050년에 이르러서는 20~30억 입방미터 가량으로 증가될 전망이다.

생산림에 대한 관리 품질은 아직 높은 변동성을 가지고 있다. 세계에서 가장 크게 훼손에 대한 위협을 받는 숲들이 있는 아시아에서 고작 2.79%의 숲들 만이 독립적으로 잘 관리된다고 인증 · 신뢰받고 있다.

이러한 수요를 충족시키는 것은 아시아에서의 높은 가격이 형성되는 것으로 직결된다. 비즈니스를 하는 사람들은 과도한 벌목으로 인한 결과로 더 비싸고 부족한 목재들을 찾게 되는 것뿐만 아니라, 아시아의 숲을 통해 지구가 살기 좋아지는 환경 또한 잃게 될지도 모른다. 숲은 토양의 침식과 산사태를 막아주며, 더불어 지구온난화를 막고 물과 숨쉴 수 있는 공기를 정화하는 역할을 한다.

중국과 인도네시아에 사는 수백만의 사람들은 벌거숭이 숲에 대한 대가로 홍수와 산사태 그리고 산불에 더 많이 직면하고 있다. 숲을 보호하는 것은 높은 질의 생수를 제공해 주며, 전 세계적으로 도시는 좀 더 깨끗하고, 싸며, 안전한 물을 공급받을 수 있다. 오늘날에는 세계 인구 중 절반이 도시에 살고, 그 중 1/3의 사람들이 깨끗한 물 없이 살고 있다. 이러한 10억의 사람들이 깨끗한 물을 안정적으로 공급받지 못하고 있으며, 아시아의 7억의 도시 거주자들 중 대부분은 깨끗한 물에 대해 접근 조차 할 수 없는 삶을 살고 있다.

아시아의 수요는 유럽이나 북미가 인도네시아같은 나라에서 미친 듯이 벌목을 하는 것과 비등할 정도로 큰 비중을 차지하고 있다. 북미나 유럽에서 낱낱 시장은 이미 환경친화적 산림 제품들을 선호하고 있다. 그리고 IKEA, The Home Depot, Lowe's, Carrefour같은 주된 소매상들 또한 그들의 제품에 대해 불법적으로 벌목된 목재들을 배제하는 정책을 발표한 바 있다.

국제적 대외구매라는 특성으로 인해 이런 회사들은 아시아에서도 친환경 구매를 실현하고 있다. 좀 더 작은 기업들은 가구와 다른 목재 제품을 아시아에서 생산할 때, 북미나 유럽의 고부가가치 시장의 우선적 접근 권한을 얻기 위해 책임적 관행에 대한 3자의 인증을 찾아 내려 하고 있다.

대표적으로 중국, 일본 등 아시아의 목재를 소비하는 국가들은, 이러한 패러다임 변화에 앞서 미리 준비하고 있을 것이다. EcoWood Asia의 지사장인

Lily Lee에 따르면, 홍콩의 건축 서비스 부서가 지속적 산림의 목적이 반영되도록 건축의 일반적 사양을 눈에 띄게 다시 작성했다고 한다. 새해가 시작되는 1월이 되면, 계약자들은 산림관리위원회나 다른 승인된 기관에 의해 인증된 목재만을 사용할 수 있다.

WWF의 GFTN는 비즈니스가 이러한 지속적 산림제품에 대한 수요와 만나도록 돕는 한편, 지속적 삼림제품에 대한 수요가 산림관리 및 보전에 대한 변화를 가져오도록 장려하고 있다. GFTN은 구매자 그룹과 생산자 그룹으로 불리는 수요지향적 FTN으로 이루어져 있다. 구매자 그룹에는 홍콩의 건축서비스부서같은 소매상, 유통업체, 규제자 등이 포함되어 있고, 생산자 그룹에는 산림주나 관리자 그리고 산림제품 가공업자와 제조업자 등이 포함되어 있다.

GFTN는 책임 있는 산림관리에 동의한 회사를 대상으로 무역연합을 형성하여, 가치 있고 위협받는 숲의 관리를 증진시키기 위한 일을 하고 있다. GFTN는 책임감 있는 구매자들과 판매자들을 연결시켜 주고 친환경적이고 지속적인 목재 제품에 대한 수요 압력을 일깨워 주기 위한 목적으로 기술적 지원을 제공하고 있다.

GFTN의 전 전무이사이자 수석 고문인 Justin W Stead 박사는 "정확한 시장여건에 따라, 우리는 경제적 · 사회적 이점을 이러한 분야의 의존적인 비즈니스와 사람들에게 제공하면서, 세계의 산림을 보존할 수 있다"고 말했다.

인증프로그램

GFTN은 창립 시, 인증받은 목재를 구매하는 구매자 그룹에 관심을 두었다. 2001년에 UN이 보고한 바에 따르면, 1990년대에 인증된 산림 제품에 대한 수요의 반 이상은 GFTN 멤버에 의해 발생했다고 한다.

오늘날, 인증제도는 책임감 있는 산림관리 증진의 관점에서 볼 때 유용한 도구로 인정받고 있고, 이러한 공인된 산림의 사용은 빠른 속도로 확장되고 있다. 믿을만한 인증은 준법적이고 논란이 없는 지역으로부터 나온 목재를 보증하는 데 가장 효과적인 방법이다. 하지만, 신뢰성 있게 인증된 목재는 찾기가 매우 힘들고, 열대지역처럼 가치 있고 위협받는 지역에 부분적으로 속해 있다.

따라서, WWF의 GFTN은 "좋은 목재"를 얻기 위한 다른 절차로 산림의 환경 상태와 공급사슬을 증진하는 단계별 접근방법을 지지한다. 이러한 방법은 환경에 책임감을 갖고 자재를 구매하는 데 실용적인 접근방법이다. 산림 관리와 공급사슬은 한 순간에 변하지 않는다. 구매자들은 공인된 목재를 100% 소싱하는 방향으로 이끈다. 이러한 일은 목재 제품의 공급자를 식별하고, 이러한 과정에서 불법이 발견되면 거절하고, 인증받은 공급자와 일하는 것을 진행하고, 최종적으로 오로지 인증된 목재만을 구매하는 것을 통해 시작할 수 있다.

구매자들을 지원하기 위해 그들의 공급사슬을 증진할 수 있는 방법으로, GFTN이 최근 출간한 가이드인 '산림 관리를 위한 책임감 있는 구매'를 권장한다. 이 책은 구매들이 WWF 생산자 그룹과 일하도록 강하게 장려하고, 구매자들과 판매자들이 그들의 목표를 달성하도록 돕는다. 많은 국가들에서, 이러한 생산자 그룹은 산림인증을 이끌어 내는 유일한 수단이며, 생산자 그룹의 멤버들은 인증의 사회성을 위해 단계적으로 참여해야 한다.

비즈니스를 위한 가치

새로운 생산자 그룹 멤버인 Inspiration Furniture는 비즈니스 기회를 증진시키기 위해 말레이시아의 책임 있는 산림관리 추진의 선구적 역할을 하길 소망한다. Inspiration Furniture Sdn Bhd는 2004년 5월 10일 Kumpulan Khazanah Hijau에서 말레이시아의 첫 번째 생산자 그룹 멤버가 되었다.

설립된지 고작 4년만에 Inspiration은 말레이시아의 최고의 정원가구 제조업체이자 수출기업이 되었다. 2002년 11월과 2003년 2월 사이에, Inspiration은 매달 4,000개가 넘는 가구를 유럽 구매자들에게 수출했다. 그들의 생산라인은 다양한 디자인의 정원 의자, 탁자 그리고 벤치를 포함한다. Inspiration은 인증절차를 밟아가는 산림으로부터 구매된 목재의 비중을 늘리는 것을 통해 지속적인 산림관리 지원을 약속하였다.

많은 기업들은 십수 년간, 서로 비슷한 접근방법을 사용하여 괄목할만한 성공을 이뤄왔다. 이것들은 좀 더 시간이 흐르면서 더 강화된 인증체제를 갖추었다.

Homebase의 Young은 "십 년 넘게 WWF와 일해 오면서 모든 부분에 이점이 있다는 것을 알게 되었어요. 우리의 공급사슬이 올바른 방향을 찾으면서, 우리는 우리가 적임자들과 일하고 있다는 것을 알았죠. 우리는 이제 우리의 비즈니스에 대한 결과를 얻어가고 있어요" 라고 말했다.

출처: 지속가능한 산림, 지속가능한 미래, 2004년 10월 1일
Kate Fuller (www.panda.org/gftn)

■ 핵심 통찰

GFTN의 성공은 비단 목재뿐만 아니라 현재 어업, 오일 그리고 콩과 같은 다른 제품에도 적용되고 있다.

친환경 공급사슬에 대한 위의 사례 연구에서 어떤 가르침을 주었는가?

아래에 이러한 교훈에 대한 우리의 견해를 요약해 두었다.

■ 일반적 비평

- 비즈니스 방식을 바꿀 필요성을 인지한다.
- 기존의 전통적 방식에 비해 현대의 지속가능한 친환경 관행이 더 나은 역할을 수행한다.
- 친환경에서의 성공은 지속가능성에 대한 기여가 비즈니스 생존 능력과 사업성공에 더해져 나온다. 예: 제품의 소싱에 대한 충분한 지식을 가짐으로써 얻는 평판의 이점
- 공급사슬은 하룻밤에 바뀌지 않는다.

■ 사용될 수 있는 접근 방법

- 무역 연합을 위한 조정자
- 도전과 혁신적 파트너십
- 원자재로부터의 입증된 단계별 접근방안
- 친환경 원칙을 적용하기 위해 필수적이고 효율적인 도구로 각광받는 독립적이고 다양한 이해관계자를 위한 인증

■ 수요측의 요구들

- 시장 조건에 적합한 수요
- 주요 구매업체들을 장려하는 것은 환경 단체들, 대중적 관심

그리고 환경적이고 윤리적인 기업에 투자하려는 주요 이해관계자들의 압력 등으로 인해 영향을 받는다.

■ 공급측의 요소들

- 선도적인 제조업체에서의 시작
- 공급업체 및 협력업체들에게 경제적이고 사회적인 혜택을 제공
- 간혹 공급사들의 단순화를 통해 비용절감이 가능하다고 할지라도, 결국 공급과 관련된 불필요한 비용 증가는 판매가격의 증가로 이어질 것이다.

사례연구 2: 공급사슬에서의 협력

위의 WWF/GFTN 사례 연구는 공급사슬상의 다른 구성원들과 일하고자 하는 욕구를 명확하게 설명한다. 다음은 Sun City RSA에서 개최된 SAPICS 2007에서 Stuart Emmett가 발표한 논문에서 발췌한 것들이다.

공급사슬은 하나의 프로세스이며, 이는 다음과 같이 정의된다.

"궁극적인 최종사용자에게 가치 있는 결과를 주고 시간을 포함하며 서로 관련 있는 일련의 사건 순서"

여기에는 공급사슬관리에 대해 명백하고도 직접적인 유사점들이 존재한다. 이러한 유사점들은 다음의 모든 프로세스의 3가지 핵심으로부터 명확히 확인할 수 있다.

의존성

- 순서적 그리고 관계성, "연쇄 반응"
- 산출물 도출을 위한 투입물과 변화의 수용
- "이 곳"에서 어떤 일이 있어났고, "그 곳"에 어떤 사건을 유발할 것인가?
- "B"가 시작하기 위해선 "A"가 종료되어야 할 필요성이 있다.
- 어떤 프로세스든지 그 프로세스의 가장 비효율적인 부분이 전체 효율을 결정한다.
- 사슬 역시 연결고리가 가장 약한 부분이 전체 세기를 결정한다.
- 이와 같이 가장 중요한 부분은 제약을 가장 많이 받는 부분이다.

변동성

- 정규적이고 통계적인 영향들은 다음과 같이 변화할 수 있다(예, 정규분포곡선); "고착되고 널리 알려져 있으며 예측가능한" 것들이 "다양하고 알려지지 않았으며, 예기치 않은" 것들이 될 수 있다.
- "충분함"의 상태로부터 "불충분함"으로의 원인 변화
- 연쇄 효과를 유발하는 변동성을 내재한 개별 파트는 가끔씩 비극적인 결말을 낸다.

인터페이스

- 프로세스 간의 잠재적 마찰 지점
- 종종 일반적인 생각에서 간과되는 사실은 어떤 일이 앞으로 일어날 것인가이다.
- 진정한 의존성은 인터페이스에 존재한다.

【제의】

"격리된 상황하에서 의존적인 프로세스들을 관리한다는 것과 이것을 독립적으로 관리한다는 것은 정말 어리석다. 다른 참여자들의 협력 없이 공급사슬을 관리한다는 것은 결실을 얻을 수 없는 전략으로부터 나온 것이다."

출처: Emmett and Crocker, 2006

공급사슬관리는 근본적으로 "공급사슬을 어떻게 "통합, 협력 그리고 통제할 것인지에 관련이 있다. 그러나 이러한 통합과 협력은 단순히 기술적 도구나/시스템/기법이 아닌 "사람들의 생각과 마음에 존재해야 할" 필요성이 있다.

이러한 "사람"의 중요성은 경영의 권위자인 피터 드러커에 의해 언급된 바 있다.

"경영의 목표가 공동의 목적을 위해 함께 임하는 인간 사회를 형성하는데 있기 때문에 경영은 항상 인간의 본성을 다룬다."

경험에서 나온 교훈들은 이러한 중요한 측면을 강조한다.

"대부분의 근본적이고 중요한 비즈니스 기회들은:

- *고객의 욕구와 요구사항을 이해하는 것.*
- *고객 서비스의 탁월함*
- *공급체인 파트너들의 협력"*

■ 무엇이 협력인가?

협력은 다음과 같이 나타날 수 있다:

- "적합한" 사람들 간의 선택적 대화
- 전체 조직에서의 시간/자원의 집중적이고 선택적인 투자
- 장기적이고 전략적인 관점을 설정
- 전체 공급사슬의 성과를 향상시키자 위한 노력

그러나 협력이 그렇지 못한 점:

- SRM 소프트웨어 패키지
- "나는 모든 이점을 받아들일 것이다."
- 신속한 수정
- 편리
- 모두를 위한
- "하나로 모든 것을 맞춘다"는 접근방법

저명한 영국 공급체인 교육기관의 교수 Martin Christopher의 1990년대 초의 연구에 따르면:

"미래는 기업들과 경쟁하는 것이 아니라, 공급사슬과 경쟁하는 것이다."

그러므로 미래의 성공은 공급사슬을 어떻게 관리하는지에 달려 있다; 그러나 이를 이루기 위해선 반드시 "협력적 이점"을 가지고 있어야 한다. 공급사슬을 효과적으로 관리하는 것은 다음과 같은 이점들을 얻을 수 있다.

향상된 부분

- ROA(자산 대비 이익)

- 수익
- 고객서비스 수준
- 성과

감소된 부분

- 재고/ 재고 수준
- 비용

그러나 영국의 교수 Alan Waller은 다음과 같이 "문제가 될 수 있다"고 언급하고 있다.

"공급사슬은 이제 단순히 개별 기업에 종속되지 않는다; 우리는 국가와 조직을 가로질러 세계적 네트워크를 가지고 있다. 앞으로 전진할 수 있는 단 하나의 방법은 참여자가 공동의 의제를 위해 일하도록 하는 것이다. 우리는 경쟁하는 법을 배웠다. 그러나 누구도 우리에게 함께 일하는 법을 가르쳐 주지 않았다. 협력에 대한 욕구와 인지는 있으나 아직 그 누구도 이를 어떻게 하는지 가르쳐 주지 않았다."

공급사슬 참여자들 간에 잘못된 이해관계가 여전히 공급사슬 내의 규율로 사용되고 있다. 예를 들어,

"소매점은 공급업체와의 계약 체결을 위해 700곳의 공급업체에게 보낸 메일에서 지불기간을 60일에서 90일로 연장해 줄 것을 요청했다."

"소매업체는 공급업체에게 이러한 요구를 통해 비용 절감 효과를 얻으려는 속셈을 가지고 있었다. 한 공급업체의 증언으로는 소매

업체는 더 이상 연락을 두절한 채 오만하게 행동했다고 밝혔다."

■ 좋은 관계를 이어가기 위한 방법들

(실행하기 어렵다면) 경험에서 비롯한 교훈이나 견해가 좋은 자료가 될 듯 싶다.

- *"우리는 다른 사람들의 평가를 즐겨야 한다"(다른 공급사슬의 담당자와 이야기를 나눌 경우).*
- *"비즈니스는 나날이 상호의존적으로 발전하고 있으며, 여러 행동은 상호관계적으로 이뤄진다."*
- *"오랜시간 동안 관계에서 축적된 감정을 해결하는 것은 어렵다."*
- *"진정한 성공이라고 부를 수 있는 것은 공급업체와 소매업체 간의 의사소통에서 발생하는 차이를 줄여 줄 수 있는 사적으로 형성된 관계들이다."*

어떠한 관계에서든 신뢰는 핵심적인 원칙이다. 만약 구성원들 간의 신뢰가 없다면 관계는 존재할 수 없다. 신뢰는 다음과 같이 경험으로부터 얻게 된 추가적인 말들을 포함한다.

- *신뢰는 우리가 생각하는 패러다임을 변화시킨다. 그것은 과거 당신의 고객과 맺었던 다른 종류의 관계를 의미하며, 이런 관계는 상호신뢰를 기본으로 성공을 불러 주는 요인이다.*
- *보고서에서 관찰할 수 있는 다양한 프로세스(절차)는 이행하기 쉽게 보인다. 하지만 현실의 관점에서 개인적이거나 높은 고객을 대하는 전문적인 관계에서는 실천하기 쉽지 않다. 하지만 신뢰는 이런 어려움을 극복하도록 도와주며 성공에 중*

요한 요소이다.

- *"당신은 관계를 신뢰의 단계로 정의내릴 수 있을 것이다. 신뢰가 없는 곳에 관계란 불가능하며 이런 원칙은 비즈니스나 개인생활에 적용될 수 있다."*
- *"직장 상사가 나를 위해 할 수 있는 가장 중요한 것은 나를 믿어 주는 것이다."*

그러므로 신뢰는 중요한 것이고 흔히 다음과 같이 세 단계로 정의내릴 수 있다.

- 신뢰 1단계, 계약상 명시된 내용이행과 서비스 제공으로서의 성격: 기본적으로 표준의 성과를 달성하는데 제시된 시간을 넘지 않는 것을 목표로 하는 신뢰. 거래 목적의 자료교환
- 신뢰 2단계, 목표치를 달성할 수 있는 능력과 만족의 목적으로서의 성격: 협력과 정보공유를 목표로 하는 신뢰
- 신뢰 3단계, 목표치에 (절대적인) 도달 및 성공으로서의 성격: 개방적인 마음을 기초로 한 신뢰는 단순한 달성을 넘어서 인지와 연결된 의사결정을 할 수 있도록 돕는다.

진실한 신뢰는 협업적 공급사슬 성공의 핵심 요소이기 때문에 신뢰가 형성된 이후에 신뢰를 유지하는 데에 문제가 있을 시에는 신뢰 회복을 위한 이런 일련의 작업들은 반드시 경영 핵심결정자들과 논의하여야 한다.

다음의 내용은 중요하게 다루어야 할 것들이다.

- 서로를 이해해야 한다.
- "절감", "향상"과 같은 근본적인 목표에 모두가 동의해야 한다.

- 정보를 공유해야 한다.
- 신뢰를 형성하는 "방법"은 쉽지 않다.

관계형성을 위한 규칙은 다음과 같다.

- 서로 호의적인 마음과 모든 것들이 "함께"라는 것을 통해 이뤄진다는 것을 알아야 한다.
- 서로가 조화를 이루고, 문제를 함께 찾아가는 자세가 필요하다.
- 누가 옳았다는 것을 밝히려 하거나 증명하지 않는다.
- 지나치게 신중하지 말고 계속 이야기를 나누어라.
- 서로에게 가치 있는 것이 무엇인지 이야기하라.
- 상대방과의 약속을 지키도록 노력하라.
- 구성원들을 구분하는 것은 고통과 비용발생을 초래할 뿐이다.

하지만 특히 구매과정에서 공급자와 구매자 사이에서는 평등하지 못한 분배의 논리가 존재한다.

이러한 내용을 자세하게 설명할 수는 없지만, 2008년, Emmett and Croker의 책 *Excellence in Procurement*에서는 힘의 불균형성에 대해 자세히 논하고 있다.

간략하게 설명하면

- 레버리지 제품의 구매에서는 공급자가 많기 때문에 구매자가 많은 양의 물건을 얻을 수 있다. 그러므로 구매자는 당연히 가격을 올리고 내릴 수 있는 힘을 가진다.
- 병목 제품은 공급자가 적기 때문에 구매자는 가격이 높게 책정된 물건을 사야 한다. OEM 제품이나 잉크젯 프린터 카트리지가 대표적 예이다.

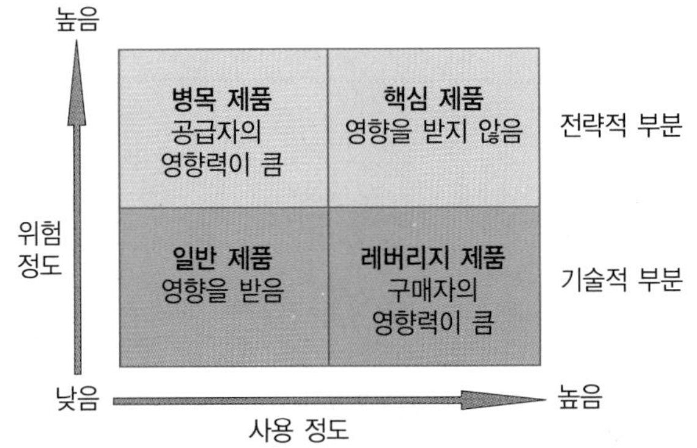

그러므로 우리는 관계의 형태 및 속성을 단계별로 정의해야 한다. 그래서 다음의 그림과 같이 여섯 단계로 전술적 레버리지 구매에서 전략적 협력관계까지 단계를 나누어봤다.

다음의 내용은 그림의 설명을 보충한다.

■ 기술적 측면에 중점

- 신뢰는 계약상에서 언급한 내용을 성실하게 이행한 것이다.
- 공급업자는 반드시 계약서에서 언급된 내용을 따라야 한다.
- 토론을 중시한다.
- 비용절감을 강조한다.
- 단기적 성격
- 공급업자의 성과를 계약불이행을 통해 측정하라.

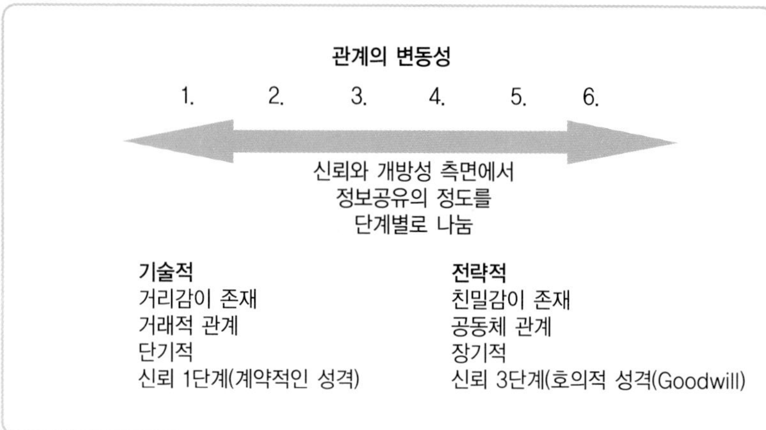

■ 전략적 측면에 중점

- 선의의 신뢰와 협동을 중시
- 공급업자는 우리에게 필요한 모든 일들을 할 것이다.
- 상호이익과 규칙을 목표로 한다.
- 공동 비용절감을 목표로 한다(총소요비용, 서비스 원가, 가치지향).
- 장기적 성격
- (성과)측정과 공동으로 문제를 해결하려는 행동

매우 전략적인 관계를 형성하기 위해서나 우리가 관계를 다루는 방법을 변화시키기 위해서는 생각을 바꾸는 자세가 필요하다. 다음은 중요하게 의미를 두는 생각들이다.

- 우리의 생각들은 우리의 사고맵에서 얻는다.
- 이러한 것은 앞으로 일어날 일에 대한 예상행동을 제시하는 컴퓨터프로그램과 같다

- 프로그램의 도움으로, 우리는 필요할 때 독립적 혹은 임의의 수요를 가지고 핵심지표를 점검하거나 보정할 수 있다.
- 그러면 우리의 사고맵의 핵심지표를 어떻게 자주 바꾸거나 변화시킬 수 있을까?
- 사고의 전환은 다른 관점을 얻는 것과 같다. 그러나 이러한 변화는 받아들이기 불편하고 거절될 수 있다. 예를 들어, "신뢰는 상대방에 대한 헌신을 포함하는 정신적 유대감"이라는 의견과 "감정은 비즈니스에 필요하지 않다"는 의견으로 나뉘어질 수 있다.

■ 생각하는 방법

다음은, 생각하는 방법을 간략하게 설명한다.

- 논리적 사고를 담당하는 좌뇌는 정보를 수렴하는 사실 기반의 이성적 활동을 한다.
- 창의적 사고를 담당하는 우뇌는 분산된 정보를 하나의 의미로 종합하는 감성적 활동을 한다.
- 유연한 사람은 이러한 두 가지 사고과정을 할 수 있다.

이러한 사고들이 회사 업무를 처리하는 사고방식에 영향을 주고 어떻게 우리들이 공급사슬을 관리해야 하는지 시사점을 제공한다. 간단히 말해, 우리는 이러한 두뇌의 두 부분을 사용하여 보다 전체적인 관점을 가진 사람이 될 수 있다.

관계는 비즈니스 성공의 핵심이다.

"공급사슬관리는 기술적으로 간단하다. 하지만 관리입장에서는

매우 어렵다.”

근본적으로 관심을 가져야 할 것은 내부적으로나 외부적으로 생산부분에서 일하는 구성원들과 함께 어떻게 관계를 조정하고 다루느냐이다. 관계를 향상시키는 것은 공급사슬관리의 성공을 달성하는 핵심내용 중 하나이다. 관계를 관리하는 것은 반드시 기업전략이 되어야 하며 이것은 핵심역량으로 발전시켜야 한다.

“다음은 우리 기업의 협업프로그램의 혜택이다.

- 서비스 수준의 향상
- 공급사슬에서 상품개발 속도의 향상
- 적절한 자원의 사용과 효과적인 프로모션 기획실시
- 수요와 적절하게 연동되는 SCM 프로그램
- 책임공유와 상호신뢰성을 바탕으로 함”

“협력적 기획에 대한 사람들의 관심이 매우 필요하다. 그것은 우리에게 상당한 역량을 제공하며 구조적으로 우리의 공급사슬을 변화시킨다. 하지만 이런 것들은 공급사슬 내의 구성원들과 공동으로 일하지 않는다면 불가능하다.”

“핵심 공급업자들은 협업적으로 일하며 효율적인 관리방법과 좋은 사례를 통해 경쟁력을 제고한다.

반대로, 비용관점에서 실패한 비즈니스 사례가 있다.

- 높은 경영관리 비용

- 비용조정에 따라 소요된 시간
- 문제해결에 소요된 시간
- 많은 사람들과 잦은 미팅
- 문제에 대해 쉬운 해결방법은 고려하지 않는 태도
- 혁신을 저해하는 기업 분위기

■ 협업적 공급사슬: 결론

그래서 우리들이 스스로 생각해 볼 질문은 다음과 같다.

1. 우리가 어떻게 이런 혜택을 얻을 수 있을까?

- 파트너를 압박하여 얻는 방식 또는 파트너와 협력하는 방식
- 경쟁을 통해서 할 것인가? 아니면 협력을 통해서 할 것인가?

2. 그렇다면 "상대를 압박하여 얻은 결과"는 무엇인가?

"우리는 단순히 저비용을 추구하는 단순한 태도를 가지고 일을 진행할 수 없다. 이런 생각은 우리에게 좋은 품질이 무엇이고 최고의 성과가 무엇인지 고민하게끔 한다."

3. 우리가 계속적으로 가져야 할 질문은 "좋은 관계유지를 통해 어떤 혜택을 얻을 수 있을까?"이다.

사례연구 3: Kodak의 사례를 통해 본 친환경 역방향 공급사슬

Kodak은 80년대 중반 분해가 가능한 카메라를 출시하였다. 상품은 훌륭했고, 가격은 적당하였으며 대중은 편리성에 감동하였다. 그러나 상품에 대한 불만이 터져나와 결국 상품은 쓸모없게 되었고, 이에 따른 재고 처분은 환경 오염에 직접적인 영향을 미치게 되었다.

Kodak은 이에 대한 책임을 통감하고 폐기품을 친환경적으로 처분해야 했지만 그런 행동을 하려고 하지 않았다. 또한 그런 행동을 해야 할 의무도 없었다. 오래된 카메라는 재처리를 위해 카메라 상점으로 반품되었다. 대부분의 카메라가 값비싼 비용으로 반품되는 과정 속에서 Kodak은 일부 부품이 재사용가능하고 일부 부품은 적절하게 재활용이 가능하다는 것을 발견하게 된다.

공급사슬을 역방향으로 구성하기 위해서 해결해야 할 일이 많았다. 우선, 오래된 카메라 회수를 담당하는 대부분의 상점들은 이런 회사의 공동목표에 참여하지 않았다. 그런 역할을 담당하는 상점의 주역할은 사진현상이였으며, 재무적으로 Kodak과는 독립된 상황이였기 때문이다.

결국 Kodak은 그들의 시설을 이용해 오래된 카메라를 다룰 수 있도록 물류를 재정비해야 했고, 그로 인해 물류비용이 증가하였다. 그 당시 역방향 물류는 보편적으로 인식하는 개념이 아니었으나 점차적으로 공급 루프가 형성되기 시작했다.

몇 달의 시행착오를 거친 후에, Kodak은 공급사슬을 분석함에 있어서 핵심키워드를 두 가지로 정리하였다.

1. 대부분의 부품들은 실질적으로 재사용이 가능하며, 이것은 (역방향 물류 및 역방향 공급사슬) 프로그램 증가로 이끌었다.
2. 역방향 물류 프로그램의 증가는 비용절감으로 이어졌고 중고품 수집에 비용을 지불할 수 있는 환경이 갖추어졌다. 그리고 이는 역방향 물류 프로그램에 활기를 불어넣는 계기가 되었다.

그 결과 다수의 오래된 카메라 수거상점들이 공식적으로 등록됨에 따라 Kodak과의 관계가 더욱 확고해졌다. 상점과 기업 간의 새로운 관계 정립을 통한 친환경 공급사슬의 구성으로 수거 진행은 정기적으로 보고되고 있으며 현재는 비용절감과 같은 프로그램이 진행중에 있다.

Kodak이 친환경 공급사슬로 변화하기 위해 추진한 다음 단계는 생산의 재설계이다. 모든 부품과 상품은 재사용을 늘리고 낭비를 줄이기 위해서 재설계가 필요하였으며, 부품의 원료와 제품상세요구서는 제품생산주기의 최소화를 위해서 교체되었다. 제품에 수명주기공학을 적용하여 추가적 비용의 절감도 가능하였다.

Kodak은 지속적으로 제품라인의 재배치하고 핵심 공급사슬을 모니터하여 친환경 공급사슬 개발을 지속적으로 유지할 계획이다.

사례연구 4: 친환경 포장재와 역방향 물류 – Free Pack Net

배경

일회용 포장재의 사용은 기전제품 회사의 핵심 사업이 아니다. 따라서 Free Pack Net은 혁신적인 비즈니스 모델을 바탕으로 고강

택 포장재를 임대해 주고 역방향 물류 네트워크를 통해 시장으로부터 임대해 준 포장재를 반환하는 사업을 발전시키기로 결정했다.

이를 위해 바뀌는 Free Pack Net의 임무는 재사용가능한 포장재 임대사업을 통한 가치사슬의 개선, 비용 절감 및 지속적인 혁신을 통해 고객들에게 발전된 물류관리서비스를 제공하고자 하는 것이다.

■ 제품과 물류시스템 혁신

Free Pack Net은 포장재를 디자인할 때 고객의 의견을 반영하였고, 가장 적합한 포장재에 대한 성분 분석을 실시하였으며, 기술적, 경제적, 실용적인 기능을 강조하였다.

2009년 당시, Free Pack Net은 가전제품 유통망의 기술적인 자격요건을 모두 만족시키는 우수한 포장재를 생산해 왔던 유일한 기업이었다.

비용구조의 최적화와 제품의 기술적 특징을 최대화시키기 위한 많은 개선활동들과 재설계를 실시한 이후에, Free Pack Net은 1.2톤의 하중을 견딜 수 있는 구조적이고 규격화된 포장재를 개발하는데 성공하였다.

게다가 포장재 생산은 규격화된 부품들을 사용하기 때문에, 포장재 반환 시, 포장재의 부피감소와 같은 물류비용을 절감할 수 있는 방안도 마련할 수 있었다.

가전제품회사 내 운영부서는 극소수의 규격화(60×60cm)된 가전제품을 생산하는 경쟁회사들에 의존할 수밖에 없다. 예를 들어, Whirlpool에 의해 생산되는 세탁기는 Indesit, Electrolux와 같은 타회사에서 생산되는 제품들과 동일한 규격의 제품을 생산한다.

하지만 지난 30년 동안 운영부서에서의 포장재에 대한 혁신 활동은 전무하였다.

유럽의 경우, 가전제품의 운송과 관련하여 부피 대비 가격의 비율은 아주 합리적이다. 85kg의 세탁기를 운송할 때 드는 비용은 일반적으로 15~18유로 정도가 소요된다. 또한 유럽의 가전제품에 대한 물류 네트워크(회수 네트워크 또한 동일)는 균일 배송뿐만 아니라, 역방향 물류와 관련하여 제품의 포장재 회수, 세척, 수리와 관련하여 포장재 개당 3.5유로가 넘지 않는 범위 내에서 포장재를 필요로 하는 공장에 재공급할 수 있는 주요 물류거점들을 보유하고 있다.

■ 연구 개발(R&D)

Free Pack Net의 연구 개발 활동은 포장재의 구조에 대한 진보된 사전 계획을 세우는 것이다. 이러한 연구 개발 활동과정에서 다음에 제시된 내용을 고려하면서 완제품을 디자인하는 것이 필수적이다.

- 사용을 희망하는 자재의 종류
- 한계 하중
- 부피와 규격

Free Pack Net은 연구 개발을 통해 구조적인 포장재의 물리적 특징 및 요구 성능을 증명하기 위한 기술적인 변수를 정의할 뿐만 아니라 비용을 고려한 포장재를 디자인한다. 포장재의 길이 및 부피의 증가는 원자재의 증가로 인한 생산 형틀의 제작에 영향을 주어 비용 증가를 초래할 것이고, 이는 결국 역방향 물류 흐름에서 포장재의 부피증가로 인하여 운송비용을 증가시키는 결과를 초래할 것이다.

포장재를 디자인할 때 범하게 되는 과오는 포장재를 통해 입증해야만 하는 기술적인 성과를 충족시키지 못하는 것, 그로 인한 천문학적인 비용 증가 등과 같은 치명적인 결과를 초래할 수 있기 때문에 전략적인 R&D 및 선진 프로젝트는 매우 중요하다.

■ 시제품과 검사

시제품은 예비 프로젝트 이전의 작업과 밀접한 관련이 있다. 하지만 시제품은 생산 공정, 특히 고효율 및 고성능과 관련이 있으며, 예비 프로젝트에서 제시된 기술사양서를 충족시킬 수 있는 생산기술 개발부문에 포함되어 있다. 이후 검사 단계에서는 제품보증을 위한 기술검증의 통과 여부를 확인한다.

이러한 시제품/검사 과정은 연구 개발 및 계획의 전략적 중요성과 비교가 가능하다. 두 과정 모두 서로 영향을 미치고 있다는 점에서 매우 밀접한 관계를 가지고 있다. 시제품/검사는 Free Pack Net의 형틀과 포장재를 제작하는 외부 업체에 의해 이루어지는 활동이다. 연구 개발, 고급 프로젝트 그리고 시제품/검사의 연관성 때문에 시제품/검사는 협업이 필요한 작업이다.

■ 제조 1

제조 활동은 두 가지 하위 항목으로 분류될 수 있다.

• 형틀의 제작

• 구조적인 포장재의 제작

형틀 구성품의 생산은 포장재를 생산하는 회사 또는 모듈의 생산과 관련하여 특별 작업을 실시하는 협력회사에서 이루어진다. 형틀의 생산은 많은 회사에서 이루어지는 데, 각각의 회사들은 하나의 구성품만을 만들게 된다. 완성된 형틀은 모든 구성품들의 집합체이고, 포장재의 형틀에서 생산 준비를 하게 된다.

구조적 포장재의 생산은 외주 협약을 통해 독점으로 Free Pack Net에서 담당하고 있다.

물류

Free Pack Net 물류는 3가지의 하위활동들로 구분할 수 있다.

1. (IT를 활용한) 추적시스템 그리고 역방향 물류 네트워크의 계획은 각각의 제품에 대한 물류 경로를 모니터링하고 있고, 역방향 물류 네트워크 운용을 위한 예비 세부 계획을 제공하고 있다. 이러한 활동은 크게 두 가지 이유로 인해 전략적 중요성을 가진다. 첫 번째로 운송망과 개별제품에 대한 주적을 위해 올바른 예방프로그래밍이 필요하기 때문이다. 두 번째로 포장재가 이동하는 것을 모니터링하고 운영체제를 지원하기 위한 정교한 정보시스템을 이용해야 하기 때문이다.
2. 배송: 포장재를 생산하는 공장들은 생산된 포장재를 유럽 곳곳에 위치하고 있는 Free Pack Net의 분류센터로 배송한다 (사실상 이를 물류센디리 일컫는다). 포장재를 생산하는 공장들은 Free Pack Net의 생산 계획에 따라 포장에 필요한 사항들

을 준비한 다음(게다가 백색가전제품 공장의 배송계획에 따라), 백색가전제품 제조회사에 포장재를 보내게 된다. 백색가전제품 제조회사는 전자기기들을 포장하고, IT 시스템을 통해 과거 전달받았던 Free Pack Net의 지점 및 판매처에 알리게 된다. 이러한 방법을 통해 시장에서 제품 각각에 대한 추적이 가능하다. 제품이 최종 소비자에게 도착할 때, 전자제품을 설치하는 기사들(대게 판매처의 종업원들)이 포장재의 수거를 담당하고, 수거된 포장재를 판매처로 회수하게 된다. 그러나 소비자가 스스로 전자제품을 구매하고 설치한 경우에도 포장재는 판매처로 회수되어야 하기 때문에 포장재의 원활한 회수를 위해 향후 판매처에서 포장재당 10~15유로의 보증금을 주는 제도의 도입을 예상해 볼 수 있다. 이렇게 적은 금액의 보증금을 채택하는 것은 제품이 아닌 포장재라는 제한된 상황을 반영한 것이라 할 수 있다.

3. 분류와 수리: 우선 포장재가 판매처로 회수되면, Free Pack Net은 회수된 포장재를 수집 및 분류 센터로의 반납을 담당할 물류서비스 전문업체들을 관리하게 된다. 이러한 물류서비스 전문업체들 가운데 Free Pack Net의 특정 물류 파트너들은 지시서의 내용에 따라 가전제품회사로 다시 보내게 될 포장재의 세척 및 재조립을 담당할 것이다.

이상의 과정들은 Free Pack Net의 포장재를 20회 사용할 때까지 반복하게 된다. 20회 이상을 사용한 포장재는 포장재로써의 가치를 상실하게 되어, 분류센터에서 분류된 후 포장재 생산공장으로 다시 보내진다. 이후 포장재는 “제조 2“의 과정을 거치게 된다.

■ 제조 2: 포장재 재생

포장재 재생은 20회 이상 사용한 포장재에 대한 재생 및 재생산과 관련된 활동을 의미한다. 노후화된 포장재는 물류 순환 차원에서 다양하게 처리된다. 물류센터에 도착한 후, 포장재는 다시 포장재를 생산한 회사로 회수되고, 회수된 포장재는 분말화를 시킨 후, 재생 포장재로 재탄생하게 된다. 이 후, 재생 포장재는 물류센터로 다시 보내지게 되는 데, 이때 물류센터에서는 조립세트를 준비하고, 이를 백색가전제품 제조회사로 보냄으로써 포장재와 관련된 순환구조가 재시작된다.

■ 혜택

Free Pack Net의 포장재는 국내 가전제품 제조산업과 연관된 모든 분야에 많은 이점을 가지고 있다. 특히 이러한 이점들 중에는 환경과 관련된 이점도 포함된다.

일반적으로 시장에서 살펴보면, 재사용된 포장재의 총임대비용이 포장재를 구매하거나 사용불가능한 포장재의 폐기비용보다 싸다는 것을 알 수 있다.

Free Pack Net의 포장재를 사용하는 기업의 경우도 역시 운송 및 하역 작업 시 발생하는 제품의 손상을 상당수 줄일 수 있다(통상적으로 5%의 손상률을 0.4%까지 줄일 수 있다)는 혜택이 있다. Free Pack Net의 포장재는 1,200kg의 하중을 견딜 수 있으므로, 금속류 제품의 취급이 쉬워지게 되고, 원자재와 산업비용 및 에너지 절감효과가 발생한다. "식당 종업원은 접시의 디자인에 대해 고민해야지, 1,200kg의 하중을 견딜 것인지에 대해서는 고민할 필요가 없다"(Massimo De Santis, Free Pack Net의 대표이사).

Free Pack Net의 시스템을 채택함으로써 발생하는 기업이미지 상승효과에 대해 고려해 보는 것 또한 바람직하다. 환경적인 쟁점 사안들은 기업 차원에서 고객의 요구를 충족시키기 위해 점점 더 많이 활용할 뿐만 아니라, 고객들 역시 최근 들어 환경적인 이슈에 더 민감한 반응과 관심을 보여주고 있다. 만약 이전에 사용하던 플라스틱 등 합성수지 종류의 포장재를 사용하지 않는다면, 폐기되는 포장재의 부피가 전체적으로 줄어들게 될 것이다. 예를 들어, 이탈리아 롬바르디아 지역에서만 발생하는 가전제품 포장재 폐기물은 매해 1,600톤에 달하는 것으로 알려져 있다.

Free Pack Net은 2006년 환경적 편익 산정 기관에 임명되면서, 포장재 폐기량과 재사용 포장재 및 다양한 환경적 지표들과의 비교 데이터를 제시하였다.

각각의 지표들에서, 재사용 합성수지 포장재는 70~95%의 영업적 이익을 가져왔다. 세탁기에 사용된 재사용 포장재의 소비된 총 소비에너지(예: 생산-20회 사용-재활용)는 과거에 사용하였던 방식의 포장재(예: 다른 종류의 포장재 20회 사용) 소비에너지와 비교하여 85%의 절감효과가 있었다.

이러한 에너지 절감과 관련된 사항들을 종합해 보면, 1,800대의 세탁기를 생산할 때마다 약 39배럴의 석유가 절감된다는 것을 나타낸다. 이는 연간 유럽 전역에서 생산되는 가전제품에 대해 적용해 봤을 때 100만 배럴에 해당되고, 전 세계 가전제품 시장의 60%에 대해 400만 배럴을 절감할 수 있다는 결과가 나온다.

또한 최종소비자는 에너지 절감 기술을 적용한 가전제품을 구매함으로써 이득을 취할 수 있고, 이러한 저에너지 가전제품은 소비자의 가정과 사회 전체 모두에게 에너지 절감이라는 혜택을 가져다 준다.

사례연구 5: 시카고기후거래소

미국의 협력 단체인 시카고기후거래소(Chicago Climate Exchange: CCX)는 자발적인 온실가스 감소 및 거래를 위한 시스템이다. 2003년부터 거래가 시작되었고, 2005년에는 유럽 배출권 거래제도(European Union Emissions Trading Scheme: EU-ETS)에서 운영하고 있는 거래소인 유럽기후거래소(European Climate Exchange: ECX)가 개시되었다.

시카고기후거래소는 참가 조직이 그들의 배출을 매년 일정 수준까지 감축하기로 동의하는 배출된 거래제도 프로그램에 의거해 운영된다.

규제기관은 우선 오염물질의 상한선을 정하거나 지역에서 허용되는 환경악화정도를 설정한다.

그 다음, 처음에 설정했던 상한선보다 적게 배출한 참여 기업들은 거래배출 할당량/허용치를 받는데, 이는 저축될 수도 있고, 목표치를 채우지 못한 다른 기업에게 시장가격으로 팔 수도 있다.

따라서 배출 거래 시장을 설립함으로써, 참여 조직들은 배출 수준을 줄이는 의무를 지게 되고, 또한 배출량을 줄이는 프로그램 개발을 위한 인센티브도 받는다. 기업들은 배출 수준을 감소시키기 위한 유연성도 갖게 된다.

■ 회원 분류

시카고기후거래소는 여섯 가지 범주로 구성되어 있다.

1. *회원*: 상당한 양의 온실가스를 배출하고, 배출 감소 책임에 동의한 조직 및 기업
2. *준회원*: 직접적으로 거의 배출하지 않는 사무실 기반의 사업체. 이러한 준회원은 에너지 구매, 출장 등과 관련된 모든 간접 온실가스 배출의 100% 의무를 갖게 된다(2010).
3. *탄소 상쇄 공급자*: 온실가스 배출을 상쇄하거나 파괴하는 프로젝트 자격을 주는 권한을 지닌 조직. 거래소에 직접 등록하고 판매할 수 있다.
4. *탄소 상쇄 정보 수집자*: 다수의 탄소 상쇄 프로젝트 또는 탄소 상쇄 프로젝트 소유자로부터 탄소 상쇄를 판매할 수 있는 관리 대리인의 역할을 한다.
5. *유동성 공급자*: 시장 구성원, 거래 단체 그리고 헤지 펀드와 같이 배출을 감축하는 것 외의 목적으로 시카고기후거래소에서 거래를 하는 조직
6. *거래 참여자*: 특별한 이벤트나 활동과 관련된 배출을 탄소 상쇄하기 위한 탄소금융상품계약을 구매하고, 배출감소의무를 채택하지 않는다.

시카고기후거래소 회원들은 다음과 같은 여섯 가지의 온실가스에 대한 할당량을 거래할 수 있다.

- 이산화탄소(CO_2)

- 메탄(CH_4)
- 아산화질소(N_2O)
- 수소불화탄소(HFCs)
- 과불화탄소(PFCs)
- 육불화황(SF_6)

이산화탄소를 제외한 배출은 기후변화에 관한 정부 간 협의체(Intergovernmental Panel on Climate Change: IPCC)에 의해 제정된 지구온난화지수를 사용하여 이산화탄소 탄산치(CO_{2e})미터 톤으로 환산된다.

탄소금융상품(Carbon Financial Instrument: CFI) 계약은 시카고기후거래소에서 거래 가능한 상품(물자)이며, 하나의 탄소금융상품계약은 CO_2 단위로 거래된다.

탄소금융상품은 거래할당량과 거래 탄소 상쇄를 포함한다.

- 거래 할당량은 온실가스를 배출하는 회원들에게 발행된다. 이러한 할당량은 배출 기준선과 시카고기후거래소 배출 감소 스케줄에 근거한다.
- 배출 탄소 상쇄는 온실가스를 파괴하거나 대체하는 탄소 상쇄 프로젝트의 소유권자 또는 정보수집자에게 발행된다. 일단 적당한 탄소 상쇄 프로젝트가 제3자에 의해 온실가스 감축량을 평가한 것을 인증받고 그 결과가 시카고기후거래소에 제출되면 배출 탄소 상쇄가 발행된다.

산림, 폐기물 관리, 농업, 재생에너지 부문의 개인 또는 조직은 그들의 탄소 상쇄를 등록함으로써 시카고기후거래소에 참여할 수 있다. 시카고기후거래소는 다음과 같은 종류의 탄소 상쇄 프로젝트와 탄소 금융상품 계약체결에 대한 규칙을 개발해 왔다.

- 농업 메탄
- 석탄 광산 메탄
- 매립지 메탄
- 농업 토양 탄소
- 초지 토양 탄소 관리
- 임업
- 재생에너지
- 오존 파괴 물질 제거
- 에너지 효율성 및 연료 교체
- 청정개발 체제

사례연구 6: 소매부문에서의 친환경 식료품점

지속가능한 공급사슬과 관련한 사례들이 점점 많아지고 있고, 시간이 지남에 따라 소비자, 특히 최종소비자에 이를수록 점점 더 민감한 사안들이 많이 발생하는 것을 알 수 있을 것이다. 미국에서 가장 큰 식료품 유통점 중의 하나인 Food Lion은 콜롬비아 북동부와 캘리포니아 남부지역에 친환경 식료품 개장을 준비하고 있다. Food Lion은 1957년에 노스캐롤라이나의 솔즈베리에 푸드타운을 설립하여, 오늘날 미국에서 가장 큰 식료품 유통점 중의 하나로 성장하였다. 현재 Food Lion은 1,300여개의 슈퍼마켓 직영점 및 Bloom, Bottom Dollar, Harvey' s, Reid' s와 같은 가맹점을 두고 운영중에 있다.

Food Lion은 오랜기간 동안 에너지절감프로그램을 실시해 왔다. 특히 Food Lion은 2009년에 미국 환경보호단체의 가장 권위있는 ENERGYSTAR에서 8회 수상을 하게 되었다.

Food Lion이 새로 개설하게 될 가게들은 모두 미국 LEED (Leadership in Energy and Environmental Design) 인증제도의 허가를 받게 될 것이고, 이로 인해 환경 및 에너지 친화적인 요소들을 갖추게 될 것이다. 또한 환경친화적인 요소들의 추가로 인해 기존 타슈퍼마켓과 비교하였을 때, 20% 이상의 에너지 비용절감효과가 있을 뿐만 아니라 기존의 Food Lion 식료품점과 비교하였을 때에도 44% 이상의 물 사용량이 절감되는 것으로 판단하고 있다.

개설 예정인 Food Lion 가게에 적용되는 새로운 환경친화적인 요소들은 다음과 같다.

- 많은 조광이 필요하지 않은 곳, 즉 사무실 및 휴게실과 같은 장소에 자연채광을 위한 태양광 및 고효율의 조명 사용
- 적은 양의 배기가스를 배출시키는 차량 및 자전거를 위한 우선주차구역 설정
- 낮은 전력, 긴 수명, 작은 크기의 특징을 지닌 LED 조명을 냉동식품코너에 사용
- 화장실에 센서 활성화 및 저조명 사용
- 최소한의 물을 필요로 하는 천연식물종
- 공기정화를 위해 낮은 독성물질 사용

- 건설폐기물의 재활용 및 적절한 폐기물 관리 계획
- 고객과 직원을 위해 재활용센터 설립

사례연구 7: 제품 디자인과 재활용 그리고 Sony

Sony는 제품의 환경적인 위해 요소들을 없애기 위한 많은 환경개선활동들을 진행해 왔다. 이러한 활동들은 제품설계에서부터 재활용까지 환경적인 쟁점들을 해결하기 위해 공급사슬의 전 과정을 포함하고 제품의 부품이나 포장재의 재활용을 의미한다. 이로 인해 새로운 자재의 사용을 줄이고, 재활용된 플라스틱을 사용할 수 있게 되었다. Sony는 TV, 녹음기, 오디오, 컴퓨터, 디지털 캠코더 등 다양한 제품 생산을 위해 만든 재생 플라스틱을 활용하고 있다. 또한 기업 내부적으로 제품 재활용이나 자재의 재사용을 독려하고 있다. 플라스틱 재활용 기술은 탄소 배출 저감에 도움을 준다. 이러한 좋은 사례는 Sony가 환경 영향을 최소화하는 데 앞장서게 하고 있다.

■ 폐 CD의 재활용

Sony는 검증된 방법을 계속 발전시켜 왔다. 재활용된 플라스틱은 소니 제품 안에 들어갈 부품에 사용된다. 재활용 프로세스를 통해 합성수지로 된 폐 CD는 재활용 합성수지로 재생된다.

재활용된 폴리카보네이트의 품질은 새것과 동일하다. 이렇게 재활용된 폴리카보네이트는 제품 케이스, 앞표지 및 받침대 등의 소재로 사용된다.

■ 디자인 측면에서의 친환경 사고방식

Sony는 회사 제품의 디자인과 관련하여 재활용이라는 키워드를 통해서 주도권을 잡아 왔다. Sony만의 공급 루프를 통해 재활용된 플라스틱을 사용하는 곳이 바로 TV 생산라인이다. TV 생산라인에서는 포장재로 쓰였던 스티로폼과 다른 생산라인에서 사용되었던 재활용 플라스틱 부품을 사용하고 있다. 2008년에 출시되었던 Sony의 브라비아(Bravia) LCD TV의 모델 11개 중에서 9개의 모델이 재활용 플라스틱을 사용한 모델이었다. 이러한 재활용 부품의 사용을 증가시킨 것은 원자재의 절감뿐만 아니라 환경적인 측면에서 탄소배출량을 줄이는 효과를 가져왔다.

사례연구 8: 신재생 에너지와 지열에너지의 사용

■ 아이슬란드의 에너지 변환

지열에너지는 아이슬란드의 주연료로써 화석연료를 사용하던 아이슬란드를 전 세계적인 지열발전의 선구자가 되도록 변화시키는 데 중추적인 역할을 해 왔다. 아이슬란드에서 지열발전은 전기를 발생시키기 위해 사용되었고, 지방 및 도시의 난방과 온수를 공급하기 위해 사용되었으며, 알루미늄 용광로와 같은 제조공장 시설에 전력을 공급하기 위해 사용되었다.

지금까지 추출된 지열의 총량이 지구상의 대륙 전체에 존재하는 지열의 총량과 비교하여 아주 미미한 수준이므로, 지열은 일반적으로 당분간 지속적인 사용이 가능한 에너지로 판단하고 있다.

■ 아이슬란드와 관련한 주요 통계치

- 아이슬란드는 전 세계적으로 가장 높은 수준의 에너지 소비량을 보이고 있다. 2005년도에 아이슬란드의 주요 에너지 소비량은 약 500GJ 정도인데, 이러한 에너지 소비량 전체가 신재생 에너지로 충당되었다.
- 주요 에너지의 29% 정도가 수입된 에너지이고, 나머지 71%의 주요 에너지에 대해서는 국내에서 생산된 신재생 에너지이다.
- 지열에너지는 아이슬란드 에너지의 주요 공급원이다.
- 2005년도에 소비된 국가 전체의 주요 에너지 중 54.9%가 지열에너지이다. 그 밖에 소비된 에너지에 대한 구성비는 수력발전 16.3%, 석유 25.9%, 석탄 3% 등이다.
- 2006년도에 총발전전력의 26.5%가 지열에너지를 통해 생산되었고, 이는 2005년도 기준 19.1%보다 약 7% 정도 증가한 수치이다.
- 가정 및 건물 난방에 필요한 에너지의 85% 이상을 지열에너지로 충당하고 있다.
- 일반 가정의 90% 이상이 지열에너지를 통한 난방을 공급받고 있다.
- 아이슬란드에서는 지열에너지를 사용함으로써 기존의 화석연료의 수입을 통한 에너지 사용과 비교하여 큰 재정절감효과를 보고 있다. 1944년부터 1995년까지의 지열에너지를 통한 경제효과는 같은 기간 동안의 석유를 통한 에너지 생산에 필요한 비용으로 환산해 봤을 때, 30억 달러의 이득을 가져오는 것을 알 수 있다.

- 현재 아이슬란드는 다른 국가와 비교했을 때, 국가 에너지 수요에 대해 자가 충족이 가능한 상태이다.
- 일반적으로 향후 아이슬란드는 화석 연료의 사용이 필요하지 않을 것으로 판단하고 있다.

■ 총평

지구의 핵은 매우 뜨겁고 그 온도가 약 4,000~7,000℃에 이르는 것으로 알려져 있다. 지열은 이러한 지구의 핵으로부터 발생된 열이다. 많은 대륙 및 국가들에서는 지하에 지열 공급원을 보유하고 있다. 이러한 지열은 균열, 열하, 투과성 암석 등을 통하여 지면에 전달된다. 천연 증기, 온수, 열암으로부터 발생하는 에너지가 전기 및 난방에 사용되는 지열에너지의 형태로 이용된다. 전기나 열을 생산하기 위해서는 지하 깊은 곳에서 산출할 수 있는 고온의 동력원을 필요로 한다.

게다가 지하 깊숙이 존재하는 매우 뜨거운 온도는 땅 속의 수미터를 여름 동안은 따뜻하게 하고, 겨울 동안은 차갑게 한다. 얕은 지역의 열은 쉽게 접근가능하며 고르게 분배되어진다. 또한 이는 지열 파워 펌프를 이용하여 전 세계 어디에서나 추출될 수 있다.

지열이 발생하는 지역은 몇 세기 동안은 열을 제공할 수 있을 것이다. 지열정으로부터의 생산은 몇 년 후에 줄어들 수 있고 결국은 사라질지도 모른다. 하지만, 지열정은 회복될 수 있으며, 이론상으로는 물을 다시 투입하면 완전히 소생될 수 있는 잠재력을 지닌다.

찾아보기

ㅊ

ㅋ

ㅌ

ㅍ

| ㅎ |

| 영문 |

■ 옮긴이

김 경 섭

연세대학교 기계공학과 학사
Univ. of Nebraska-Lncoln 산업공학과 석사
North Carolina State University 산업공학과 박사
삼성데이터 시스템, 선임연구원
현재) 연세대학교 정보산업공학과 교수

정 석 재

한국해양대학교 물류시스템공학과 학사
연세대학교 정보산업공학과 석사
연세대학교 정보산업공학과 박사
현재) 광운대학교 경영대학 경영학부 조교수

정 병 도

연세대학교 정보산업공학과 학사
연세대학교 정보산업공학과 석사
The Pennsylvania State Univ. 산업공학과 박사
현재) KT경제경영연구소 연구원

친환경 공급사슬 – 기본전략과 실행방안 –

2012년 3월 5일 제1판 1쇄 인쇄
2012년 3월 15일 제1판 1쇄 발행

역 자 김경섭 · 정석재 · 정병도
발행인 황 의 민

발 행 처 **도서출판 석 정**
서울특별시 마포구 동교동 203-3
TEL.332-6293 FAX.334-5367
등록 1980. 1. 24 3-78호

ISBN 978-89-88806-60-9

정가 28,000원